住房和城乡建设领域“十四五”热点培训教材

大型复杂建筑结构自动优化与抗震评估技术

杨想兵　单文臣　刘界鹏　著

中国建筑工业出版社

图书在版编目（CIP）数据

大型复杂建筑结构自动优化与抗震评估技术 / 杨想兵，单文臣，刘界鹏著. — 北京：中国建筑工业出版社，2024.2

住房和城乡建设领域“十四五”热点培训教材

ISBN 978-7-112-29585-2

Ⅰ. ①大… Ⅱ. ①杨… ②单… ③刘… Ⅲ. ①建筑结构-防震设计-技术培训-教材 Ⅳ. ①TU352.104

中国国家版本馆 CIP 数据核字（2024）第 012550 号

本书主要对大型复杂建筑结构的自动优化技术与抗震安全评估技术进行了介绍，共分为 7 章。第 1 章绪论介绍了大型复杂建筑结构体系在国内外的研究和应用发展现状，提出开展本研究的重要性；第 2 章介绍了结构体系的自动优化方法、结构弹塑性抗震分析方法和重要性分析方法；第 3 章和第 4 章为大型复杂高层结构案例介绍，案例包括华润春笋大厦和青岛海天中心；第 5～7 章为大型复杂空间结构案例介绍，案例包括刚果体育场、福州奥林匹克体育馆和杭州奥体中心体育场。

本书可为从事土木工程、复杂结构设计领域的科研人员和工程设计人员及高等院校相关专业的师生提供参考。

责任编辑：李天虹

责任校对：李美娜

住房和城乡建设领域“十四五”热点培训教材

大型复杂建筑结构
自动优化与抗震评估技术

杨想兵　单文臣　刘界鹏　著

*

中国建筑工业出版社出版、发行（北京海淀三里河路 9 号）

各地新华书店、建筑书店经销

北京鸿文瀚海文化传媒有限公司制版

建工社（河北）印刷有限公司印刷

*

开本：787 毫米×1092 毫米　1/16　印张：12¾　字数：314 千字

2024 年 5 月第一版　2024 年 5 月第一次印刷

定价：**99.00** 元

ISBN 978-7-112-29585-2

（42334）

如有内容及印装质量问题，请联系本社读者服务中心退换

电话：（010）58337283　QQ：2885381756

（地址：北京海淀三里河路 9 号中国建筑工业出版社 604 室　邮政编码：100037）

前　言

随着我国经济的发展和人民生活水平的提高，人们对建筑结构的独特外观和多元功能等方面的需求日渐提高。尤其是近十几年来，以中央电视台总部大楼、“鸟巢”国家体育场等为代表的大型复杂建筑数量显著增多，大型公共建筑都逐渐向复杂外形、大跨度和多塔高空连体等方向发展。这些大型复杂建筑逐渐成为城市的地标，丰富了城市的景观和功能。然而大型复杂建筑结构的设计效率低、设计周期长、用钢量高，导致其建造效率低、成本高。究其原因，主要为以下两点：一是抗侧力体系不明确，结构体系设计与优化难度大、效率低，大震安全统一评价方法缺失；二是构件种类繁杂、数量庞大，构件优化调整工作量过大。对于大型复杂结构，结构工程师进行设计时，在满足结构安全性要求的同时难以兼顾经济性。可见，针对大型复杂结构，亟须探索兼顾效率和经济性的高效设计方法。

近十几年来，本书作者组成的校企联合研究团队一直在大型复杂建筑结构的分析、设计和优化方面开展合作研究，尤其是在结构高效优化方面进行了长期探索。在研究的初始阶段，我们希望采用常用的基于结构概念和力学方法的结构优化方法，对结构体系进行整体优化，然后再对关键杆件进行优化，从而提高结构方案设计效率；但大型复杂建筑的结构体系复杂，关键杆件繁多，仅基于力学概念和力学方法对结构方案进行人工调整，工作量仍然巨大，效率也很低。因此，近几年来，我们这个联合研究团队又开展了基于智能优化算法的结构自动优化方法研究和工程实践。我们将智能优化算法和结构分析软件相结合，提出了基于内力状态的结构自动优化方法，并开发了可调用结构分析商业软件的结构优化专用程序。研究和应用结果表明，我们提出的优化方法，可显著提高复杂高层/超高层结构、复杂空间结构的优化效率；跟工程师的人工优化相比，自动优化的结果在材料节省方面有明显优势。

采用自动优化方法进行结构优化后，结构的材料用量往往降低很多，虽然能满足小震弹性设计要求，但可能造成大震作用下结构的抗倒塌安全储备不足。因此，进行大型复杂结构的自动优化时，需要保证结构在大震作用下的安全储备不降低。基于这种考虑，我们又对大型复杂结构的大震高效分析和安全评估方法进行了研究，并提出了基于一致倒塌风险指标和关键构件性能指标双重控制标准的大震安全评价方法，从而可保证优化后的结构在大震作用下仍具有足够的安全储备。

本书是作者多年来在大型复杂建筑结构设计、优化及抗震分析等方面创新性研究成果的总结。全书分为 7 章，包括自动优化方法、抗震评估方法和典型工程应用。本书内容可供土木工程专业的高年级本科生、研究生、教师、科研人员和工程设计人员参考。

本书的研究过程中，重庆大学的周绪红院士和深圳大学的傅学怡设计大师对作者进行了深入指导。重庆大学钢结构中心的研究生刘召阳、汤雨欣、孙浩然、赵宗阔和李画等均承担了大量的优化和抗震分析工作；没有他们的辛勤付出，本书不可能最终成稿。本书的研究工作还得到了“十四五”国家重点研发计划（2022YFC3801703）、国家自然科学基金重点项目（52130801）和青年项目（52208185）的资助。在此，作者谨向对本书研究工作提供无私帮助的各位专家、研究生、科技部和国家自然科学基金委员会表示诚挚的感谢！

需要指出的是，本书提出的大型复杂结构自动优化和抗震安全评估方法是一种新的思路，方法还需要进一步完善。作者也期待本书的出版对推动我国大型复杂建筑结构高效设计技术的发展起到一定作用。由于作者水平有限，书中难免有不足之处，恳请读者批评指正。

杨想兵　单文臣　刘界鹏

2023 年 12 月 26 日

目 录

1 绪论

1.1 研究背景与意义

随着我国经济的发展和人民生活水平的提高，人们对建筑的独特外观和多元化功能等方面的要求日渐提高。尤其是近几十年来，以上海中心大厦、台北 101 大楼、重庆来福士和中央电视台总部大楼为代表的复杂建筑数量日渐增多，建筑也逐渐向复杂外形、大跨度和多塔高空连体等方向发展，如图 1.1 和图 1.2 所示，这些复杂建筑也都成为城市的地标性建筑，丰富了城市的景观和功能，而结构超高、体型复杂，平面不规则等超限问题随之而来，大型复杂建筑结构设计的经济性、先进性和可靠性一直是工程师面临的难题[1]。

图 1.1　我国复杂高层建筑结构

图 1.2　我国复杂空间建筑结构

大型复杂建筑结构的设计任务存在挑战，导致其设计难度大，效率低，周期长，设计质量也很难控制。设计方法不完善使其受到很大限制[2-4]：一是体型复杂，抗侧力体系不明确，设计难度大、周期长且效率低，对工程设计人员技术水平的要求较高；二是面临结构超高、体型复杂，平面不规则等超限问题，结构体系的大震安全统一评价方法缺失；三是市场经济的驱动下，业主所要求的按平方米指标（如用钢量/平方米，工程造价/平方米）的定额设计形式给工程设计提出更高的要求。在这种要求下，需结构工程师自行进行模型调整，反复计算，从而达到优化目的。因此建立大型复杂建筑结构的自动优化技术，提升结构设计的效率和质量，具有重大的研究意义和实际应用价值。

作为建筑设计的关键环节，结构优化设计的目的在于，在有限资源条件下提升建造、社会、经济和生态相互适应和协调的综合效益[5]。传统结构设计方法，首先根据工程师设计经验不断调整设计变量，直至方案满足各个约束条件，成为符合设计规范要求的合格结构。传统结构设计方法可总结为“试算→验证→修改→验证”的设计方法，而传统方法得到的设计方案仅为满足要求的方案之一，且方案的先进性和经济性往往需要通过方案对比得到验证，这将耗费大量人力资源并延长设计周期。目前已有研究通过集合ETABS计算软件API开发结构可实现结构自动计算和结果提取，采用遗传、粒子群优化算法为代表的启发式智能算法，可以在无需人工的情况下实现结构的自动化设计，提升结构设计的快速、自动和智能化水平，可以预见结构的智能化设计可创造明显的经济与社会效益。

本书以大型复杂建筑结构为研究对象，结合我国抗震设计要求的“三水准”抗震设防原则以及“两阶段”设计方法，实现大型复杂建筑结构的自动优化设计和大震弹塑性安全评估技术，有效提升大型复杂建筑结构的经济性能，并保证结构体系的安全性能，为工程结构设计和管理部门制定管理策略提供理论支撑和技术支持，符合我国建筑业的“绿色化、智能化和信息化”的发展理念，而且可以为我国土木工程领域的“智能建造”发展提供参考，具有重要的研究意义和广泛的应用前景。

1.2 复杂建筑结构的研究现状

1.2.1 复杂建筑结构的自动优化技术

根据结构优化设计约束条件的不同，可以分为两类优化问题。一类是结构整体刚度优化，该类约束只考虑了结构整体刚度有关的约束条件，如楼层位移、层间位移角等。Chan等[6]针对钢混凝土混合结构的楼层位移约束问题，通过虚功原理推导出满足整体刚度约束的迭代公式，并将其应用到实际工程的整体刚度优化工作当中，取得了较好的优化效果；Park等[7]针对钢结构的整体刚度优化问题，采用构件截面调整技术，解决了钢框架结构的刚度优化问题；赵昕等[8]基于结构基本周期和层间位移角对构件成本的敏感性系数，提出了整体刚度约束的组合排序法，并以平面框架结构和468m超高层的超高层结构为案例，进行了结构整体刚度的优化设计，取得了较好的优化效果；Li等[9]基于Matlab和APDL的协同计算机制，采用遗传算法对等效风荷载作用下的高层建筑进行了优化设计，降低了基底剪力和材料成本，并将原结构超限的最大层间位移角控制到了规范要求范围内。目前的结构整体刚度优化方法大多基于力学分析原理和数学优化理论构造出优化迭代公式，在结构优化过程中表现出收敛速度快的优势，但结构整体和构件单元具有明显的依赖关系，单一方面的优化无法保证优化结果的质量，同时其内部数学优化理论采用的库塔克条件为最优解必要条件，即只能保证优化解为驻点（局部最优），无法确保其为工程造价最小（全局最优）。

另一类是单元优化，这类约束只考虑了构件本身的强度、刚度和构造约束，如配筋率、轴压比和构件挠度等。启发式智能算法凭借其问题依赖性低、适合离散变量优化、鲁棒性强的优势，常被用于处理构件单元优化问题。针对普通钢筋混凝土（RC）梁，Ceranic 等[10] 分别采用敏感性分析和拉格朗日方法，以材料造价最小为目标，以应力为约束条件，实现了优化设计；Coello 等[11] 基于基本遗传算法同样对 RC 梁进行了优化设计，并研究了种群规模、交叉和变异概率和最大迭代次数对优化效果的影响。针对 RC 柱构件，Lee 等[12] 考虑了多荷载工况和组合条件下，利用序列二次规划法对 RC 柱的配筋进行了优化设计；Najem 和 Yousif[13] 在单轴受压、偏压和双轴受压三种情况下，采用遗传算法完成了钢筋混凝土柱的优化设计。对于 RC 剪力墙构件，Bertagnoli 等[14] 基于遗传算法对剪力墙单元进行优化设计，并提出增强局部搜索能力的改进策略，提高了遗传算法的优化性能；Hoseini 等[15] 利用粒子群优化算法、模拟退火算法、鲸鱼算法等启发式智能优化算法，通过调整剪力墙钢筋直径、分布、墙身尺寸对 RC 剪力墙进行了优化设计，并对比了不同算法的优化性能。除此之外，学者们还对 FRP 梁[16]、型钢混凝土柱[17]、RC 连续梁[18]、梁柱节点[19] 进行了优化设计的研究。而与上述整体刚度问题相似，结构设计整体优化和单元优化中同时存在，顾此失彼地进行单方面优化，势必造成优化结果和优化方法的实用性降低，同时复杂高层建筑结构的构件种类繁多，目前针对常见的构件单元的优化方法并不全面。

对于整体结构的全约束优化，即同时考虑结构刚度和构件单元两类约束，Gholizadeh 等[20] 采用智能算法对平面钢框架结构进行了优化设计，优化算法为蝙蝠算法、海豚回声算法，考虑了等效风荷载和重力作用的共同影响，研究了两类问题，其一为通过优化结构尺寸降低结构质量，其二为通过调整剪力墙或钢支撑位置降低结构质量；Kaveh 等[21] 利用人工蚁群算法对平面钢框架结构进行了优化，并利用近邻域方法提升了算法的局部搜索能力；Talatahari 等[22] 基于差分进化算法和鹰群策略，对钢框架进行优化设计，以达到满足规范约束和造价最低的优化目标；Oskouei 等[23] 通过多项式模型计算了结点的弯矩-转角关系，考虑了规范要求的截面选型和位移约束，采用和声搜索算法对半刚性梁柱连接结点的钢框架进行了优化设计，降低了钢框架的重量。除此之外，学者们还尝试了遗传算法和粒子群优化算法对钢框架结构进行优化设计研究；Camp 等[24] 利用爆炸-压缩算法对混凝土框架的尺寸和配筋进行优化设计，同时考虑了混凝土材料的碳排放，降低了框架的材料造价和碳排放量。目前全约束下结构优化大多针对钢框架或混凝土框架结构，而复杂高层建筑结构的体型复杂、功能多样且抗侧力体系不明确，其结构设计中周期较长、经济性和合理性难以兼顾的问题更为突出。同时全约束下结构优化大多采用启发式智能算法，其具有随机因素，对优化解进行搜索，通常表现出较慢的收敛速度，造成较大的计算成本需求，如表 1.1 所示。

结构体系优化性能统计 表 1.1

结构类别	层数	跨数	构件种类	优化算法	分析次数
钢框架	8	1	8	差分进化算法	5000
钢框架	15	3	11	遗传算法	10000
钢框架	24	3	20	粒子群优化算法	10500
钢框架	10	3	20	蚁群算法	14000
支撑框架结构	29	4	32	模拟退火算法	50000
混凝土框架	6	2	12	爆炸-压缩算法	9000
混凝土框架	6	2	18	和声搜索算法	12000

因此，针对大型复杂建筑结构的弹性自动优化技术较为缺乏，尤其对于速度快、质量稳定和鲁棒性强特点的自动优化技术属于空白，为实现大型复杂建筑结构的高效自动优化，提高大型复杂建筑结构的经济性、先进性和安全性，研究其自动优化技术，具有重要的研究意义和实际应用价值。

1.2.2 大型复杂建筑结构的抗震评估技术

大型复杂建筑结构通常具有体积庞大、构件数量众多、体系复杂和尺寸较大的特点，其具体的受力机理和抗震机理远超常规结构的工程经验范畴，现有的带伸臂桁架的巨型框架-核心筒结构体系、采用带伸臂桁架的框架-核心筒结构体系、支撑巨型框架-核心筒结构体系、大跨度空间结构等常见的大型复杂建筑结构体系均未经历过地震考验，其抗震机理、损伤演化过程与常规结构是否存在差异也不得而知[25]。尽管如此，国内外学者还是在常规结构抗震性能的数值模拟和试验研究方面做了众多工作，并取得诸多的重要成果。在结构弹塑性分析方面，学者和工程师们采用不同的有限元数值模拟技术分别对不同结构类型和设计条件下的高层结构进行了弹塑性分析[26-29]，分析手段以静力弹塑性分析、动力弹塑性时程分析为主；在高层结构的抗震试验方面，开展了整体结构拟静力试验和缩尺振动台试验研究[30-31]，这些研究大多集中于结构自振频率、阻尼比、破坏模式、延性、内力重分布等方面。由此可知，目前抗震性能研究多集中于常规建筑结构，对于大型复杂高层建筑结构的抗震机理仍待阐明，且整体结构体系的抗震性能不便定量比较和评估。

由于人们对结构抗震和地震作用认识的不断深入，工程结构抗震设计方法也随之不断发展，由最初的承载力设计到目前的性能设计。整个抗震设计方法发展过程可大致分为以下发展阶段[32]：基于承载力设计方法→基于承载力和构造保证延性的设计方法→基于损伤和能量的设计方法→基于能力设计方法→基于系统设计方法→基于性能/位移设计方法，上述设计方法的发展相互交叉并相互启发和渗透，各国工程师和学者对抗震设计方法的不断探索，为完善结构抗震和认知地震作用做出了重要贡献。各国设计规范所采用的抗震设计方法也不断发展和完善，我国现行规范采用了基于性能的抗震设计方法，以“小震不坏、中震可修、大震不倒”的三水准性能设计保证了地震作用下结构的安全性能[33]，其中“大震不倒”水准要求需进行结构大震弹塑性分析与验证，确保结构在大震下不发生倒塌破坏。

地震作用下建筑结构的抗倒塌能力是基于性能抗震设计核心目标[34]，地震造成的结构倒塌也是人员伤亡和经济损失的最主要原因[35]。针对结构的抗倒塌能力，美国应用技术委员会（Applied Technology Council，ATC）开展了“建筑结构抗震性能指标评估”的研究计划（ATC-63）[36]，其建立了标准化的结构抗倒塌能力评价流程、概率计算方法和验算标准，包括大震可接受倒塌概率、抗倒塌安全储备等重要定量指标[37]。根据上述倒塌风险分析方法，学者们提出了“一致倒塌风险”抗震设计理念，其以结构的倒塌概率和安全储备为抗震设计的唯一目标，为比较不同结构的抗震性能提供了统一的“度量衡”，这不仅可实现跨材料和体系种类的结构抗震性能比较，也可系统评价现有规范的合理性，以期通过规范设计的不同结构达到一致的“倒塌风险”[38]。

依据“一致倒塌风险”的设计理念，可对不同结构提出统一的设计鉴定标准，避免设计因不同的结构形式、层数和跨数导致其抗倒塌能力的差异。美国学者和工程人员对美国相关设计规范进行了评估，采用倒塌风险分析方法，对不同类型的延性框架结构开展了结构倒塌风险分析，并根据倒塌风险结果，完善了设计规范中最小地震剪力规定。随后对各类建筑的倒塌能力开展了系统性的全面评价（ATC-76 计划）[39]，用“一致倒塌风险”作为标准，完善现有规范以期实现各类结构的统一的安全性能。我国震害调查结果表明，相同场地条件、抗震设防烈度、抗震等级的结构，不同的布置和体系也将引起实际震害的差异，这是由于抗震设计仅以设防烈度为依据，导致不同结构的易损性曲线产生差异[38]。相同设防烈度条件下，根据抗震设计规范，不同地区结构采用的地震动强度相同，然而中震是通过《中国地震动参数区划图》得到的地震参数，而小震和大震在中震基础上通过少数城镇概率危险分析统计得到，缺少通用性。由于相同设防区域内包含不同的危险性特征，导致了实际大震强度和设计大震强度存在偏差。陆新征等[38] 评估了三个抗震设防烈度均为 7 度的结构，其对应的设计周期内倒塌概率存在量级差异。由此可知，依据目前结构抗震设计方法中设计的结构，与场地条件、抗震设计条件、结构类型、结构体量具有明显的关系，因此结构安全性能产生显著且未知的差异。大型复杂建筑结构的超高、体型复杂，平面不规则等特点，可能使得其大震倒塌风险的差异进一步放大，且难以估计。因此建立基于“一致倒塌风险”的大震安全性能评估方法，开展大型复杂建筑结构的大震风险评估具有较高的科学和实用价值。

国内外学者针对基于“一致倒塌风险”的抗震设计方法也开展了研究，施炜[40] 对我国不同设计条件的 RC 框架结构的抗倒塌安全性能开展了系统研究，提出了罕遇地震下结构倒塌概率小于 10％和 50 年设计期内倒塌概率小于 1.0％的定量评估目标。陆新征等[41] 将结构倒塌风险分析应用于抗震设计、抗震优化并控制造价等方面，其对 8 度区的 500m 级中国尊大厦进行了方案分析，得出了经济和安全性能均较好的结构方案；对比了不同最小地震剪力调整方案，得到了提高楼层设计剪力的调整方案的抗倒塌能力更好，设计难度和建造成本也更低的结论[42]。针对高层混合结构体系设计方法不完整，经济性尚需优化的问题，采用基于逐步增量动力时程分析（IDA）的结构易损性分析方法，开展了钢管混凝土（CFT）框剪、框筒和异形柱框架等混合结构体系的倒塌风险评估，提出了基于“一致倒塌风险”的高层混合结构体系抗震设计方法。该方法不再强行规定结构中的各抗侧力体系的剪力比例和层间抗剪承载力，而仅规定地震作用下结构的倒塌概率不得超过一定限值；这个倒塌概率限值就是结构的一致倒塌风险值[43]。

目前结构大震弹塑性分析常采用关键构件的性能化设计的方法，来保证结构的安全性能。以某500m级超高层建筑结构为例，通过制定构件在不同水准地震下的性能目标来进行大震设计与优化，如大震下对于核心筒收进以上墙体允许进入塑性但程度轻微且满足抗剪不屈服，可以立即使用，悬挑桁架及转换层桁架不进入塑性，大震不屈服，钢材应力不超过屈服强度等。由此可见，关键构件的性能化设计对保证结构安全起到重要作用[44]。大量工程经验进一步指导了关键构件的性能化设计，然而对于关键构件的选择及性能化设计方法常通过工程人员的主观判断，较依赖于其技术水平。复杂高层建筑结构具有构件种类繁多、外形复杂和数目庞大的特点，其关键构件的选择及性能化设计并无统一方法。

1.3 本书主要内容

本书系统地阐述了作者在大型复杂建筑结构自动优化与抗震安全评估领域的创新性研究成果。本书共分为7章，主要对大型复杂建筑结构的自动优化技术和抗震安全评估技术进行了介绍，并针对高层和空间两类复杂结构，结合5项实际工程案例，阐述了复杂建筑结构自动优化与抗震安全评估关键技术。

第1章为绪论。该部分介绍了大型复杂建筑结构体系在国内外的研究和应用发展现状，并从工程设计实践出发，提出开展结构体系自动优化研究和抗震安全性能评估的必要性和重要性。

第2章介绍了结构体系的自动优化方法、结构弹塑性抗震分析方法和重要性分析方法，为本书中大型复杂建筑结构自动优化与抗震评估技术奠定理论基础。

第3章和第4章为大型复杂高层结构篇，分别以华润春笋大厦和青岛海天中心为研究对象，首先对工程概况进行了简要介绍，开展了该结构的自动优化，并对优化结果进行了分析和讨论。最后结合结构抗震分析方法和重要性分析方法，对优化后的结构进行了抗震安全评估和重要性评估。

第5章至第7章为大型复杂空间结构篇，分别以刚果体育场、福州奥林匹克体育馆和杭州奥体中心体育场为研究对象，首先对工程概况进行了简要介绍，开展了该结构的自动优化，并对优化结果进行了分析和讨论。最后结合结构抗震分析方法和重要性分析方法，对优化后的结构进行了抗震安全评估和重要性评估。

参考文献

[1] 周绪红，单文臣，刘界鹏，等. 支撑巨型框架-核心筒结构体系抗震性能研究[J]. 建筑结构学报，2021，42(1)：75-83.

[2] 汪大绥，周建龙. 我国高层建筑钢-混凝土混合结构发展与展望[J]. 建筑结构学报，2010，31(6)：62-70.

[3] 方小丹，魏琏. 关于建筑结构抗震设计若干问题的讨论[J]. 建筑结构学报，2011(12)：46-51.

[4] 汪大绥，周建龙，包联进. 超高层建筑结构经济性探讨[J]. 建筑结构，2012(5)：1-7.

[5] 丁洁民，吴宏磊，赵昕. 我国高度250m以上超高层建筑结构现状与分析进展[J]. 建筑结构学报，2014，35(3)：1-7.

[6] Chan C M. Optimal lateral stiffness design of tall buildings of mixed steel and concrete construction [J]. The Structural Design of Tall Buildings，2001，10(3)：155-177.

[7] Park H S, Kwon J H. Optimal drift design model for multi-story buildings subjected to dynamic lateral forces [J]. The Structural Design of Tall and Special Buildings, 2003, 12 (4): 317-333.
[8] 赵昕，李浩，秦朗．周期与层间位移角双约束条件下超高层结构优化设计方法 [J]. 建筑结构学报，2018，39（1）：129-135.
[9] Li Y, Duan R, Li Q, et al. Wind-resistant optimal design of tall buildings based on improved genetic algorithm [J]. Structures (Oxford), 2020, 27: 2182-2191.
[10] Ceranic B, Fryer C. Sensitivity analysis and optimum design curves for the minimum cost design of singly and doubly reinforced concrete beams [J]. Structural and Multidisciplinary Optimization, 2000, 20 (4): 260-268.
[11] Coello C A C, Christiansen A D, Hernandez F S. A simple genetic algorithm for the design of reinforced concrete beams [J]. Engineering with Computers, 1997, 13 (4): 185-196.
[12] Lee H J, Aschheim M, Hernández-Montes E, et al. Optimum RC column reinforcement considering multiple load combinations [J]. Structural and Multidisciplinary Optimization, 2008, 39 (2): 153-170.
[13] Najem R M, Yousif S T. Optimum cost design of reinforced concrete columns using genetic algorithms [J]. AL-Rafdain Engineering Journal, 2014, 22 (1): 112-141.
[14] Bertagnoli G, Giordano L, Mancini S. Optimization of concrete shells using genetic algorithms [J]. ZAMM-Journal of Applied Mathematics and Mechanics/Zeitschrift für Angewandte Mathematik und Mechanik, 2014, 94 (1-2): 43-54.
[15] Hoseini V S R, Shahmoradi Q H. Bar layout and weight optimization of special RC shear wall [J]. Structures, 2018, 14: 153-163.
[16] Shahnewaz M, Machial R, Alam M S, et al. Optimized shear design equation for slender concrete beams reinforced with FRP bars and stirrups using Genetic Algorithm and reliability analysis [J]. Engineering Structures, 2016, 107: 151-165.
[17] Park H S, Kwon B, Shin Y, et al. Cost and CO_2 emission optimization of steel reinforced concrete columns in high-rise buildings [J]. Energies, 2013, 6 (11): 5609-5624.
[18] Jahjouh M M, Arafa M H, Alqedra M A. Artificial Bee Colony (ABC) algorithm in the design optimization of RC continuous beams [J]. Structural and Multidisciplinary Optimization, 2013, 47 (6): 963-979.
[19] Baghdadi A, Heristchian M, Kloft H. Connections placement optimization approach toward new prefabricated building systems [J]. Engineering Structures, 2021, 233: 111648.
[20] Gholizadeh S, Shahrezaei A M. Optimal placement of steel plateshear walls for steel frames by bat algorithm [J]. The Structural Design of Tall and Special Buildings, 2015, 24 (1): 1-18.
[21] Kaveh A, Talatahari S. An improved ant colony optimization for the design of planar steel frames [J]. Engineering Structures, 2010, 32 (3): 864-873.
[22] Talatahari S, Gandomi A H, Yang X S, et al. Optimum design of frame structures using the eagle strategy with differential evolution [J]. Engineering Structures, 2015, 91: 16-25.
[23] Oskouei A V, Fard S S, Aksogan O. Using genetic algorithm for the optimization of seismic behavior of steel planar frames with semi-rigid connections [J]. Structural and Multidisciplinary Optimization, 2011, 45 (2): 287-302.
[24] Camp C V, Huq F. CO_2 and cost optimization of reinforced concrete frames using a big bang-big crunch algorithm [J]. Engineering Structures, 2013, 48: 363-372.
[25] 陆新征，卢啸，李梦珂，等．上海中心大厦结构抗震分析简化模型及地震耗能分析 [J]. 建筑结构

学报，2013，34（7）：1-10.

[26] 杜修力，杨淑玲，张令心，等．钢框架-混凝土核心筒混合结构弹塑性地震反应分析方法 [J]. 北京工业大学学报，2007（11）：1158-1163.

[27] 林旭川，陆新征，缪志伟，等．基于分层壳单元的 RC 核心筒结构有限元分析和工程应用 [J]. 土木工程学报，2009（3）：49-54.

[28] 陆新征，蒋庆，缪志伟，等．建筑抗震弹塑性分析 [M]. 2 版．北京：中国建筑工业出版社，2015.

[29] Kim Y，Kabeyasawa T，Igarashi S. Dynamic collapse test on eccentric reinforced concrete structures with and without seismic retrofit [J]. Engineering Structures，2012，34：95-110.

[30] 吕西林，邹昀，卢文胜，等．上海环球金融中心大厦结构模型振动台抗震试验 [J]. 地震工程与工程振动，2004（3）：57-63.

[31] 李国强，周向明，丁翔．高层建筑钢-混凝土混合结构模型模拟地震振动台试验研究 [J]. 建筑结构学报，2001（2）：2-7.

[32] 叶列平，经杰．论结构抗震设计方法 [C] //第六届全国地震工程会议论文集．南京：东南大学出版社，2002.

[33] 中华人民共和国住房和城乡建设部．建筑抗震设计规范：GB 50011—2010 [S]. 2016 年版．北京：中国建筑工业出版社，2016.

[34] 施炜，叶列平，陆新征，等．不同抗震设防 RC 框架结构抗倒塌能力的研究 [J]. 工程力学，2011，28（3）：41-48.

[35] 陈颙，陈运泰，张国民，等．“十一五”期间中国重大地震灾害预测预警和防治对策 [J]. 灾害学，2005，20（1）：2-14.

[36] Applied Technology Council (ATC). ATC-63. Recommended methodology for quantification of building system performance and response parameters -75% interim draft report [R]，Applied Technology Council，Redwood City，CA，2007.

[37] Federal Emergency Management Agency (FEMA). FEMA P-695. Quantification of building seismic performance factors [R]. Washington，D. C.，2009.

[38] 陆新征，廖文杰，解琳琳．基于一致倒塌率的建筑抗大震和超大震设计标准 [J]. 工程建设标准化，2019（6）：4.

[39] National Institute of Standard and Technology (NIST). Evaluation of FEMA P695 methodology for quantification of building seismic performance factors [R]. Washington，D. C.，2010.

[40] 施炜．RC 框架结构基于一致倒塌风险的抗震设计方法研究 [D]. 北京：清华大学，2014.

[41] 陆新征，杨蔚彪，卢啸，等．倒塌分析在某 500m 级超高层建筑抗震设计中的应用 [J]. 建筑结构，2015，45（23）：91-97.

[42] 卢啸，甄伟，陆新征，等．最小地震剪力系数对超高层建筑结构抗震性能的影响 [J]. 建筑结构学报，2014（5）：88-95.

[43] 周绪红，刘界鹏，林旭川，等．高层钢-混凝土混合结构体系抗震性能与设计方法 [M]. 北京：中国建筑工业出版社，2021.

[44] 傅学怡，吴国勤，黄用军，等．平安金融中心结构设计研究综述 [J]. 建筑结构，2012，42（4）：21-27.

2 复杂建筑结构自动优化与大震安全评估技术

2.1 自动优化技术

2.1.1 结构刚度的数学优化

针对结构优化设计问题，作者在前文所提及的优化方法的核心目标是求出优化问题的迭代公式[1,3]，如式（2.1）所示。

$$\boldsymbol{X}^{(t+1)}=f[\boldsymbol{X}^{(t)}] \text{ 或 } \boldsymbol{X}^{(t+1)}=f[\boldsymbol{X}^{(t)}, \boldsymbol{X}^{(t-1)}, \cdots\boldsymbol{X}^{(1)}] \tag{2.1}$$

式中，$\boldsymbol{X}^{(1)}$、$\boldsymbol{X}^{(t)}$ 和 $\boldsymbol{X}^{(t+1)}$ 是优化算法的第 1 次迭代、第 t 次迭代和算法更新后的 $t+1$ 次迭代设计变量对应的矩阵。

不同的优化算法根据其自身优化策略进行对应的设计变量迭代更新，包括敏感性方法通过敏感性分析得到每次迭代增量的位置及幅度、数学算法的探测移动确定模式移动方向、遗传算法的遗传-交叉-变异操作、粒子群优化算法的惯性速度-社会认知-个体认知相结合的速度更新公式等。优化更新策略可分为力学分析、数学优化和智能算法。对于优化迭代公式的求解，力学分析与数学优化结合的更新策略较为直接，但通常形式较复杂，也是其难以推广应用的痛点，体现了该方法对问题特殊性的依赖性；而智能算法是与问题无关的算法，其通用性较强，各智能算法的更新策略和随机因素也增加其全局搜索能力，但这也导致了智能算法的收敛速度减慢。

对于结构优化而言，不同结构具有自身的特征，可以理解为其特殊性，对于同一结构，当待优化的设计变量发生变化时，自身特殊性也随之改变。智能算法具有通用性，针对具体优化问题，可利用其特殊性转化为力学形式，并结合数值优化方法将两者融入智能算法，进而提升其优化收敛速度等性能。随着计算机技术和性能的提升，智能算法的优势越来越突出，分布式、并行计算等技术可将智能算法的优化速度极大提升。通过将力学分析和数学优化融入智能算法的策略中，提升智能算法性能，同时保持其通用性，但智能优化算法的极限性能受到其内部力学和数学原理的影响。综上所述，提出针对结构优化设计的 NFL 定理猜想，其内容是对于结构优化设计问题，算法的极限优化能力为其内部优化策略所采用的力学分析和数学方法。也可理解为当两种算法采用相同力学和数学分析原理时，存在适宜的策略可提升算法性能，但两者的极限能力相等。

对于不同优化算法而言，其优化极限能力是单纯通过力学和数学分析得到的迭代关系，如式（2.2）所示。下面对单纯通过力学和数学分析结合得到的迭代关系进行推导[4,8]。

$$\boldsymbol{X}^{(t+1)}=f[\boldsymbol{X}^{(t)}] \tag{2.2}$$

对于结构设计问题，根据结构优化设计数学方法，可总结为带有不等式约束的造价目标函数 F 的极小化问题，同时引入拉格朗日乘子 λ_i，建立拉格朗日函数，如式（2.3）所示。

$$L=F(x)+\sum_{i=1}^{n_1}\lambda_i(\overline{u_i}-u_i)+\sum_{j=1}^{n_2}\lambda_j(\overline{\delta_j}-\delta_j)+\sum_{k=1}^{n_3}\lambda_k(\overline{\eta_k}-\eta_k) \tag{2.3}$$

根据式（2.3）形式，造价目标函数 $F(x)$、$\overline{u_i}$、$\overline{\delta_j}$ 和 $\overline{\eta_k}$ 均为显式函数或规范给出的定值，因此通过力学分析得到结构的力和位移即可。下面以求解柱的位移为例，说明设计变量迭代求解方法。

首先，将在待求侧移的节点处施加单位虚荷载，由虚功原理可知，柱的侧移可表示为

$$\delta=\int_0^L\left(\frac{F_xf_x}{EA_x}+\frac{F_yf_y}{GA_y}+\frac{F_zf_z}{GA_z}+\frac{M_xm_x}{GI_x}+\frac{M_ym_y}{EI_y}+\frac{M_zm_z}{EI_z}\right)\mathrm{d}x \tag{2.4}$$

式中，F_x、F_y、F_z 分别为在真实荷载作用下的内力；f_x、f_y、f_z 分别为在虚荷载作用下的单元内力；M_x、M_y、M_z 分别为在真实荷载作用下的内力；m_x、m_y、m_z 分别为在虚荷载作用下的单元内力；G 和 E 分别为剪切模量和弹性模量；A_x、A_y、A_z 分别为截面的轴向面积；I_x、I_y、I_z 分别为截面的惯性矩。

对于矩形截面，其截面参数可表示为

$$A_x=bh,\ A_y=A_z=\frac{5}{6}bh \tag{2.5}$$

$$I_z=\frac{1}{12}b^3h,\ I_y=\frac{1}{12}bh^3,\ I_x=\left[\frac{1}{3}-0.21\frac{b}{h}\left(1-\frac{b^4}{12h^4}\right)\right]bh^3 \tag{2.6}$$

由于单元扭转效应通常较小，因此 I_x 可简化为以下形式

$$I_x=\beta bh^3 \tag{2.7}$$

式中，对于矩形截面 $\beta=0.2$。

$$\begin{aligned}\delta&=\int_0^L\left(\frac{F_xf_x}{EA_x}+\frac{F_yf_y}{GA_y}+\frac{F_zf_z}{GA_z}+\frac{M_xm_x}{GI_x}+\frac{M_ym_y}{EI_y}+\frac{M_zm_z}{EI_z}\right)\mathrm{d}x\\&=\frac{E_0}{bh}+\frac{E_1}{bh^3}+\frac{E_2}{b^3h}\end{aligned} \tag{2.8}$$

式中，

$$\begin{aligned}E_0&=\int_0^L\left(\frac{F_xf_x}{E}+\frac{F_yf_y}{G\frac{5}{6}}+\frac{F_zf_z}{G\frac{5}{6}}\right)\mathrm{d}x\\E_1&=\int_0^L\left(\frac{12M_ym_y}{E}\right)\mathrm{d}x\\E_2&=\int_0^L\left(\frac{M_xm_x}{\beta G}+\frac{12M_zm_z}{E}\right)\mathrm{d}x\end{aligned} \tag{2.9}$$

其只与单元内力和材料性质相关，与截面尺寸无关。因此，将式（2.9）结合位移约束方程可表示为

$$\delta\leqslant u \tag{2.10}$$

$$\delta=\frac{E_0}{bh}+\frac{E_1}{bh^3}+\frac{E_2}{b^3h}\leqslant u \tag{2.11}$$

$$F=\rho bhL\times C_1 \tag{2.12}$$

将方程转化为下面拉格朗日函数的极值问题。

$$L(b,\ h,\ \lambda_j)=\rho bhL\times C_1+\sum_{j=1}^{D}\lambda_j\left[\left(\frac{E_0}{bh}+\frac{E_1}{bh^3}+\frac{E_2}{b^3h}\right)-u\right] \tag{2.13}$$

式中，拉格朗日乘子 λ_j 需满足 $\lambda_j>0$，当 $\lambda_j=0$ 时，此约束不起作用。

根据 KKT 条件可得到

$$\frac{\partial}{\partial b}L(b,\ h,\ \lambda_j)=0\Rightarrow\sum_{j=1}^{D}\frac{\lambda_j}{\rho L\times C_1}\left[\left(\frac{E_0}{b^2h^2}+\frac{E_1}{b^2h^4}+\frac{3E_2}{b^4h^2}\right)\right]=1 \tag{2.14}$$

$$\frac{\partial}{\partial h}L(b,\ h,\ \lambda_j)=0\Rightarrow\sum_{j=1}^{D}\frac{\lambda_j}{\rho L\times C_1}\left[\left(\frac{E_0}{b^2h^2}+\frac{3E_1}{b^2h^4}+\frac{E_2}{b^4h^2}\right)\right]=1 \tag{2.15}$$

将等式两端同时取 $1/\eta$ 次方，再同时乘以 b 或 h，得到

$$b^{(k+1)}=b^{(k)}\left\{\sum_{j=1}^{D}\frac{\lambda_j}{\rho L\times C_1}\left[\left(\frac{E_0}{b^2h^2}+\frac{E_1}{b^2h^4}+\frac{3E_2}{b^4h^2}\right)\right]-1+1\right\}^{1/\eta} \tag{2.16}$$

$$h^{(k+1)}=h^{(k)}\left\{\sum_{j=1}^{D}\frac{\lambda_j}{\rho L\times C_1}\left[\left(\frac{E_0}{b^2h^2}+\frac{3E_1}{b^2h^4}+\frac{E_2}{b^4h^2}\right)\right]-1+1\right\}^{1/\eta} \tag{2.17}$$

将式（2.16）和式（2.17）进一步改造，通过两项式展开并保留线性项可得

$$\begin{aligned}b^{(k+1)}&=b^{(k)}+\Delta b^{(k)}\\&=b^{(k)}\left\{1+\frac{1}{\eta}\times\left[\sum_{j=1}^{D}\frac{\lambda_j}{\rho L\times C_1}\left(\frac{E_0}{b^2h^2}+\frac{E_1}{b^2h^4}+\frac{3E_2}{b^4h^2}\right)-1\right]\right\}\end{aligned} \tag{2.18}$$

$$h^{(k+1)}=h^{(k)}\left\{1+\frac{1}{\eta}\times\left[\sum_{j=1}^{D}\frac{\lambda_j}{\rho L\times C_1}\left(\frac{E_0}{b^2h^2}+\frac{3E_1}{b^2h^4}+\frac{E_2}{b^4h^2}\right)-1\right]\right\} \tag{2.19}$$

式中，k 表示迭代次数；η 表示松弛因子，在优化中可通过其调节并控制收敛速度，至此，在式（2.18）和式（2.19）仅需求解拉格朗日乘子 λ_j 即可构造成迭代公式。根据结构位移对设计变量的微分关系可知

$$\Delta\delta=\frac{\partial\delta}{\partial b}(b^{(k+1)}-b^{(k)})+\frac{\partial\delta}{\partial h}(h^{(k+1)}-h^{(k)}) \tag{2.20}$$

将式（2.11）、式（2.18）、式（2.19）代入式（2.20），可得

$$\begin{aligned}&\sum_{j=1}^{t}\lambda_j^k\left[\frac{1}{b^3h^3}\left(E_{0j}+\frac{E_{1j}}{h^2}+\frac{3E_{2j}}{b^2}\right)\left(E_{0j}+\frac{E_{1k}}{h^2}+\frac{3E_{2k}}{b^2}\right)+\right.\\&\left.\frac{1}{b^3h^3}\left(E_{0k}+\frac{3E_{1k}}{h^2}+\frac{E_{2k}}{b^2}\right)\left(E_{0k}+\frac{3E_{1k}}{h^2}+\frac{E_{2k}}{b^2}\right)\right]_k\end{aligned} \tag{2.21}$$

$$\begin{aligned}&=-\eta(u(k)-\delta(k))+\frac{1}{bh}\left(E_{0k}+\frac{E_{1k}}{h^2}+\frac{3E_{2k}}{b^2}\right)_k+\\&\frac{1}{bh}\left(E_{0k}+\frac{3E_{1k}}{h^2}+\frac{E_{2k}}{b^2}\right)_k\end{aligned} \tag{2.22}$$

当第 k 次迭代的设计变量 $h^{(k)}$ 和 $b^{(k)}$ 已知时，可通过上述方程求出相应的拉格朗日乘子 ${\lambda_j}^{(k)}$，再通过拉格朗日乘子和第 k 次迭代的设计变量 $h^{(k)}$ 和 $b^{(k)}$ 求出下一轮迭代的设计变量 $h^{(k+1)}$ 和 $b^{(k+1)}$，即完成式（2.18）和式（2.19）的显式表达。

因此，优化算法的极限能力即通过数学优化和力学分析相结合的迭代计算方法，其迭代次数通常为10次左右。但上述方法存在明显不足，即算法全局搜索能力和稳定性无法得到保障，这是由于其内部核心原理所导致，即虚功原理和KKT条件[1]。一方面，该方法利用虚功原理得到的迭代公式［式（2.18）、式（2.19）］是通过 k 次迭代力学结果（F 和 f）求得 $k+1$ 次的构件尺寸，该方法需将结构假设为暂时静定，即力学性态并不随构件尺寸变化而产生剧烈变化，可称之为非交感结构。当构件尺寸变化较大时，暂时静定假设并不成立，因此将引起结构收敛曲线出现上下波动，并不能保证有较稳定的收敛性；另一方面，KKT条件只是局部最优解的必要条件，并不能保证解为全局最优，因此，数学优化和力学分析相结合的迭代计算方法无法保证其全局搜索能力。

2.1.2 启发式与强化学习算法

2.1.2.1 启发式算法

启发式算法是处理复杂非线性优化问题的常用方法。不同于基于数学和力学的优化方法，其不依赖于初始设计点和结构参数与性态指标的显式关系，在系统工程、自动化工程和计算机领域得到广泛应用。以简化的支撑巨型框架-核心筒结构为研究对象，建立以材料造价为目标、以规范要求为约束的优化数学模型，并采用启发式算法对结构体系开展自动抗震优化设计[1]。

粒子群优化算法（Particle Swarm Optimization，PSO）是在受鸟类觅食行为的群体规律性启发建立简化的群体智能模型[9,13]。粒子群优化算法求解过程的每一个粒子都对应到空间中的一个鸟的位置，算法将其称之为“粒子”（Particle）。每个粒子均可用三个变量进行表征，即粒子的位置（x_i），粒子的速度（v_i）和粒子自身历史经过所有位置的最好值（$pbest_i$），其中 $pbest_i$ 可采用评价函数（适应度函数 $fitness_i$）进行表征。粒子的速度包含粒子的速度和方向信息，通过结合 x_i 和 v_i 计算粒子的下一步位置，且该过程引入随机因素以增加全局搜索能力。如果发现更优解，将以此为依据计算并更新下一步解的位置。具体地，PSO首先随机初始化粒子种群，在更新迭代过程中，以当前的两个最优解来更新自己相关信息包括位置和速度，其中一个是粒子（P_i）所有经过的位置得到的最优解，为个体最优位置（$pbest_i$）；另一个是种群内所有粒子（P_1，…P_i，…P_n）所有经过的位置得到的最优解，为全体最优位置（$gbest_i$）。

$$v_{i,j}^{(k+1)}=v_{i,j}^{(k)}+c_1\times r_1\times(pbest_{i,j}^{(k)}-x_{i,j}^{(k)})+c_2\times r_2\times(gbest_j^{(k)}-x_{i,j}^{(k)}) \tag{2.23}$$

$$x_{i,j}^{(k+1)}=x_{i,j}^{(k)}+v_{i,j}^{(k+1)} \tag{2.24}$$

其中 i 为第 i 个粒子；j 为当前迭代次数；$pbest_{i,j}$ 和 $gbest_j$ 分别为在经历第 j 次迭代后，粒子 P_i 所经历的最优位置和全体粒子所经历的最优位置；c_1 和 c_2 成为粒子学习因子；r_1 和 r_2 为粒子学习率；当粒子（P_i）的位置信息（x_i）超出优化问题的解空间限制，并可使其等于空间边界，从而将其变成可行解。

在位置信息 $x_{i,j}^{(k+1)}$ 更新完成之后，计算其适应度并与粒子所“记忆”的个体最优位置相比较，更新个体最优位置 $pbest_{i,j}$；全局最优位置 $gbest_j$ 根据所有粒子的个体最优位置的最优点得到。如对于 $\min f(x)$ 优化问题，则按照式（2.25）和式（2.26）进行计算并更新：

$$pbest_i^{(k+1)} = \begin{cases} x_i^{(k+1)}, & if\ f(x_i^{(k+1)}) < pbest_i^{(k+1)} \\ pbest_i^{(k)}, & otherwise \end{cases} \tag{2.25}$$

$$gbest_i^{(k+1)} = \min(pbest_i^{(k+1)}, \cdots pbest_i^{(k+1)}, \cdots pbest_n^{(k+1)}) \tag{2.26}$$

由式（2.23）可知，粒子的更新迭代过程主要由三部分构成，即粒子自身速度、个体认知部分和社会认知部分，其中第一部分 $v_{i,j}^{(k+1)}$ 为粒子自身速度部分；第二部分是个体认知部分，表示粒子自身的思考，该部分使粒子具有较强的局部搜索能力；第三部分是社会认知，表示粒子受到的彼此间信息共享的影响。

灰狼算法（Grey Wolf Optimization，GWO）主要利用其独特的原型邻域环绕机制和特有的结构层次有效通过其候选解确定猎物的可能位置。GWO 算法是基于模仿狼群狩猎行为中的领导机制和狩猎机制所提出的，灰狼的社会等级机制包括 α、β、δ 和 ω 四种灰狼等级；狩猎机制狼群包括搜寻、包围、狩猎和攻击等狩猎行为[14-15]。

GWO 算法的社会等级可将狼群 α、β、δ 和 ω 四个等级中前三个等级 α、β、δ 的灰狼认为是领导层灰狼，且其每个等级仅设置一匹，最低等级的 ω 狼主要负责搜索任务，该等级设置为较多灰狼，以实现可行空间的全局搜索任务。而在结构设计问题中，α 狼代表目前问题的最优解，β 狼的地位略低于 α 狼，其代表第二优质解，δ 狼代表第三优质解，ω 狼为搜索狼，其相对性需算法计算及验证，ω 狼以 α 狼、β 狼和 δ 狼为中心开展搜索行动，整个 GWO 算法以此实现狩猎包围搜索和攻击猎物行为。

GWO 算法通过对狼群狩猎行为的数学模拟来完成实际问题的优化。GWO 算法的数学模拟过程主要可分为包围猎物、狩猎行为和攻击/搜寻猎物行为，其中包围猎物的数学模拟如式（2.27）～式（2.30）所示。

$$\boldsymbol{D} = |\boldsymbol{C} \cdot \boldsymbol{X}_{prey} - \boldsymbol{X}(t)| \tag{2.27}$$

$$\boldsymbol{X}(t+1) = \boldsymbol{X}_{prey} - \boldsymbol{A} \cdot \boldsymbol{D} \tag{2.28}$$

$$\boldsymbol{A} = 2 \cdot a \cdot \boldsymbol{r}_1 - a \tag{2.29}$$

$$\boldsymbol{C} = 2 \cdot \boldsymbol{r}_2 \tag{2.30}$$

式中，t 表示当前迭代次数，$\boldsymbol{X}$（$t+1$）表示参考更新后的 $t+1$ 次迭代的位置矢量，$\boldsymbol{D}$ 表示当前灰狼到猎物的距离，$\boldsymbol{A}$ 和 $\boldsymbol{C}$ 为向量系数，参数 a 为变化取值的标量，$\boldsymbol{r}_1$ 和 $\boldsymbol{r}_2$ 为随机向量参数。GWO 算法中对狩猎行为通过如下公式进行描述。

$$\begin{aligned} \boldsymbol{D}_\alpha &= |\boldsymbol{C}_1 \cdot \boldsymbol{X}_\alpha - \boldsymbol{X}(t)|, \\ \boldsymbol{D}_\beta &= |\boldsymbol{C}_2 \cdot \boldsymbol{X}_\beta - \boldsymbol{X}(t)|, \\ \boldsymbol{D}_\delta &= |\boldsymbol{C}_3 \cdot \boldsymbol{X}_\delta - \boldsymbol{X}(t)| \end{aligned} \tag{2.31}$$

$$\begin{aligned} \boldsymbol{X}_1(t+1) &= \boldsymbol{X}_\alpha - \boldsymbol{A}_1 \cdot \boldsymbol{D}_\alpha, \\ \boldsymbol{X}_2(t+1) &= \boldsymbol{X}_\beta - \boldsymbol{A}_2 \cdot \boldsymbol{D}_\beta, \\ \boldsymbol{X}_3(t+1) &= \boldsymbol{X}_\delta - \boldsymbol{A}_3 \cdot \boldsymbol{D}_\delta \end{aligned} \tag{2.32}$$

$$\boldsymbol{X}(t+1) = \frac{\boldsymbol{X}_1(t+1) + \boldsymbol{X}_2(t+1) + \boldsymbol{X}_3(t+1)}{3} \tag{2.33}$$

式中，$\boldsymbol{X}$（t）和 $\boldsymbol{X}$（$t+1$）表示 ω 狼的当前第 t 次迭代和参考更新后的第 $t+1$ 次迭代的位置矢量，$\boldsymbol{X}_\alpha$ 是 α 狼的当前位置矢量，$\boldsymbol{X}_\beta$ 是 β 狼的当前位置矢量，$\boldsymbol{X}_\delta$ 是 δ 狼的当前位置矢量。GWO 算法的攻击行为通过系数向量进行调节，通常情况下该系数随迭代次数不断变化，系数向量中的元素 A 越小，代表该灰狼在本次迭代中更接近猎物，如此来模拟灰狼的攻击行为，而反之，当元素 A 取值较大时，说明本次迭代距离猎物较远，代表本次迭代后会远离当前猎物，以此来模拟自然界中搜寻猎物的行为，这样可以增加搜索的多样性，对避免算法陷入局部最优起到有效作用。

综上，作者通过不同启发式算法之间的优化性能对比，发现 GWO 算法的优化性能优于 PSO 算法，并优于 GA 和蚁群算法。究其原因，作者认为在结构优化的问题当中，启发式算法的随机生成可行解的方法，并不能有效地产生满足所有规范设计要求的结果，这就导致了其优化速度慢、效率低。换句话说，算法每轮迭代生成解，大部分都是不合格的结构，这是由于结构优化问题的强非线性，这些不合格的结构占用许多无用的有限元计算时间。结构设计的寻优过程，可行性结构设计方案在优化求解中起到重要作用。

对于 GWO 算法，利用三个质量较优（前三个等级的狼）的设计方案为依据，对设计空间进行搜索，因此效果较好。效果次之的是 PSO 算法，其利用质量最优的粒子和局部最优的粒子，对设计空间进行搜索，由于局部最优的粒子质量小于或等于 GWO 中第二、三等级灰狼，因此效果比 GWO 差。同时，GA 算法的效果最差。这种情况类似于在解决结构设计问题中，10 个非经验人员经过头脑风暴的结果并不理想，当加入一个经验丰富的老工程师时，效果得到显著提升。因此，如何快速地找到结构可行性方案对于结构自动优化至关重要。

2.1.2.2 强化学习

强化学习（Reinforcement Learning）是一种机器学习方法，通过模仿生物与自然环境交互的机器学习方法，其本质是互动学习，即让智能体与外界环境进行交互。与监督学习不同，强化学习不使用标签数据进行训练，它使用模拟或真实的环境中的反馈来训练智能体（例如，机器人或计算机程序）如何在特定任务中做出决策。在强化学习中，智能体在每一步中选择一个动作，然后通过与环境的互动获得一些奖励或惩罚，逐渐获得关于环境的知识经验。它的目标是通过不断尝试和学习，来最大化长期的奖励。强化学习的一个关键部分是策略，即智能体决定在每一步该采取哪一个动作。综上，强化学习是学习一个从观察到动作的映射，目标是最大限度地提高所获得的奖励[16]。

强化学习是智能体的自然学习范例。它包含了智能体（Agent）、环境（Environment），状态（State）、动作（Action）、奖励（Reward）、时刻（t）和策略（π）。

智能体 Agent：在环境中进行探索的计算机控制程序、机器人等；

环境 Environment：智能体所处的真实空间或虚拟空间的统称，包括空间中的物体和空间的边界；

状态 S：State，智能体当前所处环境及其自身情况（如位置）的描述，也反映了智能体对当前环境和自己境遇的一种观察（observation），所有状态形成一个集合，因为智能体可以有很多种状态，则用 $\{S_i\}$ 表示状态集合；

动作 A：Action，智能体做出的动作；所有动作形成一个集合，因为智能体可以做出很多类动作，则用 $\{A_i\}$ 表示动作集合；

奖励 R：Reward，环境对于智能体动作执行后的反馈，奖励可能为负（即惩罚），是一个标量；

时刻 t：智能体所处的时间步，智能体在每个时刻都有其对应的状态、动作和奖励等；

策略 π：policy，是智能体所处当前环境、状态到智能体选择动作的映射；策略的表现形式一般是一个概率，例如在当前环境和状态下，智能体可选择下一个动作可能为 A_1、A_2、A_3。用 πt（A）表示智能体在 t 时刻选择动作 A 的概率。

强化学习创建了一个智能体，该智能体通过从环境中获得动作反馈（惩罚和奖励）来学习，然后调整其行为。强化学习遵循马尔可夫决策过程（Markov Decision Process，MDP）的框架，智能体（Agent）在时间 t 观察到一个状态 S_t（State），智能体在状态 S_t 下采用动作 A_t（Action）并得到环境（Environment）反馈的奖励 R_{t+1}（Reward），并更新状态 S_{t+1}，以此进行循环学习，见图 2.1。在每个周期中，智能体从其环境中获取代表当前状态的信息。根据当前状态习得的知识和目标，选择并执行最适当的动作。通过从环境中获得有关反馈的奖励，智能体可以学会一个策略 π 以调整其行为获得积极奖励并避免受到惩罚，使得累计折扣奖励（Accumulated Discounted Reward）期望最大。

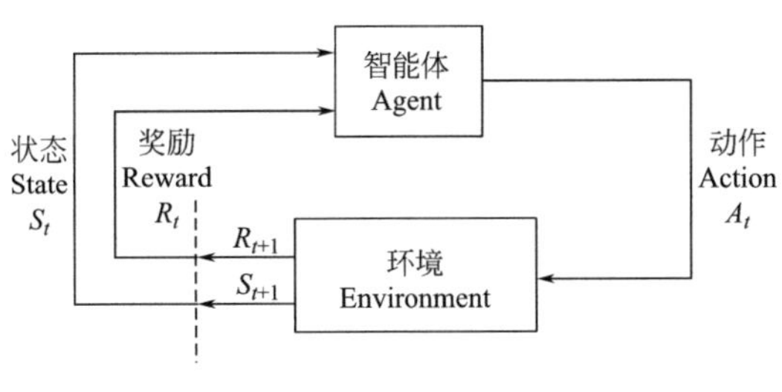

图 2.1 强化学习基本架构

我们可以根据不同的规则对强化学习进行分类。根据策略更新方法可以将强化学习分为：(1) 基于价值（Value-based）：价值将每对状态和行为与未来预期值相关联，求出最优值函数，然后重构出最优策略；(2) 基于策略（Policy-based）：策略是将每个状态映射到所需的行为，直接在策略空间进行搜索。根据是否依赖环境可以将强化学习分为：(1) 无模型（Model-free）：智能体不尝试理解环境，直接接受环境信息，通过交互数据得到最优策略；(2) 基于模型（Model-based）：智能体先理解真实世界是什么样的，用数据先学习系统模型，然后基于模型得到最优策略。根据更新频率可以将强化学习分为：(1) 蒙特卡洛更新（Monte-Carlo update）：智能体每完成一个回合任务，对策略进行一次更新；(2) 时序差分更新（Temporal-difference update）：智能体一边探索一边学习，进行单步更新，每执行一个动作更新一次策略。

作者基于 Python 平台，应用 Opensees 系统并结合强化学习算法，尝试了适用于钢框架结构、混凝土框架结构、交错桁架钢框架结构的高层建筑设计优化的优化算法。主要内容包括钢框架结构、混凝土框架结构、交错桁架钢框架结构体系建模、结构荷载计算与加载自动化、结构静态和动态响应分析、结构安全性验算以及结构智能优化。目的是通过传统结构设计与强化学习算法相结合的方式，在结构安全性满足的前提下，以结构材料造价最小为目标函数，实现结构历史响应计算和构件尺寸选择的最优化和自动化。

图 2.2 是根据自定义输入参数，使用 Pyhton 平台自动生成的不同布置的交错桁架结构模型。图 2.3（a）中自变量为模型训练的轮数，因变量为每轮学习终点结构的 safe 值。对于 bool 型的 safe 值，将其列表转换为 pandas 库中的 DataFrame 数据结构时，True 值转换为 1，False 值转换为 0。由图可以看出，最终的训练结果安装状态值保持为 1.0，即结构安全。如图 2.3（b）所示为材料造价变化图。图中自变量为模型训练的轮数，因变

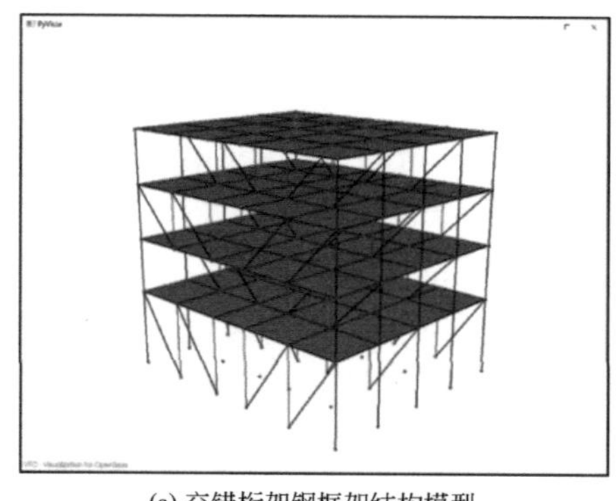
(a) 交错桁架钢框架结构模型
(4×5×4)

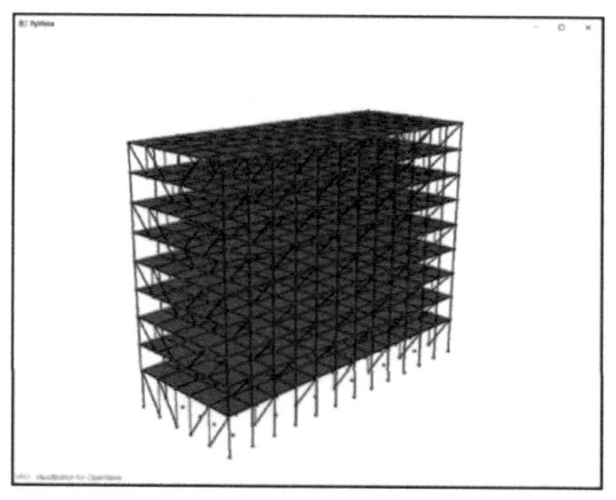
(b) 交错桁架钢框架结构模型
(4×5×12)

图 2.2 基于 Python 编程自动生成的结构计算模型与求解

量为每轮学习终点对应的目标函数 money 值。由图可以看出，money 值的总体变化为明显的下降趋势，在训练初期，money 值的下降还不明显，甚至会出现上涨的现象；随着训练的进行，可以看出结构的目标函数值呈现明显的下降状态；最后训练结果收敛，结构的总造价几乎保持不变。本次优化结果的结构总造价为 4131681 元。

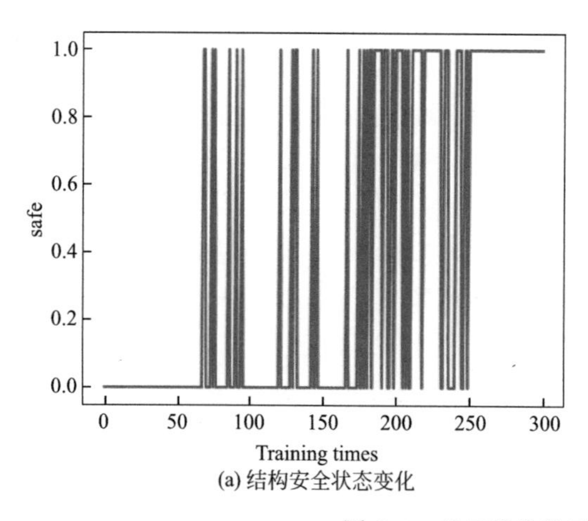

(a) 结构安全状态变化

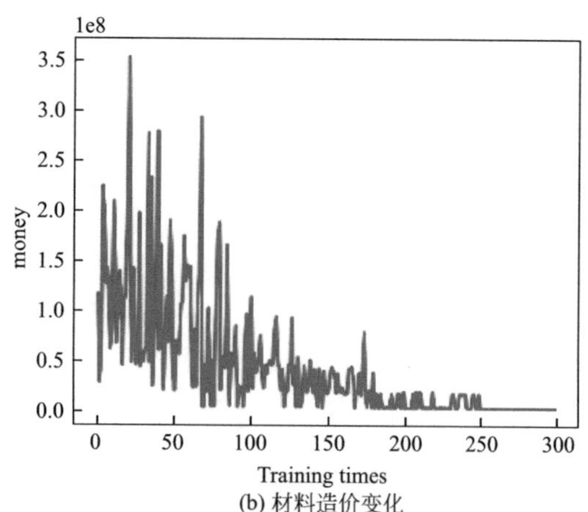

(b) 材料造价变化

图 2.3 基于强化学习的结构自动优化结果

对于基于强化学习的结构自动优化，在求解过程中，同样存在可行性结构方案较少的问题，我们可以通过图 2.3（a）看出，在优化后期，结构的安全状态还经常性地变为 0，即存在部分要求不满足规范设计要求，算法进行了无用的有限元计算，浪费了优化时间。对于大型复杂建筑结构来讲，这种结构优化的强非线性更为严重，优化效率低和收敛性差的问题更为突出。因此，同样的是，如何快速地找到结构可行性方案对于结构自动优化至关重要。

2.1.3 基于内力状态的自动优化方法

在本节中，作者将基于内力状态的优化方法和启发式算法、强化学习算法相结合，从结构优化与算法原理出发，给出结构最优解的充分非必要条件，并提出两种将此条件与现有智能算法（包括强化学习）相结合的形式，具体为隔轮迭代形式和并列随机选择形式，最后给出优化算法流程图。需说明的是，本书给出的是一种基于内力状态的优化思路和两种具体的实现形式，并非单一的算法，由于篇幅和时间所限，作者仅实现基于 GWO、PSO 和强化学习的三种形式，望感兴趣的读者开展进一步的探索，从而寻找更适合这种基于内力状态的优化技术的依托方法。

满应力准则法是优化准则方法中的一种主要方法[17]，通过使结构各杆件达到满应力状态，充分利用材料的性能，从而达到降低造价的目的。其设计思想是通过调整既定结构的构件截面尺寸，充分发挥各个构件的荷载承受能力。具体思路如下：考虑结构中有 i 根构件，第 i 根构件在多种荷载工况下最大内力为 $F_i^k=\max\{F_1^k，F_2^k，\cdots F_i^k\}$，因此在第 k 次迭代中，第 i 根构件的最大应力为 $\sigma_i^k=\dfrac{F_i^k}{A_i^k}$。通过构件应力和容许应力作比较可得到应力比 $R_i^k=\dfrac{\sigma_i^k}{[\sigma]}$，由于结构优化设计的满应力准则是使各个构件的最大应力达到容许应力，因此将应力比 R_i^k 作为设计变量比，成为每次迭代中构件截面尺寸的调整依据。因此，满应力准则法可将尽可能多的不等式约束转化为等式约束，其公式如式（2.34）所示。

$$A_i^{k+1}=R_i^k\cdot A_i^k=\frac{\sigma_i^k}{[\sigma]}\cdot A_i^k \tag{2.34}$$

式中，A_i^{k+1} 是第 $k+1$ 次迭代中第 i 根构件的截面尺寸。

满应力准则法只考虑了构件强度的约束条件，即应力比约束，并未考虑结构整体刚度的限制要求。在实际结构设计中，除了构件强度要求外，结构刚度要求是另一个重要的结构安全设计要求，如高层结构的顶点位移和层间位移角、大跨度空间结构中的挠度。因此，考虑刚度和强度要求的迭代公式不再是式（2.34）。它的理想形式应该在式（2.34）中 A_i^{k+1} 的基础上增大或者减小，以满足刚度的要求。这是由于不同构件的强度要求仍是结构设计的重要约束，导致了理想形式在 A_i^{k+1} 左右发生变动。当刚度不满足要求时，部分构件的截面需要被增大以满足刚度要求，这导致了其他构件分配的内力变小和截面积需求变小。因此，理想形式既可以在式（2.34）中 A_i^{k+1} 的基础上变大，也可以变小。同时考虑与构件有关的强度约束问题和与结构有关的刚度约束问题，第 $k+1$ 次迭代中生成的第 i 根构件的截面尺寸的理想形式如式（2.35）所示。

$$a\cdot\frac{\sigma_i^k}{[\sigma]}\cdot A_i^k\leqslant A_i^{k+1}=\frac{\sigma_i^k}{[\sigma]}\cdot A_i^k\leqslant b\cdot\frac{\sigma_i^k}{[\sigma]}\cdot A_i^k \tag{2.35}$$

式中，a 和 b 为受结构刚度要求影响的限制系数，并且 $a\leqslant1$，$b\geqslant1$。其他参数如式（2.34）所示。

基于满应力方法中将尽可能多的不等式约束转化为等式约束的原则，将不等式（2.35）中的左右两侧的限制系数消除。因此，同时考虑强度约束和刚度约束的第 $k+1$ 次迭代中生成的第 i 根构件的截面尺寸如式（2.36）所示。

$$A_i^{k+1}=c\cdot\frac{\sigma_i^k}{[\sigma]}\cdot A_i^k \tag{2.36}$$

式中，c 为 $[a，b]$ 范围内的随机数。

采用同时考虑刚度约束和强度约束的式（2.36）是最优解的必要条件，即最优解对应的界面尺寸满足不等式（2.35）和等式（2.36）的要求。但由于 c 的随机性，式（2.36）无法成为保证随机产生的 A_i^{k+1} 是最优解的充分条件。

等式（2.36）是考虑构件约束的迭代公式，并利用启发式或强化学习算法来解决整体结构刚度的问题，将两者结合就可以解决同时考虑整体结构约束和局部构件约束的结构自动优化问题。针对两者的结合方式，本书提出两者结合形式，分别为隔轮迭代和并列随机选择。

隔轮迭代的结合方式如图 2.4（a）和（b）所示，如若奇数迭代轮数，采用启发式或强化学习算法生成了下一轮结构，那么偶数轮则采用考虑构件约束的迭代公式，即等式（2.36），依次往复以隔轮迭代形式分别考虑整体结构约束和局部构件约束的结构自动优化问题。

并列随机选择的结合方式如图 2.4（c）和（d）所示，该结合方式在每轮中同时考虑两种方法生成的下一轮结构，那么每种构件截面就会面临两种选择，为了提升算法的平稳性，本书中采用变异方式选择具体的构件方案。详细地说，就是具体采用两种方案中的哪一种并非确定性的，可以按照规则随机生成一组随机数（1 或 2），当随机数为 1 时，采用启发式或强化学习算法生成了下一轮结构，当随机数为 2 时，采用考虑构件约束的迭代等式（2.36），并将不同方式生成的构件方案进行组合，形成下一轮结构。

同时，在每一轮迭代结束后，可检查每种构件的强度约束是否满足要求，若不满足，采用式（2.36）进行更新以使构件满足强度要求。通过不断重复上述过程，保证求得的解为最优解。

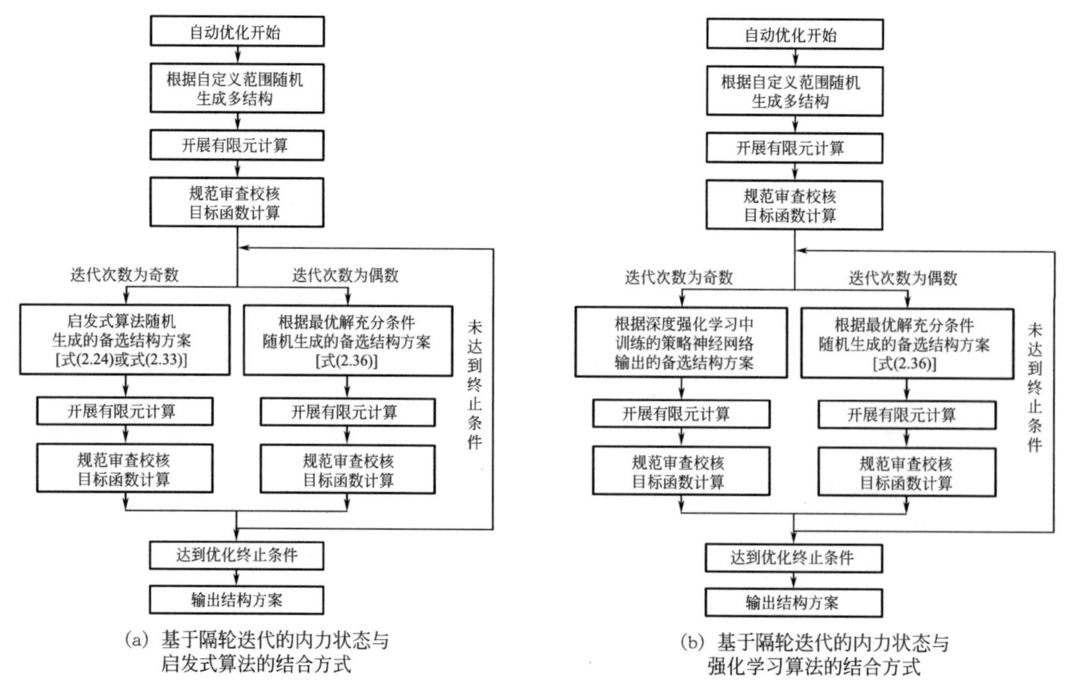

(a) 基于隔轮迭代的内力状态与启发式算法的结合方式

(b) 基于隔轮迭代的内力状态与强化学习算法的结合方式

图 2.4　基于构件内力状态的结构智能优化方法（一）

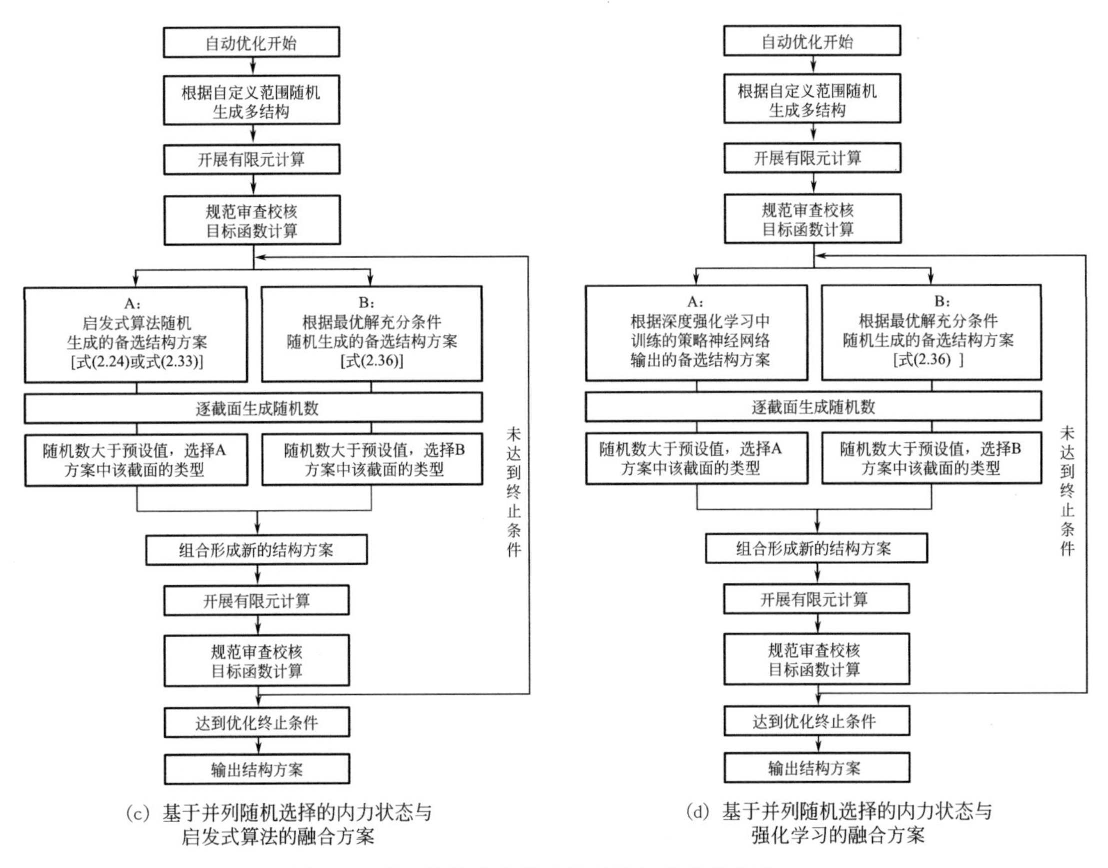

(c) 基于并列随机选择的内力状态与启发式算法的融合方案

(d) 基于并列随机选择的内力状态与强化学习的融合方案

图 2.4 基于构件内力状态的结构智能优化方法（二）

2.2 大震安全评估技术

2.2.1 动力弹塑性时程分析方法

2.2.1.1 方法概述

本书采用的动力弹塑性时程分析方法，即为非线性动力时程分析（Nolinear Dynamic Time-history Analysis）方法，是指将地震波的加速度时程曲线作为动力作用输入结构的有限元数值模型中进行逐步积分计算，得到结构在地震作用下全过程的非线性响应[18]。非线性动力时程分析的整个过程涉及地震波的选取和调幅，并且分析计算的过程与静力弹塑性分析相比也更加复杂，但通过非线性动力时程分析可以得到结构在地震作用下更加准确的响应，更好地对结构抗震性能进行研究与分析。在现今结构分析方法更加成熟且计算机的性能更加强大的条件下，非线性动力时程分析方法在结构抗震性能研究和工程设计领域均得到了广泛应用。

2.2.1.2 地震波的输入标准

地震波是由地壳中的震源向周围释放能量而引起的地面振动，通过地面振动使结构受到惯性力的作用。地震波包含了强度幅值、频谱特性和持续时间三个主要的地震波参数，一般通过时程曲线表示，其中加速度时程曲线被普遍应用于非线性动力时程分析当中。

对于弹塑性时程分析而言，地震波的输入选择对计算结果影响很大。我国《建筑抗震设计规范》GB 50011—2010（2016 年版）[19] 中对于地震加速度时程的选择进行了相关建议，地震加速度时程应采用实际地震记录和人工模拟的加速度记录。在最不利地震动备选数据的基础上，着重考虑强震记录的位移延性和耗能，并进一步考虑场地条件、结构周期和相关规范规定等因素的影响，最后得到给定场地和结构周期下的最不利设计地震动[18]。

2.2.1.3 地震波强度指标

目前结构抗震分析和设计中运用最广泛的地震动强度指标主要是地面峰值加速度（PGA），该指标简单直观，目前被大多数国家所采用。由于震级、震中距和场地特征等因素各不相同，不同地震波之间可能存在很大差异，有较强的随机性，因此需要对所选的地震波的加速度时程曲线进行调幅，使其满足《建筑抗震设计规范》GB 50011—2010（2016 年版）中所要求的幅值水平（表 2.1）。调幅方法见下式：

$$a'(t)=a(t)\times\frac{A'_{\max}}{A_{\max}} \tag{2.37}$$

式中，$a'(t)$、$A'_{\max}$ 分别为调整后地震波的加速度时程曲线及其幅值；$a(t)$、$A_{\max}$ 分别为原记录地震波的加速度时程曲线及其幅值。

时程分析所用地震加速度时程曲线的最大值 **表 2.1**

设防水准	6 度	7 度	8 度	9 度
多遇地震	18	35(55)	70(110)	140
设防地震	50	100(150)	200(300)	400
罕遇地震	125	220(310)	400(510)	620

注：单位为 cm/s^2，括号内数值分别用于设计基本地震加速度为 0.15g 和 0.30g 的地区。

2.2.2 逐步增量动力分析方法（IDA 方法）

2.2.2.1 方法概述

逐步增量动力分析（Incremental Dynamic Analysis，IDA）方法是动力时程分析方法的拓展。该方法需要选取一系列地震波，并对地震强度由小到大进行逐级调幅，将调幅后的地震波分别作为动力作用输入结构，进行大量的非线性动力时程分析，由此得到结构在多条地震波、多强度等级下全面的非线性响应。将大量计算结果通过选定的结构损伤指标（Damage Measure，DM）和地震强度指标（Intensity Measure，IM）表达为 IDA 曲线簇，体现出结构在一系列强度由小到大的地震波作用下非线性响应的变化趋势，在此基础上对结构的破坏模式和抗震性能进行分析。IDA 方法由 Bertero[20] 提出，后经 Vamvatsikos[21] 完善，是一种比较科学有效的分析方法，并随着计算机性能的提高而在抗震研究中得到了更为广泛的应用。

2.2.2.2 地震动的选取标准

结构自身的动力特性和地震波的特征参数两个因素决定了建筑结构在地震作用下的非线性响应，其中结构自身动力特性的随机性远小于地震波特征参数的随机性[22]。结构在峰值加速度相同的地震波作用下其动力响应也可能完全不同，并且结构在不同地震波作用下的 IDA 曲线也可能不同，甚至曲线斜率的变化趋势也会不同；这种随机性在理想弹性结构中也会出现[23]，因此需要选取一定数量的地震波来消除这种随机性的影响。

地震波的特征参数包括强度幅值、频谱特性和持续时间，它们不仅决定了地震波的特性，同时也影响着在地震波作用下的结构响应，因此在选取地震波时需要对其特征参数进行把控。

（1）强度幅值

强度幅值在一定程度上体现了地震波使结构中产生的内力幅值。一般情况下，强度幅值较大的地震波也会导致更为严重的地震灾害。地震波的强度幅值通常由 PGA 表示。

（2）频谱特性

频谱特性是对地震波中不同振动的幅值、频率、相位叠加结果的一种表达。由于地震波中不同频率的振动在不同的岩土类型中传播时能量的衰减速率不同，因此地震波的频谱特性与波的类型、场地特性、震中距等多方面因素有关。在抗震研究中通常选择加速度反应谱以反映地震波的频谱特性。

（3）持续时间

持续时间是指在整个地震过程中，地面波的强度幅值超过特定值的时间长短。通常持续时间越长的地震波释放的能量也越大，这可能导致结构中的塑性损伤发展也更加严重，使结构破坏的可能性增加。

选波方法对地震波特征参数的把控十分重要，目前常用的选波方法主要有两种：基于场地信息的选波方法和基于目标反应谱的选波方法。

（1）基于场地信息的选波方法

这种方法可以通过两种方式实现，一种是通过场地信息和地震波的发震类型来对地震波进行选取，另一种是根据地震强度和震中距对场地信息匹配的地震波进行选取。第二种方式通常被称为解聚法。

（2）基于目标反应谱的选波方法

这种方法的控制参数为结构的目标反应谱，通过对比地震波反应谱和结构目标反应谱，得到频谱特性与结构相匹配的地震波。这种方法与地震波的震中距和发震类型以及场地信息都没有直接关系，只对地震波频谱特性进行把控。其中结构的目标反应谱一般包括规范设计反应谱、条件均值反应谱和一致风险反应谱。

因为基于震源和台站信息的选波法需要大量震源信息支持，在通常的研究分析中难以实现，所以本研究采用研究中常采用的基于目标反应谱的选波方法选取地震波用于增量动力分析（IDA）。目标反应谱采用我国《建筑抗震设计规范》GB 50011—2010（2016 年版）中相应的设计反应谱。选波方法采用双频段选波法，该方法由杨溥等提出，通过控制地震波的加速度反应谱在 0.1s～T_g 区段和结构基本周期 T_1 的谱加速度的均值与目标反应谱的差值，选取具有与结构匹配的频谱特性的地震波。综上所述，本书探究模型均采用双频段选波法从太平洋地震工程研究中心（PEER）的地震波数据库中分别对研究对象进行选波，选取了一定数量的地震波用于 IDA 分析，且该数量的地震波可以满足结构抗震性能研究的精度要求[24]。

2.2.2.3 地震强度指标和结构损伤指标的选取

IDA 曲线的纵坐标对应了地震强度指标（IM），横坐标对应了结构损伤指标（DM），因此在 IDA 方法中选取合理的地震强度指标与结构损伤指标至关重要。

地震强度指标的选择需要考虑其有效性以及充分性，考虑有效性是为了减少不同地震波的特性使结构动力时程分析结果之间产生的差别，考虑充分性是为了使分析结果尽可能只与地震波的强度指标相关，减少分析结果受其他地震波特性的影响。

常用的地震强度指标包括地震波峰值加速度（PGA）、地震波峰值速度（PGV）以及结构基本周期对应的谱加速度 S_a（T_1）等。采用 PGA 作为地震强度指标能够对结构周期较短的结构进行较好的模拟，使结果具有一定的稳定性，但是在对周期较长的高层结构进行模拟时会导致结果稳定性变差，出现较大的离散性。采用 PGV 对周期较长的高层结构进行模拟具有较高的稳定性，但是 PGV 难以与我国抗震规范中采用的 PGA 进行换算，难以得到不同抗震性能水准的量化指标。采用 S_a（T_1）对短周期结构进行模拟的计算结果稳定性不如 PGA，但对长周期的高层结构进行模拟时的稳定性与采用 PGV 指标时相似。同时，相关研究也表明，对于周期较长的高层建筑结构进行 IDA 分析时，采用 S_a（T_1）作为地震强度指标的有效性高于 PGA[25]。

通过 S_a（T_1）控制地震动强度，其中 S_a（T_1）通过单自由度体系结构动力学平衡微分方程求得，具体求解过程如下[26]：

对于单自由度体系考虑黏滞阻尼并遭受地震时程 $\ddot{u}_g(t)$ 的平衡微分方程为

$$m\ddot{u}(t)+c\dot{u}(t)+ku(t)=-m\ddot{u}_g(t) \tag{2.38}$$

令 $c=c_r\xi=2m\omega_n\xi$，其中 c_r 是临界阻尼系数，$c_r=2m\omega_n$，ω_n 为无阻尼频率，则式（2.38）可以写成

$$\ddot{u}(t)+2\omega_n\xi\dot{u}(t)+\omega_n^2u(t)=-\ddot{u}_g(t) \tag{2.39}$$

其中 $u(t)$、$\dot{u}(t)$、$\ddot{u}(t)$ 和 $\ddot{u}^t(t)=\ddot{u}(t)+\ddot{u}_g(t)$ 分别为相对位移、相对速度、相对加速度和绝对加速度。因此，$|\ddot{u}^t(t)|_{max}$ 即为绝对加速度谱，并将其定义为 $S_a(S_a=|\ddot{u}^t(t)|_{max})$。

通过 Duhamel 积分，即可得到相对位移、相对速度和绝对加速度反应谱的表达式为

$$u(t)=-(1/\omega_D)A(t) \tag{2.40}$$

$$\dot{u}(t)=-\xi\omega_n u(t)-B(t) \tag{2.41}$$

$$\ddot{u}^t(t)=\ddot{u}(t)+\ddot{u}_g(t)=-\omega^2u(t)-2\omega_n\xi\dot{u}(t) \tag{2.42}$$

对于相对位移 $u(t)$ 求导，即可得到相对速度及绝对加速度的表达式

$$\dot{u}(t)=-(\omega_n/\omega_D)C(t) \tag{2.43}$$

$$\ddot{u}^t(t)=(\omega_n^2/\omega_D)D(t) \tag{2.44}$$

其中 ω_D 为有阻尼频率，$\omega_D=\omega_n\sqrt{1-\xi^2}$

$$A(t)=\int_0^t\ddot{u}_g(\tau)e^{-\xi\omega_n(t-\tau)}\sin[\omega_D(t-\tau)]\,d\tau \tag{2.45}$$

$$B(t)=\int_0^t\ddot{u}_g(\tau)e^{-\xi\omega_n(t-\tau)}\cos[\omega_D(t-\tau)]\,d\tau \tag{2.46}$$

$$C(t)=\int_0^t\ddot{u}_g(\tau)e^{-\xi\omega_n(t-\tau)}\cos[\omega_D(t-\tau)+\alpha]\,d\tau \tag{2.47}$$

$$D(t)=\int_0^t\ddot{u}_g(\tau)e^{-\xi\omega_n(t-\tau)}\sin[\omega_D(t-\tau)+2\alpha]\,d\tau \tag{2.48}$$

$$\alpha = \arctan \frac{\xi}{\sqrt{1-\xi^2}} \tag{2.49}$$

故 S_a 的数值解表达式为

$$S_a = (\omega_n^2/\omega_D) \left| \int_0^t \ddot{u}_g(\tau) e^{-\xi\omega_n(t-\tau)} \sin[\omega_D(t-\tau)+2\alpha] d\tau \right|_{max} \tag{2.50}$$

因此，结构第一周期的反应谱 S_a（T_1）和结构地震波峰值加速度（PGA）分别为

$$S_a(T_1) = \left(\frac{2\pi}{T_1\sqrt{1-\xi^2}} \right) \left| \int_0^t \ddot{u}_g(\tau) e^{\frac{-\xi\times2\pi\times(t-\tau)}{T_1}} \sin\left[\frac{2\pi(t-\tau)}{T_1} + 2\alpha \right] d\tau \right|_{max} \tag{2.51}$$

$$PGA = |\ddot{u}_g(t)|_{max} \tag{2.52}$$

结构损伤指标是一种表征结构非线性变形响应的参数，通常可采用结构的最大基底剪力、顶点位移、最大层间位移角和滞回耗能等。最常用的结构损伤指标为最大层间位移角 θ_{max}，同时也是我国抗震规范采用的损伤指标，与结构层间弹塑性变形能力直接相关。

综上所述，根据国内外相关研究，结合我国的建筑结构抗震设计要求，本书选用的地震动强度指标（IM）为结构基本周期对应的谱加速度 S_a（T_1）或峰值加速度（PGA），选用的结构损伤指标（DM）为结构最大层间位移角 θ_{max}（复杂高层建筑）和结构最大挠跨比（复杂空间结构）。

2.2.2.4 IDA 曲线临界值的确定

IDA 曲线的临界值根据结构自身特性的差别存在一定差异。由于地震动的不确定性和复杂性，结构在不同地震动作用下的响应可能存在较大差异；同时，不同结构在同一地震动作用下的结构响应也可能截然不同。对于 IDA 曲线临界值的确定，通常可根据具体研究进行目标导向的临界值确定。本书对不同结构进行 IDA 分析，并绘制结构 IDA 曲线，通过基于 IDA 分析的地震倒塌易损性对结构抗倒塌性能进行研究；因此本书 IDA 曲线临界值的确定，与结构倒塌定义采用相同的标准，即 IDA 曲线临界值为结构倒塌点；具体标准可参见 2.2.3.4 结构倒塌判定依据。

2.2.2.5 IDA 曲线的统计与绘制

由于地震波特性存在随机性，因此 IDA 曲线簇中的数据点可以看作随机参数。通过对其统计特征值的求解可以获取 IDA 曲线簇的统计特征，以此对比分析不同的 IDA 曲线簇。通常情况下，IDA 曲线统计方式可分为两种，分别为 IM 统计和 DM 统计。

（1）按 IM 统计：求出不同地震波记录在同一强度等级 S_a（T_1）下不同 θ_{max} 的中位数 η_D 和自然对数的标准差 β_D，再将不同强度的点对（η_D，S_a（T_1））连成曲线得到 50% 比例曲线。计算 $\eta_D e^{\pm\beta_D}$，不同强度的点对（$\eta_D e^{\pm\beta_D}$，S_a（T_1））分别连成 16% 和 84% 比例曲线。

（2）按 DM 统计：求出不同地震波记录在同一下 θ_{max} 不同 S_a（T_1）的中位数 η_C 和自然对数的标准差 β_C，再将不同强度的点对（θ_{max}，η_C）连成曲线得到 50% 比例曲线。计算（θ_{max}，$\eta_C e^{\pm\beta_C}$），不同强度的点对分别连成曲线得到 16% 和 84% 比例曲线。

两种统计方式原理相同，即通过假设 DM 对于 IM 的条件概率分布满足对数正态分布，可以得到两者对数的线性关系。下面以 IM 统计为例，对 IDA 曲线统计进行阐述，IM 统计采用以下方法算出服从条件概率分布的分位数：

当 IM=x 时，DM 的自然对数 ln（DM | IM=x）也服从正态分布 $N(\mu, \sigma)$，求出

服从正态分布的数据的关系以得到最后需求的分位数曲线，其中 μ 和 σ 为当 IM $=x$ 时 DM 的对数的中位数和标准差，本研究采用统计量 $\mu\pm\sigma$ 来反映样本的不同分位数的概率取值。通过正态分布的性质计算可得 $\mu-\sigma$、μ、$\mu+\sigma$，分别代表当 IM $=x$ 时，DM 的分布概率为 16%、50%、84%对应的最大层间位移角。通过此方式求得的 16%、50%和 84%对应的 IDA 曲线，分别代表在具有某一强度（IM $=x$）的地震动集合中，分别有 16%、50%和 84%地震动可到达对应的最大层间位移角 DM。通过这些特征值表征 IDA 曲线簇的均值和离散性，并通过各地震强度指标下结构损伤指标的对数标准差来研究不同结构的动力特性。

以结构损伤指标 θ_{max}（或最大挠跨比）为横坐标，地震强度指标 S_a（T_1）（或 PGA）为纵坐标，各结构可由 10 条地震波得到 IDA 曲线簇和分位数曲线。结构在特性不同的地震波作用下的非线性变形响应具有明显差别，从变化趋势上的差异大致可以分为三类：软化型、过渡软化型和硬化型[27]。对于软化型 IDA 曲线，随着地震强度的提高，曲线的斜率不断下降，结构从弹性状态迅速进入弹塑性状态，最大层间位移角急剧增加，最终结构倒塌。过渡软化型的 IDA 曲线与软化型相比刚度退化速度较慢，结构的塑性损伤积累的位置有一定的变化，表现出局部硬化的特征，在前期刚度基本不变，到达中期时刚度迅速退化。硬化型 IDA 曲线的斜率变化没有固定趋势，随着地震强度的提高曲线斜率可能反而提高并有“波动”现象出现，即随着地震强度的增加结构塑性损伤减少；对于实际结构，这种类型意味着在不同强度的地震波作用下，结构的塑性损伤积累位置发生了改变，导致结构塑性耗能提高，抵抗地震作用的能力也随之增加。

2.2.3 基于 IDA 的结构大震倒塌安全分析方法

2.2.3.1 方法概述

结构的地震易损性（Seismic Fragility）指的是结构在一定强度的地震作用下达到或超过某个结构性能极限状态（Limit State，LS）的条件概率，体现了结构对于不同性能极限状态超越概率的变化趋势，一般通过地震易损性曲线来表达[28]。结构的抗震性能可以通过地震易损性从概率上定量分析，得到地震强度和结构性能状态之间的关系，这对结构的抗震设计和受损结构的维修与加固都有非常重要的指导意义。结构的地震易损性分析作为抗震工程中基于性能设计研究的重要内容，对工程项目的成本优化起到了重要作用，在结构抗震领域有广阔的发展空间。

结构的地震易损性分析按照数据来源差异可以划分为四种方法：经验法、专家判断法、解析法以及混合法[29]。前两种方法受数据来源少、专家个人专业能力要求高等因素限制，具有一定局限性。解析法主要是借助有限元模拟技术，通过地震反应分析结果对结构进行地震易损性进行分析，也是目前最常用的一种方法。

采用解析法进行结构易损性分析时，首先应建立结构的力学模型；其次，建立运动方程并选择合适的地震动输入和分析方法计算结构的地震反应；最后，依据地震反应和结构在不同强度水平下极限状态之间的关系，确定不同地震动作用下结构处于不同状态的条件概率。

2.2.3.2 地震易损性分析方法

地震易损性分析需要得到结构在地震作用下对性能极限状态的超越概率，而在 IDA

中可以得到结构在不同强度的多条地震作用下的动力响应，因此将指定的结构性能极限状态与 IDA 的结果相结合，就能得到结构的地震易损性[30]。

由于 IDA 方法中需进行结构在强度逐级递增的地震动作用下的弹塑性时程分析，即通过 IDA 分析能够得到对应于不同地震动强度的结构响应，此结构亦即易损性分析所需结果；在确定结构极限状态之后，便可以基于 IDA 计算结果得到结构达到或者超过某一极限状态的条件概率。因此，可以基于结构的 IDA 的分析结果，在明确定义极限状态的情况下，得到其地震易损性。

采用传统可靠度法，可通过结构的超越概率函数绘制结构的地震易损性曲线，推导过程如下：

一般认为地震强度指标 IM 与结构损伤指标 DM 之间的关系可用下式表达[21]：

$$\mathrm{DM}=\alpha_{\mathrm{IM\text{-}DM}}(\mathrm{IM})^{\beta_{\mathrm{IM\text{-}DM}}} \tag{2.53}$$

其中，$\alpha_{\mathrm{IM\text{-}DM}}$ 和 $\beta_{\mathrm{IM\text{-}DM}}$ 分别为 IM 与 DM 关系式的待定系数，可通过下述方式求得。

将文中采用的地震动强度指标为结构第一周期振型对应的反应谱加速度 S_a（T_1）和结构损伤指标最大层间位移角的平均值 $\bar{\theta}_{\max}$ 代入即为：

$$\bar{\theta}_{\max}=\alpha_{\mathrm{IM\text{-}DM}}(S_a(T_1))^{\beta_{\mathrm{IM\text{-}DM}}} \tag{2.54}$$

上式两边取对数得：

$$\ln\bar{\theta}_{\max}=a+b\ln(S_a(T_1)) \tag{2.55}$$

式中，a、b 为待定系数。

通过回归统计方法，用 IDA 数据可计算出上式中待定系数 a 和 b，并通过下式转换得到 $\alpha_{\mathrm{IM\text{-}DM}}$ 和 $\beta_{\mathrm{IM\text{-}DM}}$。

$$\begin{cases} a=\ln\alpha_{\mathrm{IM\text{-}DM}} \\ b=\beta_{\mathrm{IM\text{-}DM}} \end{cases} \tag{2.56}$$

假定结构响应的概率函数符合对数正态分布，其分布函数参数分别为：

$$\mu_{\theta_{\max}}=\ln\bar{\theta}_{\max} \tag{2.57}$$

$$\sigma_{\theta_{\max}}=\sqrt{\frac{1}{N-2}\sum_{i=1}^{N}(\ln\theta_{\max,i}-\mu_{\theta_{\max}})^2} \tag{2.58}$$

式中，$\mu_{\theta_{\max}}$ 为 $\theta_{\max}$ 的对数平均值；$\sigma_{\theta_{\max}}$ 为 $\theta_{\max}$ 的对数标准差；N 为样本数量。

同理，假定结构能力参数 θ_c 的概率函数符合对数正态分布，该函数也通过 IDA 结果中结构损伤指标的对数平均值和对数标准差来定义。

地震易损性曲线在本研究中用下式表示：

$$P_f=P(\theta_c/\theta_{\max}<1) \tag{2.59}$$

上式也可写作：

$$P_f=P(\ln\theta_c-\ln\theta_{\max}<0) \tag{2.60}$$

令 $Z=\ln\theta_c-\ln\theta_{\max}$，由于两个参数均为独立随机变量，并且服从正态分布，因此 $Z=\ln\theta_c-\ln\theta_{\max}$ 也服从正态分布，其平均值为 $\mu_Z=\mu_{\theta_c}-\mu_{\theta_{\max}}$，标准差为 $\sigma_Z=\sqrt{\sigma_{\theta_c}^2+\sigma_{\theta_{\max}}^2}$。

由上式可得结构的失效概率可以通过 $Z<0$ 的概率表示：

$$P_f=P(Z<0)=\int_{-\infty}^{0}f(Z)\,\mathrm{d}Z=\int_{-\infty}^{0}\frac{1}{\sigma_Z\sqrt{2\pi}}\exp\left[-\frac{1}{2}\left(\frac{Z-\mu_Z}{\sigma_Z}\right)^2\right]\mathrm{d}Z \tag{2.61}$$

将 $N(\mu_Z, \sigma_Z)$ 转化为标准正态分布 $N(0, 1)$。令 $t=\frac{Z-\mu_Z}{\sigma_Z}$，则 $dZ=\sigma_Z dt$，由 $Z=\mu_Z+t\sigma_Z<0$，得 $t<-\frac{\mu_Z}{\sigma_Z}$。

则式（2.61）可转化为：

$$
\begin{aligned}
P_f &= P\left(t<-\frac{\mu_Z}{\sigma_Z}\right)=\int_{-\infty}^{-\frac{\mu_Z}{\sigma_Z}} \frac{1}{\sqrt{2\pi}} \exp\left[-\frac{1}{2}t^2\right] dt=\Phi\left(-\frac{\mu_Z}{\sigma_Z}\right) \\
&= \Phi\left(-\frac{\mu_{\theta_c}-\mu_{\theta_{max}}}{\sqrt{\sigma_{\theta_c}^2+\sigma_{\theta_{max}}^2}}\right)=\Phi\left(-\frac{\ln\bar{\theta}_c-\ln\bar{\theta}_{max}}{\sqrt{\sigma_{\theta_c}^2+\sigma_{\theta_{max}}^2}}\right)
\end{aligned}
\tag{2.62}
$$

所以某一性能水准的超越概率为：

$$
\begin{aligned}
P_f &= \Phi\left(-\frac{\ln(\bar{\theta}_c/\bar{\theta}_{max})}{\sqrt{\sigma_{\theta_c}^2+\sigma_{\theta_{max}}^2}}\right)=\Phi\left(\frac{\ln(\bar{\theta}_{max}/\bar{\theta}_c)}{\sqrt{\sigma_{\theta_c}^2+\sigma_{\theta_{max}}^2}}\right) \\
&= \Phi\left(\frac{\ln(\alpha(S_a(T_1))^{\beta}/\bar{\theta}_c)}{\sqrt{\sigma_{\theta_c}^2+\sigma_{\theta_{max}}^2}}\right)
\end{aligned}
\tag{2.63}
$$

式中，P_f 为结构在地震作用下响应超过预定倒塌极限状态的概率；θ_c 为对应于结构到达预定倒塌极限状态时的结构能力参数；$\Phi(x)$ 为标准正态分布函数；$\sqrt{\sigma_{\theta_c}^2+\sigma_{\theta_{max}}^2}$ 在以 $S_a(T_1)$ 为自变量时可取 0.4[31]。

2.2.3.3 结构性能水准的定义及量化标准

结构的在各性能水准下的极限状态（Limit States，LS）可以通过地震作用下的结构损伤状态进行划分，通常结构的性能水准最多可以划分为基本完好、轻微破坏、中等破坏、严重破坏以及接近倒塌五个等级[32]。为了更好地体现结构每一层的弹塑性变形和楼层高度的影响，本研究选用最大层间位移角或最大挠跨比作为结构损伤指标对结构的性能水准性能进行划分。我国规范及相关研究中关于层间位移角的限值如下：

(1)《建筑抗震设计规范》GB 50011—2010（2016 年版）中规定，结构的抗震设防要求是“小震不坏、中震可修、大震不倒”。对于框架-剪力墙结构和框架-核心筒结构，弹性最大层间位移角限值为 1/800，弹塑性最大层间位移角为 1/100，类似的规定也出现在《高层建筑混凝土结构技术规程》JGJ 3—2010[33]，其中将结构高度不小于 250m 时的弹性最大层间位移角放宽至 1/500。

(2) 卜一等[34] 采用增量动力分析方法通过层间位移角对混合结构的性能水准进行划分并给出各性能水平对应的层间位移角限值；刘洋[35] 针对高层建筑型钢混凝土框架-核心筒混合结构的地震易损性中的性能水平进行了量化指标的分析。综合上述各文献和规范，对混合结构性能水平及其层间位移角限值进行总结，见表 2.2。

高层结构性能水平及其层间位移角限值 **表 2.2**

破坏等级	基本完好	轻微破坏	中等破坏	严重破坏	倒塌破坏
最大层间位移角	<1/800	1/800～1/400	1/400～1/200	1/200～1/100	>1/100

本书采用表 2.2 的最大层间位移角限值对高层结构进行结构性能水平相应的易损性分析[36]。

2.2.3.4 结构倒塌判定依据

地震作用下结构响应的影响因素较多，对于结构倒塌的判定目前也还没有一个统一的定论。但目前针对基于 IDA 的结构倒塌易损性分析，结构倒塌判据基本可以分为以下三类[37]：

（1）基于 IDA 曲线变化而定义的结构倒塌。该方法适用于发生侧向动力失稳的结构，当结构的 IDA 曲线趋于水平时，地震动强度的微小提高造成结构响应趋于无穷大，因此有研究[38] 将 IDA 曲线［S_a（T_1）-θ_{max} 形式］趋于水平作为倒塌判定依据。但这种判断具有模糊性且不易操作。目前基于该原则，使用较多的如 FEMA 350[39] 中所述：当 IDA 曲线最后一点与前一点的连线斜率超过 20%的结构初始动力刚度 K_e 时，判定结构倒塌。IDA 曲线有一个明显的线弹性阶段，此时 IDA 曲线的切线斜率成为初始动力刚度，当 IDA 曲线的斜率降低至 20%初始动力刚度时则认为结构发生倒塌破坏。该方法在倒塌判定和数值计算稳定性性能上存在某些不足，一方面，结构临近倒塌时，IDA 曲线未必趋于水平[37]；另一方面，当 IDA 曲线逐渐趋于水平时，可能出现数值模拟不收敛的情况。

（2）基于结构的工程需求参数（Engineering Demand Parameters，EDP）定义倒塌。EDP 可以根据分析目的等因素自由选取，可以是最大顶点位移、最大基底剪力、最大层间位移角等。该方法简单明了，可操作性较强。以最大层间位移角 θ_{max} 为例，可参考《建筑抗震设计规范》GB 50011—2010（2016 年版）表 5.5.5 中规定的结构弹塑性层间位移角限值，以此作为结构倒塌判据。

基于 EDP 的倒塌定义还可以补充结构分析数值模拟所无法模拟的倒塌模式。整体结构进行弹塑性时程分析需要兼顾分析效率和收敛稳定性，现有的数值模型难以完全真实地模拟结构在地震动作用下所有可能的倒塌模式（例如结构节点破坏、混凝土结构弯剪破坏等倒塌模式）。以最大层间位移角作为结构倒塌判定的依据，数值模型并不能模拟节点的破坏情况，当分析得到的最大层间位移角超过限值时，则认为结构发生节点破坏情况。同样，数值模型本身并不能有效地模拟弯剪破坏和竖向倒塌，但当框架柱侧移角的模拟结构超过一定限值时，认为框架柱发生弯剪破坏，从而导致结构发生竖向连续倒塌。因此基于 EDP 的倒塌判据结合整体结构数值模拟结果和结构构件实验统计，对倒塌分析所考虑的倒塌模式进行了有效补充。

（3）基于材料本构失效准则及“生死单元”技术定义倒塌。即当纤维单元内的某一类或者某几类纤维达到材料本构层次的失效准则时，则定义该单元失效，并将相应单元从有限元模型中删除。随着地震动的作用，结构逐渐进入塑性，逐渐有更多单元失效，进而逐渐在地震及重力荷载下发生倒塌，具有较强的实际物理意义。该判定方式能够模拟结构倒塌初始破坏位置和倒塌初期的破坏情况。随着结构逐渐丧失竖向承载力，结构的局部和整体无法维持必要的安全生存空间，则认为结构丧失了基本的结构功能，发生倒塌破坏[18]。

对于结构的倒塌点的定义，本书选用最大层间位移角 θ_{max} 作为结构损伤指标。层间位移角可与我国现行规范相结合，应用较为广泛；层间位移角也是反映结构变形的综合指标，是构件层次上的变形在整体结构上的反映，且与结构破坏程度相关。FEMA 356[40]和HAZUS99[41]规定，RC框架结构和框架-剪力墙结构发生倒塌破坏时，对应的层间位移角为4%，且均大于《建筑抗震设计规范》GB 50011—2010（2016年版）和《建筑结构抗倒塌设计标准》T/CECS 392—2021[42]对结构不发生倒塌做出的层间位移角1%的规定，所以本书中框架-混凝土核心筒结构体系中剪力墙占比较多，综合考虑计算效率和收敛性，采用FEMA 350/351对结构防止倒塌（Collapse Prevention）极限状态对应的$\theta_{max}=2\%$量化指标。

2.2.3.5 大震倒塌风险与抗倒塌安全储备

通过本书前面论述的一系列有限元分析及统计计算，可以得到结构的IDA曲线簇、分位数曲线以及地震倒塌易损性曲线。IDA曲线簇反映了结构在不同地震动作用下随IM增大结构DM的变化规律；分位数曲线对IDA曲线簇进行了统计归纳，降低了不同地震动IDA曲线的离散性与差异性，使IDA曲线更便于进行比较；地震倒塌易损性曲线给出了随地震动强度的增大，结构倒塌概率的变化规律。以上结果均能较为充分地对结构抗震性能进行评价，但结构在地震作用下的安全储备能力仍然没有得到直观的体现。因此，FEMA 695[43]中提出了结构抗倒塌储备系数（Collapse Margin Ratio，CMR）并进行了详细规定，以期更全面地评价结构的抗倒塌能力。

CMR的计算基于倒塌易损性曲线，结构倒塌概率为50%时所对应的地震动强度为$S_a(T_1)_{50\%}$，结构第一周期所对应的罕遇地震谱加速值为$S_a(T_1)_{罕遇}$，CMR即为$S_a(T_1)_{50\%}$与$S_a(T_1)_{罕遇}$的比值：

$$\mathrm{CMR}=\frac{S_a(T_1)_{50\%}}{S_a(T_1)_{罕遇}} \tag{2.64}$$

由于结构倒塌易损性具有右偏特性（即分布右侧有长尾），为避免过分关注长尾部分的极端值，采用中位数表征结构抗地震倒塌能力。本书采用式（2.64）计算的抗倒塌安全储备系数CMR对结构抗地震倒塌能力进行定量分析。

2.3 重要性分析技术

由于大部分目标函数都是结构重量或成本，这与构件的尺寸直接相关。因此，大部分研究根据部件尺寸变化的信息分析了优化算法对结构变化产生的影响。然而，优化后不同构件的尺寸会增大或减小。即使一个构件的尺寸减小了，但其他构件都发生了变化，那么这个减小的构件对整个结构的贡献可能会增加。仅根据构件尺寸的变化来评估贡献度的变化是存在局限性的。结构应被作为一个整体的系统来分析，也就是用系统的方法研究结构的特征。为了研究构件对结构体系的影响程度，有必要对结构构件的重要性进行分析。根据重要性分析的概念，可以量化分析结构系统中各部分的重要性。在此基础上，可以对结构和构件的性能进行定量评估，并对结构的整体属性进行评价，可以更加科学地评估优化对结构性能的影响，而不是仅仅依靠部件截面尺寸的变化。同时，优化后的结构构件的定量分析结果也可为今后此类结构的设计提供参考。

2.3.1 基本概念

由图 2.5 可以得到以下一些结构构件重要性的基本概念：

（1）在传力路径上，处于串联关系的各构件的重要性相同。工程结构的传力路径往往错综复杂，构件之间形成复杂的并联或串联关系。对于处于理想串联传力路径上各结构构件来说，只要拆除任一个构件，该传力路径即失效，因此该部分传力路径上的构件重要性程度相同，如图 2-5（a）中的杆 1、杆 2 和杆 3。

（2）在传力路径上，在特定荷载作用下，处于并联关系的各构件的重要性与其刚度成比例，刚度越大，重要性也越大。在特定荷载作用下，处于并联关系构件的刚度越大，其分担的作用也越大，拆除后结构系统受到的影响也越大。如图 2-5（b）中，杆 1、杆 2 和杆 3 形成并联，如果各杆件的材料相同，杆 1 截面比杆 2 和杆 3 大很多，其重要性也要高于杆 2 和杆 3。

一般情况下，结构系统的传力路径非常复杂，难以直观地识别和评价各传力路径上各结构构件的重要性。因此，需要发展科学定量计算结构系统各传力路径重要性的方法。

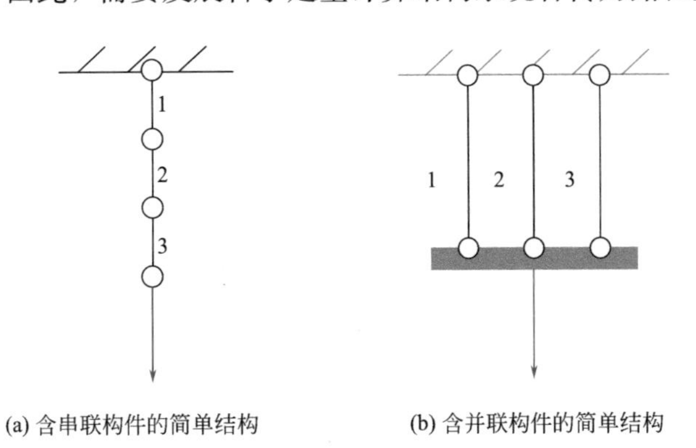

(a) 含串联构件的简单结构　　(b) 含并联构件的简单结构

图 2.5　结构重要性的基本概念

2.3.2 广义结构刚度

对于保守结构系统，外力所做的功，等于结构应变能的增量。当采用线弹性分析时，设结构上作用的荷载向量为 $\{F\}=F_{max}\{v\}$，其中 F_{max} 为荷载向量中的最大值，$\{v\}$ 为荷载分布向量，则结构在荷载 $\{F\}$ 作用下的变形能为

$$U=\frac{1}{2}\{F\}^{T}\cdot\{D\}=\frac{1}{2}\{F\}^{T}\cdot[K]^{-1}\{F\}=\frac{1}{2}F_{max}^{2}\{v\}^{T}\cdot[K]^{-1}\{v\} \tag{2.65}$$

其中，$\{v\}$ 为荷载 $\{F\}$ 作用下结构的位移向量，$[K]$ 为结构刚度矩阵。

刚度的一般定义为结构抵抗变形能力。对于弹性结构系统，当结构上的荷载分布确定时，结构的位移分布也是确定的。定义结构上荷载分布为广义力 F_{stru}，相应结构的位移分布为广义位移 D_{stru}，则广义结构刚度 K_{stru} 可表示为

$$K_{stru}=F_{stru}/D_{stru} \tag{2.66}$$

结构的变形能可表示为

$$U=\frac{1}{2}F_{stru}\cdot D_{stru}=\frac{1}{2}F_{stru}^{2}\cdot\frac{1}{K_{stru}} \tag{2.67}$$

由式（2.65）与式（2.67）比较可知，广义结构刚度与 $\{v\}^{T}[K]^{-1}\{v\}$ 成反比，为此，定义广义结构刚度为

$$K_{stru}=\frac{1}{\{v\}^{T}[K]^{-1}\{v\}} \tag{2.68}$$

则式（2.65）可写成

$$U=\frac{1}{2}F_{max}^{2}\frac{1}{K_{stru}} \tag{2.69}$$

因此，式（2-10）可表示成变形能的形式

$$K_{stru}=\frac{1}{\{v\}^{T}[K]^{-1}\{v\}} \tag{2.70}$$

式（2-12）表明，广义结构刚度 K 也可以通过计算给定荷载分布下结构贮存的变形能来获得[44]。

需要指出的是，广义结构刚度 K_{stru} 不同于结构的刚度矩阵 $[K]$。结构刚度矩阵 $[K]$ 是结构自身的属性，与荷载作用形式无关；广义结构刚度 K_{stru} 是反映整体结构抵抗给定荷载作用下变形能力的一个整体物理量，它既与结构上的荷载分布 $\{v\}$ 有关，又与结构刚度矩阵 $[K]$ 有关。对于简单结构，如轴心受力构件的广义结构刚度即为 EA：横梁刚度无穷大的单层框架在柱顶水平集中荷载作用下的广义结构刚度为 $12EI/H^{3}$（EI 为框架柱的抗弯刚度，H 框架柱高度）。

2.3.3 结构重要性指标

结构广义刚度同时考虑了外荷载作用和结构刚度属性。在给定荷载作用下构件对广义结构刚度 K_{stru} 的贡献直接体现了该构件在结构传力系统中的地位。因此本研究定义：以构件损伤所导致的结构广义刚度损失率作为衡量构件在结构系统中的重要程度指标，其表达式为

$$I=\frac{K_{stru,0}-K_{stru,f}}{K_{stru,0}}=1-\frac{K_{stru,f}}{K_{stru,0}} \tag{2.71}$$

其中，$K_{stru,0}$ 为完好结构的广义结构刚度；$K_{stru,f}$ 为构件失效（拆除构件或构件刚度折减）后的广义结构刚度。由于 $K_{stru,0}\leqslant K_{stru,f}$，因此式（2.71）的构件重要性指标 I 为一个 0～1 之间的数值，表示构件对结构系统广义结构刚度贡献的百分比。$I=0$ 表示该构件对广义结构刚度完全没有影响，在结构系统的传力路径中没有贡献；而 $I=1$ 表明该构件极其关键，该构件一旦失效，结构将完全失效，无法抵抗给定荷载。可见，式（2.71）定义的结构构件重要性指标 I 具有明确的物理意义，并可定量评价构件的重要程度[45]。

进一步，将式（2.69）代入式（2.71），可得

$$I=\frac{U_{f}-U_{0}}{U_{f}}=1-\frac{U_{0}}{U_{f}} \tag{2.72}$$

$$\gamma_{i}=\frac{U_{i}}{U}(i=1,\ 2,\ 3,\ \cdots n) \tag{2.73}$$

其中，U_{0} 为完好结构的变形能，U_{f} 为构件失效后结构的变形能。因此，式（2.71）

基于广义结构刚度的重要性指标[46]，可以转化为用变形能的方法来计算。需要指出的是，式（2.72）与式（2.73）基于能量流方法的重要性指标表达式在形式上相近，两种方法的构件重要性程度次序是一致的，不同点在于取值和物理含义。式（2.72）指标的数值区间为［0，1］，物理含义实际上是该构件对广义结构刚度的贡献。然而，式（2.73）[47] 中的 U 为荷载作用下完好结构贮存的总应变能，U_i 为荷载作用下拆除杆件 i 后结构贮存的总应变能。拆除构件后剩余结构的应变能增加越大，被拆除构件的重要性就越大。该方法通过引入应变能来综合衡量构件内力（轴力、剪力和弯矩）水平，概念和计算均比较简单。但该指标的数值在［1，1）区间，数值大小与构件重要性程度不是线性关系，在直观反映构件对整体结构的影响程度时存在一定的不足。式（2.72）则弥补了式（2.73）中的缺陷。

子结构是由结构中一部分构件组成的集合，这些构件直接或间接地发生作用。子结构的合理选取将有助于梳理结构的复杂层次，如框架-剪力墙结构的剪力墙部分或整个框架部分可作为一个子结构，子结构一般用于复杂结构体系的层次性研究。

子结构的重要性是指子结构的所有构件被拆除或刚度折减对结构广义刚度的折减率，表达式如下

$$I_{\mathrm{subf}}=\frac{K_{\mathrm{stru,0}}-K_{\mathrm{stru,subf}}}{K_{\mathrm{stru,0}}}=1-\frac{K_{\mathrm{stru,subf}}}{K_{\mathrm{stru,0}}} \tag{2.74}$$

其中，$K_{\mathrm{stru,subf}}$ 是子结构失效（构件被拆除或刚度折减后）后剩余结构的广义刚度。需要指出的是，子结构的重要性不等于其内部所有构件重要性指标之和，因为在子结构的构件逐渐拆除或屈服的过程中，结构体系的刚度分布不断，变化构件的重要性指标也是变化的。

根据基于广义结构刚度的结构构件重要性指标，可衍生出一系列反映整体结构属性的指标，有所有结构构件重要性指标的平均值、最大值和均方差等，这些指标可从不同角度衡量整体结构的属性。

（1）平均值 I_{μ}：所有结构构件重要性指标的平均值宏观上反映了整体结构的冗余度属性，且与结构冗余度指标的关系为

$$R_{\mathrm{stru}}+I_{\mu}=1 \tag{2.75}$$

根据上述构件重要性指标和冗余度指标的含义，结构系统的所有结构构件重要性指标的平均值越小，结构的备用路径越强，整体结构的冗余度越大。

（2）最大值 $I_{\max}$：结构构件重要性指标的最大值体现了结构中关键构件对结构可能产生的最大影响程度。对于构件重要性指标平均值低的结构，也可能出现个别重要性指标很高的关键构件，工程设计中需对这些关键构件加以特别关注。

（3）均方差 I_{σ}：构件重要性指标的均方差体现了结构系统中构件重要性指标的离散程度，对于均方差小的结构系统，构件的重要性层次不明显，结构比较“均匀”，各个构件的重要性程度接近，而对于均方差大的结构系统，则表明结构系统是由一些重要的构件和一些次要的构件构成，结构系统具有较明确的重要性层次。

表 2.3 给出了特征比较明显的 4 类结构及其整体属性指标特点，实际工程中的大部分结构介于它们之间，可根据整体属性指标的大小对其传力路径的特点加以理解。另外，尽管表中未考虑最大值 $I_{\max}$，但结构分析时仍需要对这个指标大的构件加以重视[46]。

结构重要性属性及关键构件选择 **表 2.3**

重要性矩阵		关键构件及传力路径	结构示例
平均值 I_{max}	离散值 I_{σ}		
较小	较小	构件数量多、布置均匀，无关键构件，传力路径多	
较大	较小	由关键构件组成的结构，且传力路径单一	
较小	较大	结构构件存在明显主次关系，冗余度大，局部存在关键构件，局部传力路径单一	
较大	较大	结构构件存在明显主次关系，冗余度小，存在明显的关键构件	

参考文献

[1] 刘界鹏，周绪红，程国忠，等．智能建造基础算法教程 [M]．2 版．北京：中国建筑工业出版社，2023.

[2] 钱令希．工程结构优化设计 [M]．北京：水利电力出版社，1983.

[3] 程耿东．工程结构优化设计基础 [M]．大连：大连理工大学出版社，2012.

[4] Chan C M，Zou X K. Elastic and inelastic drift performance optimization for reinforced concrete buildings under earthquake loads [J]．Earthquake Engineering & Structural Dynamics，2004，33 (8)：929-950.

[5] Chan C M，Ning F，Mickleborough N C. Lateral stiffness characteristics of tall reinforced concrete buildings under service loads [J]．The Structural Design of Tall Buildings，2000，9 (5)：365-383.

[6] Chan C M，Chui J K L. wind-induced response and serviceability design optimization of tall steel buildings [J]．Engineering Structures，2006，28 (4)：503-513.

[7] Chan C M. Optimal lateral stiffness design of tall buildings of mixed steel and concrete construction [J]．The Structural Design of Tall Buildings，2001，10 (3)：155-177.

[8] 陆海燕. 基于遗传算法和准则法的高层建筑结构优化设计研究 [D]. 大连：大连理工大学，2009.
[9] Kennedy J，Eberhart R. Particle swarm optimization [C] //Proceedings of ICNN'95-International Conference on Neural Networks. IEEE，1995，4：1942-1948.
[10] Cui Z H，Zeng J C，Sun G J. Adaptive velocity threshold particle swarm optimization [C] //InProceeding of Rough Sets and Knowledge Technology Springer-Verlag，2006：327-332.
[11] 莫愿斌. 粒子群优化算法的扩展与应用 [D]. 杭州：浙江大学，2006.
[12] 康岚兰. 粒子群优化算法若干改进策略及其机理分析 [D]. 武汉：武汉大学，2017.
[13] 高芳. 智能粒子群优化算法研究 [D]. 哈尔滨：哈尔滨工业大学，2008.
[14] 郭振洲，刘然，拱长青，等. 基于灰狼算法的改进研究 [J]. 计算机应用研究，2017，34 (12)：3603-3606+3610.
[15] Teng Z，Lv J，Guo L. An improved hybrid grey wolf optimization algorithm [J]. Soft Computing，2019，23 (15)：6617-6631.
[16] 齐宏拓，丁尧，刘界鹏，等. 深度学习在建筑工程中的应用 [M]. 北京：中国建筑工业出版社，2023.
[17] Ahrari A，Atai A A. Fully stressed design evolution strategy for shape and size optimization of truss structures [J]. Computers & Structures 2013，123：58-67.
[18] 陆新征，叶列平，缪志伟，等. 建筑抗震弹塑性分析——原理、模型与在 ABAQUS，MSC. MARC 和 SAP2000 上的实践 [M]. 北京：中国建筑工业出版社，2009.
[19] 中华人民共和国住房和城乡建设部. 建筑抗震设计规范：GB 50011—2010 [S]. 2016 年版. 北京：中国建筑工业出版社，2016.
[20] Bertero V V. Strength and deformation capacities of buildings under extreme environments [C] // Structural Engineering and Structural Mechanics，Pisters K S (ed.). Edgewood cliffs：Prentice-Hall，1977：188-237.
[21] Vamvatsikos D，Cornell A. Incremental dynamic analysis [J]. Earthquake Engineering and Structural Dynamics，2002，31 (3)：491-514.
[22] Evangelos I K，Anastasios G S，George D M. Selection of earthquake ground motion records：A state-of-the-art review from a structural engineering perspective [J]. Soil Dynamics and Earthquake Engineering，2010，30：157-169.
[23] Chopra A K. Dynamics of Structures：Theory and applications to earthquake engineering [M]. 2nd edition. Englewood：Prentice-Hall，2005.
[24] 杨溥，李英民，赖明. 结构时程分析法输入地震波的选择控制指标 [J]. 土木工程学报，2000，33 (6)：33-37.
[25] Bazzuro P，Cornell C A，Shome N，et al. Three proposals for characterizing MDOF nonlinear response [J]. ASCE Journal of Structural Engineering，1998；124 (11)：1281-1289.
[26] Chopra A K. Dynamics of structures：theory and applications to earthquake engineering [M]. 4th edition. Englewood Cliffs，New Jersey：Prentice-Hall Inc.，2012.
[27] 付俊杰. 钢筋混凝土联肢剪力墙几何参数非线性优化分析 [D]. 重庆：重庆大学，2017.
[28] 于晓辉，吕大刚，王光远. 土木工程结构地震易损性分析的研究进展 [C] //第二届结构工程新进展国际论坛论文集. 大连，2008：763-774.
[29] 吕西林，苏宁粉，周颖. 复杂高层结构基于增量动力分析法的地震易损性分析 [J]. 地震工程与工程振动，2012，32 (5)：19-25.
[30] 赵国潘，金伟良，贡金鑫. 结构可靠度理论 [M]. 北京：中国建筑工业出版社，2000.
[31] Federnal Emergency Management Agency (FEMA). Earthquake loss estimation methodology HA-

ZUS99 Service Release 2（SR2）advanced engineering building module technical and user's manual [S]. Washington，D. C.，2001.

[32] 张令心，孙柏涛，刘洁平，等. 建（构）筑物地震破坏等级划分标准有关问题研究 [J]. 地震工程与工程振动，2010，30（2）：39-44.

[33] 中华人民共和国住房和城乡建设部. 高层建筑混凝土结构技术规程：JGJ 3—2010 [S]. 北京：中国建筑工业出版社，2010.

[34] 卜一，吕西林，周颖，等. 采用增量动力分析方法确定高层混合结构的性能水准 [J]. 结构工程师，2009，25（2）：77-84.

[35] 刘洋. 高层建筑框架-核心筒混合结构双向地震易损性研究 [D]. 西安：西安建筑科技大学，2014.

[36] 中华人民共和国住房和城乡建设部. 空间网格结构技术规程：JGJ 7—2010 [S]. 北京：中国建筑工业出版社，2011.

[37] 施炜. RC 框架结构基于一致倒塌风险的抗震设计方法研究 [D]. 北京：清华大学，2015.

[38] Haselton C B，Liel A B，Deierlein G G，et al. Seismic collapse safety of reinforced concrete buildings. I：Assessment of ductile moment frames [J]. Journal of Structural Engineering，2010，137（4）：481-491.

[39] FEMA 350. Recommended seismic design criteria for new steel moment-frame buildings [S]. Washington，D. C.：Federal Emergency Management Agency，2000.

[40] FEMA 356. Pre-standard commentary for the seismic rehabilitation of buildings [S]. Washington，D. C.：Federal Emergency Management Agency，2000.

[41] HAZUS99 User manual. Washington，D. C.：Federal Emergency ManagementAgency，1999：15-20.

[42] 中国工程建设标准化协会. 建筑结构抗倒塌设计标准：T/CECS 392—2021 [S]. 北京：中国计划出版社，2021.

[43] FEMA 695. Quantification of building seismic performance factors. Washington，D. C.：Federal Emergency Management Agency，2009.

[44] 林旭川，叶列平. 基于构件重要性指标的 RC 框架结构抗震优化设计研究 [J]. 建筑结构学报，2012，33（6）：16.

[45] 叶列平，林旭川，曲哲，等. 基于广义结构刚度的构件重要性评价方法 [J]. 建筑科学与工程学报，2010，27（1）：1-6.

[46] 林旭川. 基于系统方法的 RC 框架结构抗震性能优化设计 [D]. 北京：清华大学，2009.

[47] 张雷明，刘西拉. 框架结构能量六网格及其初步应用 [J]. 土木工程学报，2007，40（3）：45-49.

3 华润春笋大厦

3.1 工程概况

3.1.1 建筑信息

该超高层结构地处深圳后海金融总部基地核心地段，以 392.5m 的高度成为“深圳西部第一高楼”。建筑平面采用了圆形，并渐渐收紧，形成了从底部到顶部的渐变曲线。该建筑占地面积约 6.7 万 m^2，总建筑面积约 27 万 m^2，办公建筑面积 21 万 m^2，建筑高度 392.5m，主体结构高度为 331.5m。地上 66 层，地下 5 层结构。首层层高为 18.0m；4 层、24 层、48 层为避难层，层高均为 9m；66 层层高为 13.5m，其他楼层为标准层，层高均为 4.5m；地下 4 层，层高分别为 11.0m，5.0m，4.1m，4.3m。核心筒剪力墙整体内收距离达到 3.2m，呈 8°倾斜。外景和结构剖面如图 3.1 和图 3.2 所示。

图 3.1　外景图

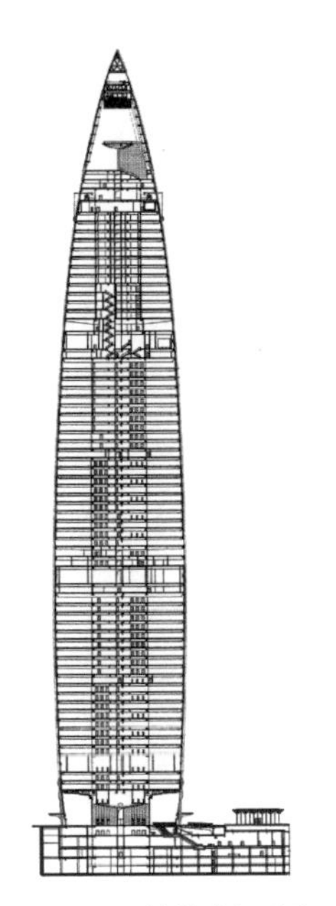
图 3.2　结构剖面图

3.1.2 结构信息

该超高层结构采用密柱外框-钢筋混凝土核心筒结构体系，外框由 56 根钢柱组成，钢柱最大截面尺寸在结构的底部为（750mm～830mm）×755mm，柱间距为 2.4～3.8m，建筑高宽比约为5.5。核心筒底部尺寸约为30m×30m，核心筒从下向上逐渐缩进。

3.1.2.1 结构体系

结构由密柱外框和内部混凝土核心筒通过楼面结构协调而共同作用，如图3.3所示。竖向荷载由梁传递到核心筒和外框柱，再传递到基础；水平荷载下，核心筒承担大部分剪力和倾覆弯矩，并通过楼板的面内刚度与外框架相互协调。

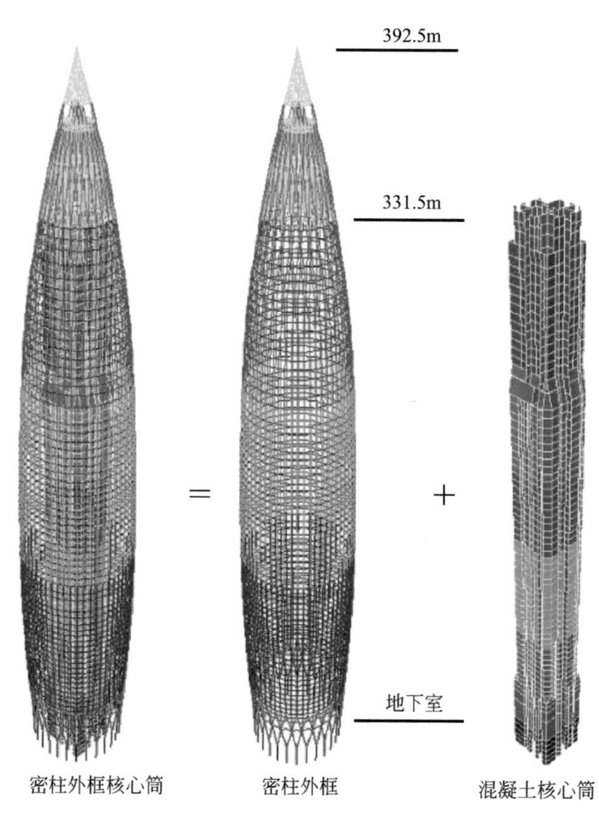

图3.3 结构体系示意图

3.1.2.2 核心筒

核心筒从下往上典型的平面及尺寸如图3.4所示。核心筒墙体厚度及混凝土强度等级见表3.1。核心筒外墙作为主要抗侧力构件，其截面远大于内墙。在50层以上，外墙截面减少到400mm厚，与内墙接近。

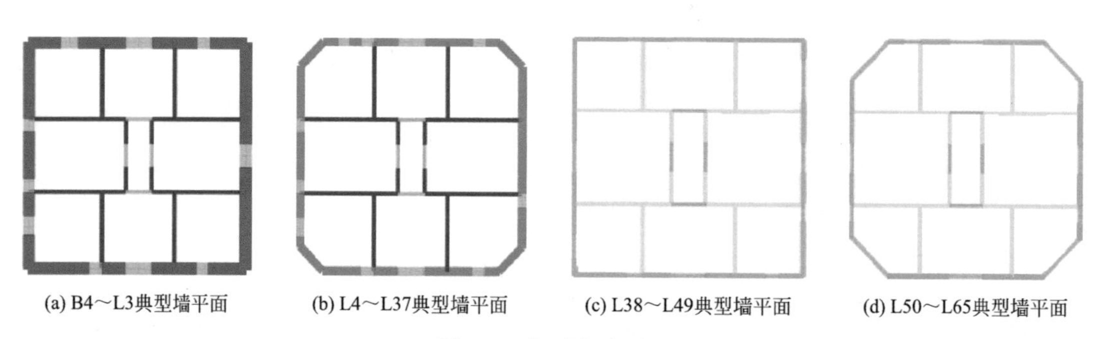

图3.4 典型墙平面图

核心筒墙体厚度及混凝土强度等级 **表 3.1**

楼层	厚度(mm)	混凝土强度等级
B4～B1	外墙:1500 内墙:400	C60 C60
L1～L3	外墙:1350 内墙:400	C60 C60
L4	外墙:1350 内墙:400	C60 C60
L5～L14	外墙:1200 内墙:400	C60 C60
L15～L27	外墙:1000 内墙:400	C60 C60
L28～L37	外墙:800 内墙:400	C60 C60
L38～L49	外墙:600 内墙:300	C50 C50
L50～L65	外墙:400 内墙:300	C50 C50

核心筒在 L3 及 L48～L49 存在两次较大的变换，其中 L2 层的变换如图 3.5 所示。核心筒角部内收，L2、L3 层的核心筒在角部进行局部加厚。L48 到 L51 层的内筒平面尺寸变化大，结构采用双层斜墙收进的方式，分别在两层内进行缩进如图 3.6 所示。外墙内的连梁大部分设置为“双连梁”，每段连梁高度为 800mm 或 1000mm。

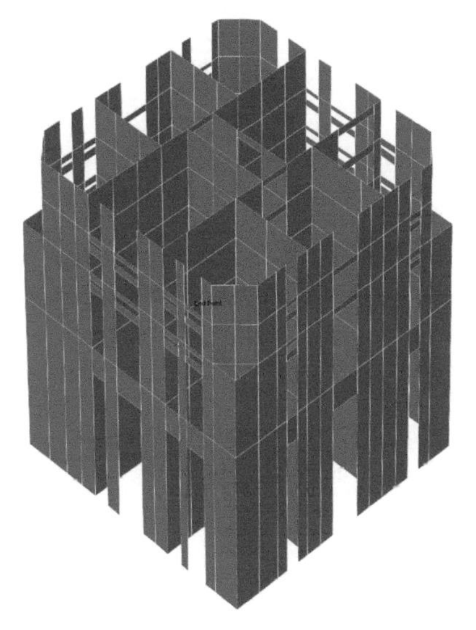

图 3.5 L2～L5 核心筒局部图

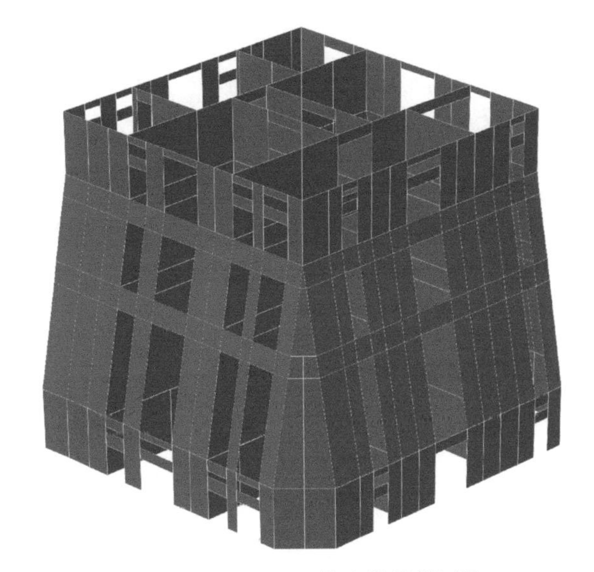

图 3.6 L48～L51 核心筒局部区域

3.1.2.3 密柱外框架

密柱外框架的立面如图 3.7 所示，外框柱截面尺寸及材料见表 3.2。密柱外框架是由低区的斜交网格钢结构（28 根大尺寸型钢混凝土柱），中区的密柱外框架和高区的斜交网

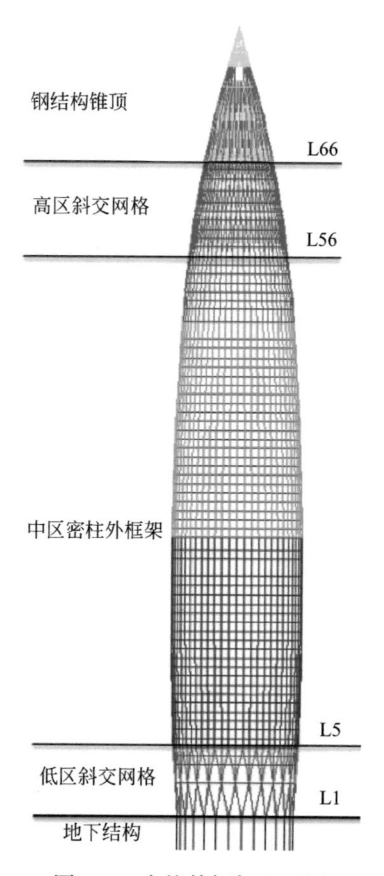

图 3.7 密柱外框架立面图

格钢结构组成。虽然外框柱的截面尺寸较小，但是由于高区、低区采用斜交网格，使得外框具有较好的抗侧刚度。

外框柱截面尺寸及材料 **表 3.2**

楼层	截面尺寸(mm)	材料
B4～B1	1400×1400	型钢混凝土柱，钢材采用 Q345B，混凝土强度等级为 C60
L1～L4	最小(350～400)×635×55 最大(750～830)×755×60	Q390GJ
L5～L6	(350～400)×635×60	Q390GJ
L7～L11	(350～400)×635×60	Q345GJ
L12～L20	(350～400)×635×55	Q345GJ
L21～L25	(350～400)×635×50	Q345GJ
L26～L48	(350～400)×520×40	Q345GJ
L49～L64	(350～400)×480×30	Q345GJ
L65～L66	(350～400)×480×35	Q390GJ

3.1.3 抗震信息

结构设计使用年限为 50 年，结构安全等级为一级，建筑结构抗震设防类别为乙类。场地抗震设防烈度为 7 度，设计基本地震加速度为 0.10g，设计地震分组为第一组，场地类别为Ⅲ类。详细参数见表 3.3。

结构设计和分类参数 **表 3.3**

结构安全等级	一级
结构重要性系数	1.1
结构高度类别	超 B 级
结构抗震设防类别	乙类
基础设计等级	甲级
基础安全等级	一级
抗震设防烈度	7 度(0.10g)
抗震构造措施	8 度
剪力墙核心筒的抗震等级	B2 及以上:特一级 B3:一级 B4:二级
外框架的抗震等级	L1 及以上:二级(钢框架) B2、B1:特一级 B3:一级 B4:二级
场地类别	MI 类
特征周期	0.45s
小震阻尼比	0.035
大震阻尼比	0.05

3.1.4 抗震设计对策

3.1.4.1 结构体系

1）采用密柱框架-核心筒结构体系，变形特性互补、合理且传力途径相对简洁、明确；

2）建立多道抗震防线，控制结构地震作用下的计算框剪比，使外框为整个结构的抗震二道防线；合理设计连梁，满足正常使用状态要求，且为核心筒剪力墙的抗震二道防线；

3）控制、调整整体结构两正交方向的抗侧刚度，力求基本接近；

4）控制外框密柱截面尺寸、钢管壁厚及核心筒剪力墙截面尺寸沿竖向变化位置及速率，力求缓慢、均匀且错开 2～3 层。

3.1.4.2 结构布置措施

1）核心筒剪力墙布置为连肢墙，避免一字单片墙，确保其延性；

2）外框环梁与外框柱偏心节点采用刚接，控制结构扭转变形，提高结构整体抗侧刚度；

3）L25、L26 和 L49 的层高为上一层的 1.5 倍以上，在层中均设置了外环梁从而保证了外框架结构体系本身的抗侧刚度不发生大的变化，并对薄弱部位进行加强；

4）穿层柱隔层保留外环梁，并加强外环梁的尺寸和刚度；

5）顶部和底部楼层的折型外环梁在竖向荷载下轴力相对中部楼层增大较多，设计时采取了针对性的加强措施。

3.1.4.3 增强核心筒剪力墙抗震延性及承载力措施

1）底部加强区核心筒墙体内置型钢，墙体端部设置约束边缘构件；

2）L48～L50 层斜墙过渡楼层的核心筒连梁内置钢板，并限制钢板拉应力水平；

3）控制核心筒剪力墙轴压比≤0.5；

4）核心筒剪力墙的竖向、水平分布钢筋适当提高。

3.1.4.4 增强外框抗震延性及承载力措施

1）外框柱采用梯形截面钢柱，外框环梁采用钢箱梁；

2）外框柱及外框梁柱节点中震弹性、大震抗剪不屈服设计，外环梁中震弹性设计；

3）L5 层为底部斜交网格外筒与上部密柱外框筒转换楼层，存在剪力突变，L5 层外框柱的钢板厚度，环梁尺寸等均有加强；

4）外框偏心节点刚度在核心筒设计以及结构整体指标分析时采用低于节点有限元计算的转动刚度，即节点刚度下限值，对于外框架的承载力设计采用相对高的节点刚度，即节点刚度的上限值进行包络结构分析和设计。

3.1.4.5 特殊构件抗震等级及内力放大加强措施

1）核心筒剪力墙抗震等级为特一级，底部加强部位的弯矩设计值放大 1.1 倍，其他部位弯矩设计值放大 1.3 倍；底部加强部位的剪力设计值，按考虑地震作用组合的剪力计算值的 1.9 倍采用，其他部位的剪力设计值按 1.4 倍采用；

2）B2、B1 层外框抗震等级为特一级，柱端弯矩及剪力放大 1.2 倍，梁端剪力放大 1.2 倍。

3.1.4.6 其他相关措施

1）L5、L48、L50 转换楼层楼板加强 150mm 厚，采用双层双向配筋；

2）各类设计指标基本高于规范要求，并适当留有余量；

3）采用多个不同力学模型的计算软件相互校核，保证结果可靠；

4）考虑施工模拟对主体结构的影响；

5）进行抗连续倒塌设计；

6）进行小震弹性时程分析补充计算，楼层剪力取反应谱与时程的包络值设计；

7）跃层柱整体稳定专项研究；

8）进行罕遇地震下的弹塑性动力分析校核，对薄弱部位予以加强；

9）对本项目特殊和典型的节点进行针对性的设计和有限元细部分析，确保其承载力以及对结构的影响在安全合理的范围；

10）对于外框重点和标准部位的钢结构稳定性进行了全面的弹性、双非线性等分析以确保钢结构的稳定设计可以满足要求；

11）对于相对较为复杂的钢结构节点提出了相应的节点力学试验技术要求。

3.1.4.7 关键部位、构件的预期抗震性能目标（表 3.4）

华润春笋大厦抗震设计预期目标 表 3.4

地震烈度水准			小震	中震	大震
整体性能目标			1	3	4
层间位移角			h/500(主结构) h/250(锥顶)	—	h/100(主结构) h/50(锥顶)
构件性能水平	关键构件	地下室外框柱	弹性设计	中震弹性	轻度损坏,抗剪不屈服
		斜交网格	弹性设计	中震弹性	轻度损坏,抗剪不屈服
		外框柱	弹性设计	中震弹性	轻度损坏,抗剪不屈服
		外环梁	弹性设计	中震弹性	轻度损坏
		核心筒墙	弹性设计	中震弹性控制拉应力	轻度损坏,抗剪不屈服
		节点	弹性设计	中震弹性	大震不屈服
	普通竖向构件	锥顶抗侧体系的钢结构构件	弹性设计	中震不屈服	部分屈服
	耗能构件	连梁及锥顶承受竖向力的钢结构构件	弹性设计	允许屈服,但连梁抗剪不屈服	部分严重损坏

3.1.5 整体经济性指标

3.1.5.1 钢材的理论用量

结构（±0.000m～L65）建筑面积约为 210000m^2，结构钢材 22777.75t，单位建筑面积钢材用量为 108.47kg/m^2。

3.1.5.2 混凝土的理论用量

结构混凝土总用量为 51315m^3，单位建筑面积混凝土折算厚度为 24.44cm。

3.2 有限元模型

3.2.1 基本信息

以超限审查报告中结构信息、构件尺寸和材料属性作为基础，采用 ETABS 工程设计软件建立了 65 层密柱框架-核心筒结构，如图 3.8 所示。并采用 MSC. Marc 有限元软件中建立密柱框架-核心筒结构体系弹塑性数值分析模型，如图 3.9 所示。

为了提高计算效率，弹性模型采用单层壳对墙体进行模拟，区别于弹塑性模型所采用的纤维模型和分层壳模型。钢材强度等级为 Q345、Q390，弹性模量取 2.06×10^{11}Pa，混凝土墙等级为 C50、C60，弹性模量分别取 3.45×10^{4}Pa 和 3.60×10^{4}Pa。通过对比两者结构的质量和模态，验证 ETABS 结构模型和 MSC. Marc 弹塑性模型具有一致的动力特性。

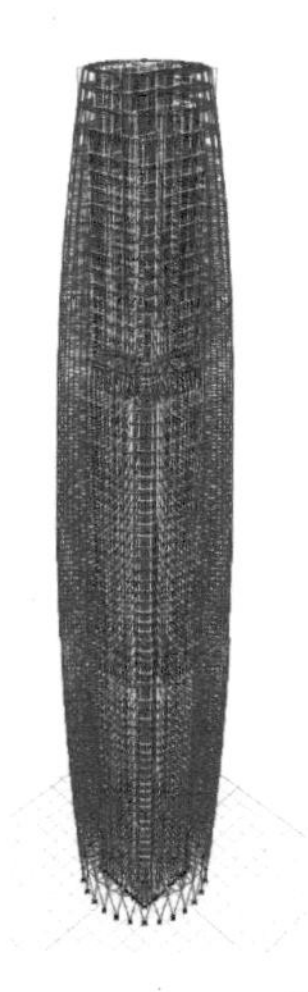

图 3.8 ETABS 模型

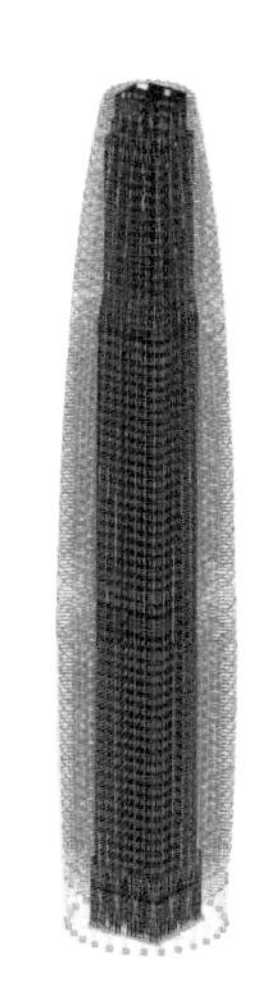

图 3.9 MSC. Marc 模型

3.2.2 模型质量

荷载以质量密度形式施加在单元上，单元总质量为自身质量加荷载质量。钢材和钢筋材料的质量密度取 7850kg/m^3，混凝土材料的质量密度取 2500kg/m^3。MSC. Marc（简称 Marc）中模型质量与 ETABS 模型质量基本一致（表 3.5）。

结构质量对比 **表 3.5**

结构模型	ETABS(kN)	Marc(kN)	相对误差(%)
重力荷载代表值	2235244	2293190	2.59

3.2.3 模型模态

采用 Lanczos 方法对模型进行模态分析，下面仅列出前三阶进行对比，周期计算结果见表 3.6，结构振型如图 3.10 所示。前三阶模态基本吻合，第一振型为结构 X 轴逆时针 45°方向平动，第二振型为结构 X 轴顺时针 45°方向平动，第三振型为整体扭转。前两阶周期误差小于 6%。由于 Marc 中核心筒连梁与 ETABS 中模型保持一致，中下楼层均设置了双连梁，使得 Marc 有限元模型中抗扭刚度大。由质量和模态分析可知，Marc 弹塑性有限元模型与 ETABS 优化模型的动力特性一致。通过弹塑性有限元模型的弹塑性时程分析，得到优化算法对结构抗震性能的影响。结构的 X 和 Y 两方向的平动周期基本相同，且结构具有较好的抗扭刚度，扭转效应较小，所以结构动力弹塑性时程分析采用 X 向单向输入地震动。

结构周期对比 **表 3.6**

模态阶数	ETABS 周期(s)	Marc 周期(s)	相对误差(%)
1	5.50	5.19	−5.63
2	5.30	5.00	−5.66
3	3.07	2.59	−15.64

(a) 结构第一振型(ETABS)　(b) 结构第一振型(Marc)　(c) 结构第二振型(ETABS)　(d) 结构第二振型(Marc)

(e) 结构第三振型(ETABS)　(f) 结构第三振型(Marc)

图 3.10　结构振型对比图

3.3　自动优化结果

原结构核心筒内外墙截面沿高度从 1500mm 收缩到 400mm；内墙起分割建筑空间作用，38 层以上为 300mm，其余层为 400mm；外框钢结构柱为空心钢管；框架梁有工字梁和空心钢管，原结构详细参数见 3.1 节工程概况。优化算法的种群数为 20，终止条件为 100 次迭代。下面将对比优化前后结构质量、周期的差异，并研究迭代过程中截面参数、应力比/轴压比、材料费、层间位移角的变化情况。

3.3.1　构件截面参数及应力比/轴压比变化情况

以截面缩放系数为 Z 轴，迭代次数为 X 轴，截面名称为 Y 轴，绘制梁构件截面、柱构件截面、墙截面参数在迭代过程中的变化情况，并标注了最优模型下截面的参数值。如图 3.11 所示。

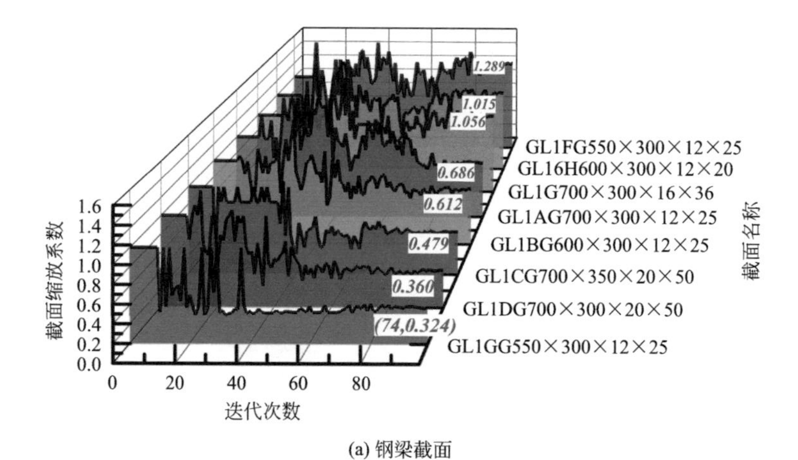

(a) 钢梁截面

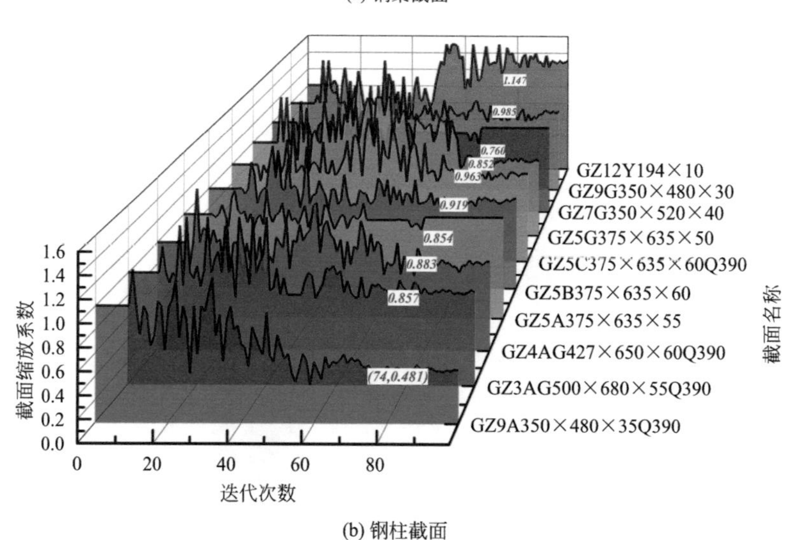

(b) 钢柱截面

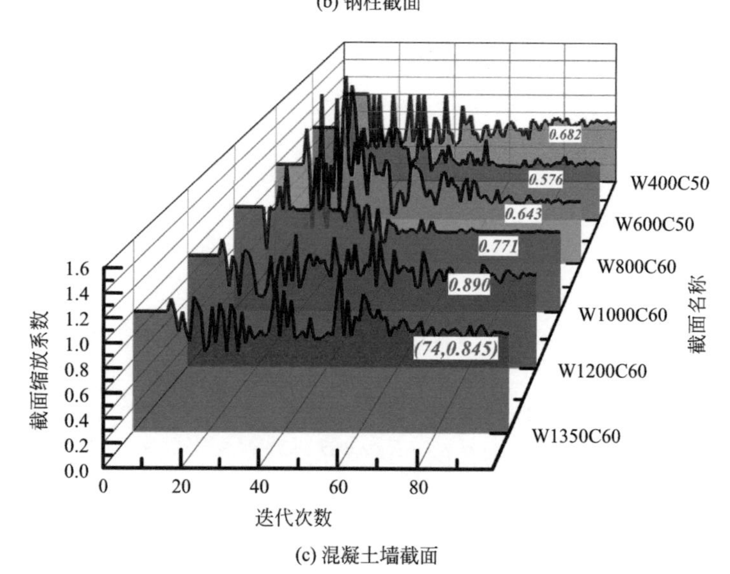

(c) 混凝土墙截面

图 3.11　构件截面缩放系数变化曲线

随着迭代过程的进行，墙截面缩放系数曲线呈波动下降，绝大多数梁、柱截面缩放系数曲线呈波动下降趋势。从截面缩放系数变化可以看出，各截面在迭代中，波动幅度逐渐减小，曲线逐渐收敛于某一值。

图 3.11 中构件截面缩放系数大于 1.0 表示优化后结构的构件截面相对于优化前结构截面。其中工字梁 GL16H600×300×12×20 参数为 1.015、箱形梁 GL1G700×300×16×36 参数为 1.056，其参数上升幅度不大，由于截面尺寸要求为整数，优化前后的构件截面基本相同。GL1FG550×300×12×25 参数为 1.289，圆钢管 GZ12Y194×10 参数为 1.147，表明结构优化后截面明显增大。由此可见，构件截面可以大于优化前结构构件截面，优化算法并非单一缩小构件截面，而是考虑了各构件截面之间的共同受力关系进行结构优化。

图 3.12 绘制了每次迭代中适应度最好（结构材料费最低）对应的构件（钢梁、钢柱、混凝土墙）应力比/轴压比。可以看出，除 GL16H600×300×12×20、GL1FG550×300×12×25、GL1G700×300×16×36、GZ12Y194×10、GZ9G350×480×30 构件应力比下降外，其余构件的应力比均上升。GZ5A375×635×55 和 GZ7G350×520×40 应力比接近于 1.0，其余构件应力比小于 1.0。GZ5C、GZ5B、GZ5A 和 GZ5G 分别为结构 4～5 层、6～10 层、11～19 层、20～22 层的柱构件，另，23～25 层的柱构件与 11～19 层相同，上述四类截面尺寸相同均为 375mm×635mm，GZ5C 为 Q390 高强钢，其余为 Q345 钢材。经算法优化后，GZ5G 和 GZ5A 构件因为所处楼层相邻，构件所受外力基本相似，优化后截面尺寸基本相同，截面高度分别为 541mm 和 542mm。而 GZ5B 处于较低楼层，优化后截面略微缩小；GZ5C 处于结构最低层，优化后截面基本相同。墙截面在经算法优化后厚度均减少，截面尺寸详细变化情况见表 3.7。墙构件的轴压比均小于 0.6，满足规范要求。优化前结构底部墙截面轴压比为 0.459，然而由于优化后结构总质量降低，墙截面在减少尺寸的情况下，仍可以保持优化前墙体的轴压比水平。

结构的约束条件是多方面的，既有构件层次的应力比（或轴压比）条件，又有结构整体层次的层间位移角限值要求。由于超高层结构主要由侧向位移控制，构件应力比（或轴压比）水平并不会太高，因此，在满足层间位移角的情况下，构件的应力比仍小于规范规定的应力极限水平。

3.3.2 结构层间位移角变化

图 3.13 中层间位移角变化曲线在迭代过程中不断波动。在前 40 次迭代中，层间位移角变化曲线波动较大，最高值为 0.00116，最小值为 0.00098（原模型对应的层间位移角值）；40 次迭代后，层间位移角曲线总体呈上升趋势。第 74 次迭代的结构材料费最低，为结构最优模型，但其层间位移角值仍低于规范限值（1/800）约 7%。第 77 次迭代得到的层间位移角值为 0.0012502，略大于规范限值。因此，算法于第 74 次迭代即搜索到最终解，优化后最大层间位移角从 0.00098 上升到 0.00116，增加约 18%。

优化后结构在结构低区（5 层以下，柱为斜交网格形式）层间位移角与优化前基本保持一致。随着楼层的上升，层间位移角差值逐渐增大，在 49 层处差值达到最大。优化后结构层间位移角出现极值的楼层和优化前结构基本相同，由此可知，优化算法并未改变结构层级位移角分布形态，也不会改变最大层间位移角所在楼层。

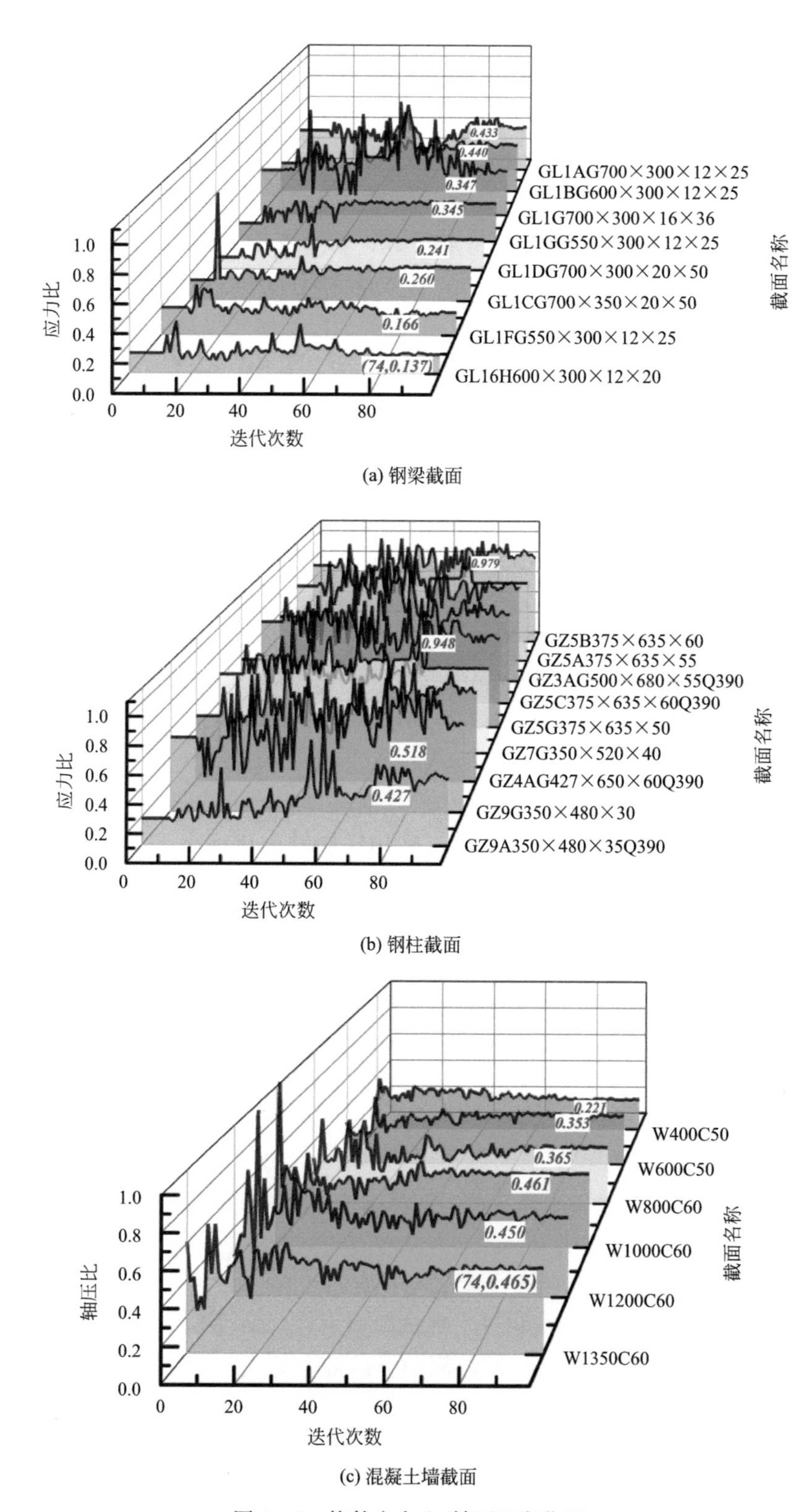

(a) 钢梁截面

(b) 钢柱截面

(c) 混凝土墙截面

图 3.12　构件应力比/轴压比变化图

优化前、后截面参数 **表 3.7**

截面名称	优化前截面尺寸（mm）	优化前截面应力比	优化后截面尺寸（mm）	优化后截面应力比
GL16H600×300×12×20	600×300×12×20	0.138	608×300×12×20	0.137
GL1AG700×300×12×25	700×300×12×25	0.366	480×205×25×12	0.433
GL1BG600×300×12×25	600×300×12×25	0.253	366×183×12×25	0.440
GL1CG700×350×20×50	700×350×20×50	0.157	335×143×20×50	0.260
GL1DG700×300×20×50	700×300×20×50	0.095	252×108×20×50	0.241
GL1FG550×300×12×25	550×300×12×25	0.197	709×386×12×25	0.166
GL1G700×300×16×36	700×300×16×36	0.387	738×316×16×36	0.347
GL1GG550×300×12×25	550×300×12×25	0.146	178×97×12×25	0.345
GZ12Y194×10	194×10	0.349	207×10	0.326
GZ3AG500×680×55Q390	500×680×55	0.574	427×582×55×55	0.818
GZ4AG427×650×60Q390	427×650×60×60	0.494	376×573×60×60	0.623
GZ5A375×635×55	375×635×55×55	0.688	320×542×55×55	0.979
GZ5B375×635×60	375×635×60×60	0.731	344×583×60×60	0.790
GZ5C375×635×60Q390	375×635×60×60	0.701	360×611×60×60	0.703
GZ5G375×635×50	375×635×50×50	0.558	319×541×50×50	0.683
GZ7G350×520×40	350×520×40×40	0.626	265×395×40×40	0.948
GZ9A350×480×35Q390	350×480×35×35	0.187	168×231×35×35	0.427
GZ9G350×480×30	350×480×30×30	0.542	344×472×30×30	0.518
W1350C60	1350	0.459	1140	0.465
W1200C60	1200	0.466	1068	0.450
W1000C60	1000	0.435	771	0.461
W800C60	800	0.317	514	0.365
W600C50	600	0.296	345	0.353
W400C50	400	0.204	273	0.221

注：截面名称中 GL 表示框架梁，GZ 表示框架柱，除 GL16H600×300×12×20 为 H 形梁，其余框架梁、柱均为箱形截面。框架梁、柱的截面尺寸参数表示为“截面高度×截面宽度×腹板厚度×翼缘厚度”；W1350C60 中 1350 表示墙体厚度，C60 表示混凝土强度等级。

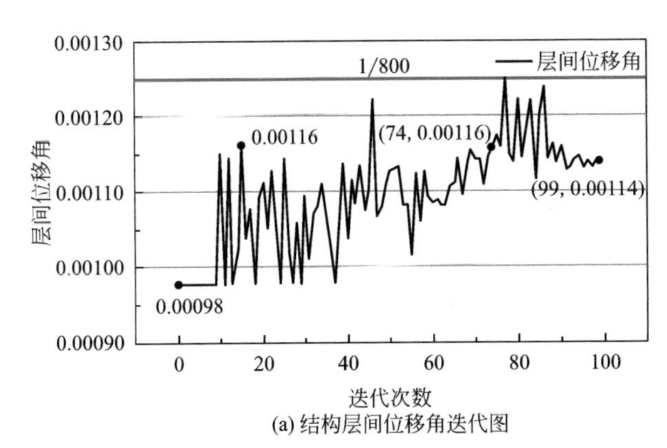

(a) 结构层间位移角迭代图

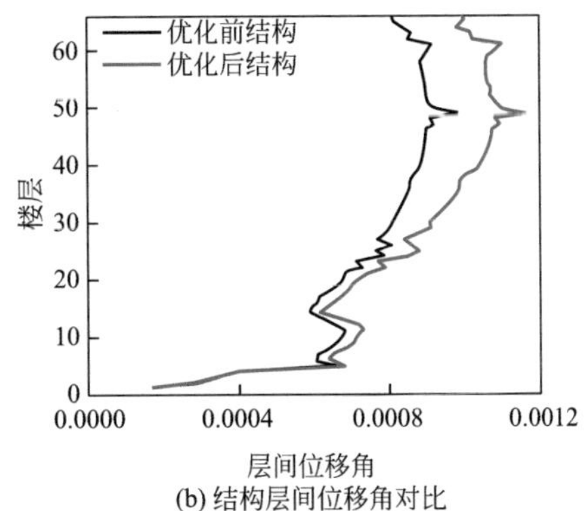

(b) 结构层间位移角对比

图 3.13 结构层间位移角

3.3.3 结构质量与周期

优化后结构质量（自重）和刚度均发生较大变化，结构总质量下降 9.05%，其中墙体质量和钢材质量分别下降 15.45%和 16.31%，具体变化见表 3.8。结构第一周期从 5.50s 上升到 5.81s，结构变得更“柔”，扭转周期增加幅度最大，从 3.07s 上升到 3.55s，见表 3.9。

结构质量对比 **表 3.8**

结构模型	优化前模型(kN)	优化后模型(kN)	差值(%)
重力荷载代表值	2235244	2032851	−9.05
墙体自重	223222	188735	−15.45
钢材自重	933492	781269	−16.31

结构周期对比 **表 3.9**

模态阶数	优化前模型(s)	优化后模型(s)	差值(%)
1	5.50	5.81	5.64
2	5.30	5.58	5.28
3	3.07	3.55	15.64

3.3.4 结构材料费

本优化采用结构材料费作为优化目标，通过全部钢构件费用和混凝土构件费用之和作为结构总材料费，其中钢材单价为 4000 元/t，混凝土单价为 400 元/m³。取每次迭代中结构的材料费平均值绘制平均值曲线（由于罚函数设置会导致部分超限结构的材料费远超出 1 亿元，因此只对结构材料费在 1 亿元以下的取平均值），取迭代过程中结构材料费最优值绘制最小值曲线如图 3.14 所示，最小值曲线的详细信息如图 3.15 所示。

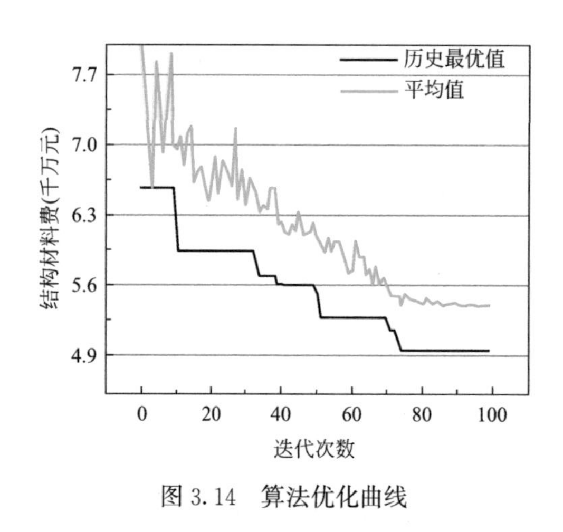

图 3.14 算法优化曲线

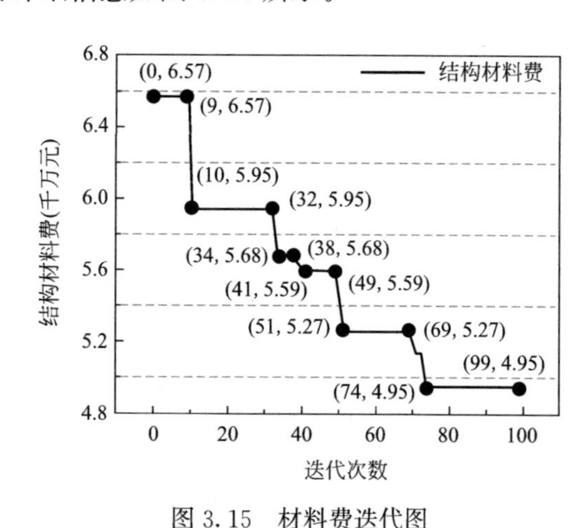

图 3.15 材料费迭代图

图 3.14 中平均值曲线在前 40 代且最小值曲线为平台段时上下波动较大，说明了算法具有较好的全局搜索能力。而在后 20 代，由于算法 $\vec{a}$ 设置为迭代过程中从 2 线性减小到

0，全局搜索能力线性下降，平均值曲线波动较小并逐渐收敛为一条直线。结构材料费从6.57千万元下降到4.95千万元，下降约24.7%。从图3.15中可以看出结构材料费呈现出阶梯式下降的形式，曲线的特点是平台段长，下降段陡峭。平台段长是由于种群数（一次迭代中模型的计算个数）为20，较文献建议的少；主要原因是由在搜索空间内随机生成的构件参数生成的构件截面所组成的结构不满足约束条件，材料费被罚函数放大，导致下一次迭代的结构材料费大于上一代的结构材料费。整个优化过程具有6个明显的平台段（0～9，10～32，34～38，41～49，51～69，74～99），5个下降段（9～10，32～34，38～41，49～51，69～74）。第9代到第10代的材料费下降最为明显（降幅约为初始材料费的9%），其余下降段均低于第一个下降段。下降段陡峭说明单次优化引起结构材料费的改变值大，优化下降空间大。

以墙截面的轴压比平均值、柱构件的应力比平均值为x轴、y轴，迭代过程中搜索体所计算出的结构材料费作为z轴，绘制结构材料费图，如图3.16所示（其中剔除了因惩罚措施导致结构材料费大于1亿元的数据点）。可以看出，计算得到的“最优解”附近具有很多的局部优解，和实际结构设计的情况相同。为快速找到目标函数的下降方向，避免建筑模数、构件模数对算法的影响，本研究定义的优化问题为连续型优化问题。因此未对构件截面尺寸按照工程模数进行取值。在弹性设计下，虽然构件的截面不符合现有工程实际应用，但结构优化后材料费明显下降24.5%。通过该优化算法得到的截面尺寸参数可对工程设计人员在结构设计阶段可以起到很好的辅助作用。

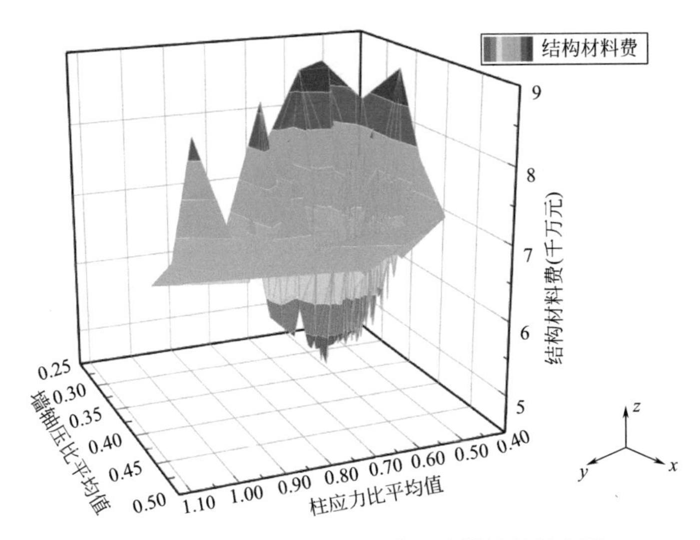

图3.16 墙、柱应力比平均值对应结构材料费图

综上，在弹性设计下，基于启发式算法的智能优化算法可以较好地对密柱框架-核心筒结构进行结构优化。

3.4 结构大震安全性能评估

为验证优化后结构的大震安全性能，本部分采用基于IDA的结构抗震易损性分析方法开展结构安全性能评估。首先，通过双频段选波法，从美国太平洋地震工程研究中心

(PEER) 地震动数据库中选取了 5 条地震动用于 IDA 分析。双频段选波法的参数取值如下：结构抗震设防烈度为 7 度 0.1g，水平地震影响系数取 0.5；结构所处场地为Ⅲ类场地，特征周期为 0.45s；上偏量 ΔT_2 取 0.5s，下偏量 ΔT_1 取 0.2s；平台段和基本周期的容许偏差百分比取 10%。

选出的地震动信息见表 3.10。地震波经调幅后，与结构规范设计反应谱的对比，如图 3.17 所示，在平台段与结构基本周期 T_1 附近区段内，地震动反应谱均值与设计反应谱较接近，两者差距处于 20%内，由此可见，选取的地震动记录满足选波要求。优化前后结构第一周期分别为 5.15s 和 5.49s，所选用的地震波在两个频段依然满足选波要求。故结构进行动力时程分析时采用相同地震波，保证了结构承受地震动作用具有相同特性，避免了地震波动特性引起结构响应的改变。

地震动信息 **表 3.10**

序号	地震动名称	记录点时间间隔(s)	有效持时(s)
1	RSN5745_IWATE_YMT002EW	0.01	38.77
2	RSN5760_IWATE_YMT017EW	0.01	36.04
3	RSN5783_IWATE_54026EW	0.01	45.78
4	RSN6385_TOTTORI.1_TKS009EW	0.01	43.19
5	RSN6418_TOTTORI.1_YMG009EW	0.01	44.42

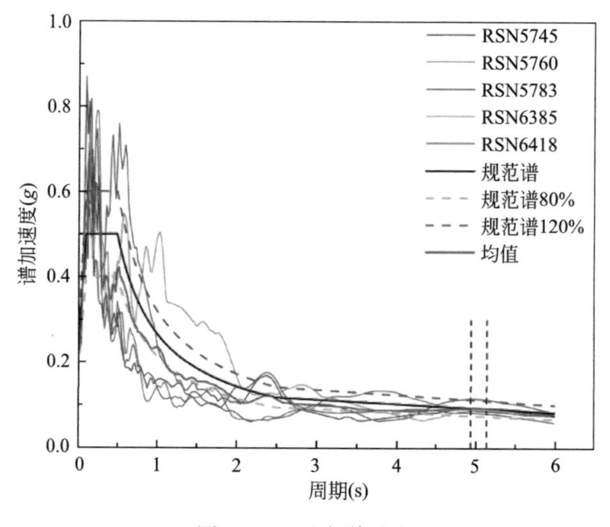

图 3.17 反应谱对比

从上述五条地震动记录中选取 RSN5783、RSN5745、RSN6385 地震动记录，对 MSC.Marc 弹塑性有限元模型进行 X 向罕遇地震强度下的动力时程分析，研究结构的基底剪力、倾覆力矩和结构耗能，研究优化算法对结构抗震能力的影响。

3.4.1 基底剪力

结构在 RSN5745、RSN5783 和 RSN6385 地震动作用下外框架和核心筒两部分的基底剪力分担比如图 3.18 所示。以剪力分担比的四分位数作为对比指标，基底剪力分担比数

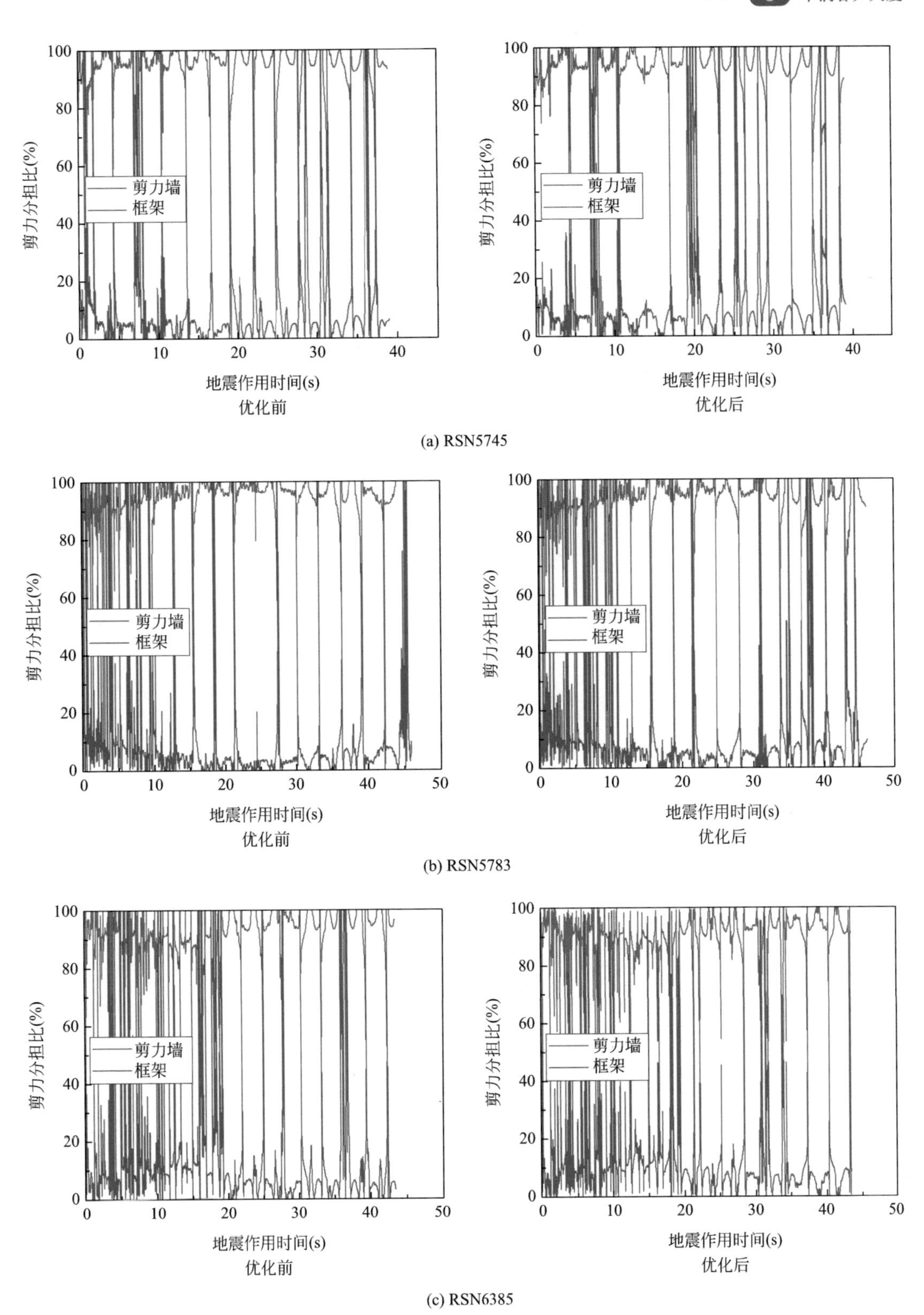

(a) RSN5745

(b) RSN5783

(c) RSN6385

图 3.18 基底剪力分担比对比图

值见表 3.11。RSN5745 地震动作用下，结构最大基底剪力从 1.26×10^8N 下降到 1.05×10^8N，下降约 17%，结构的地震作用明显下降。框架剪力分担比的中位数为 5.51%，上升到 7.32%；剪力墙剪力分担比的中位数从 95.54%下降到 93.37%。RSN5783 地震动作用下，结构最大基底剪力从 1.05×10^8N 下降到 8.82×10^7N，下降 16%。框架剪力分担比的中位数为 4.82%，上升到 6.69%；剪力墙剪力分担比的中位数从 96.17%下降到 94.30%。RSN6385 地震动作用下，结构最大基底剪力从 1.49×10^8N 下降到 1.04×10^8N，下降约 30%。框架剪力分担比的中位数从 8.10%上升到 10.74%；剪力墙剪力分担比的中位数从 93.56%下降到 89.96%。

基底剪力分担比分位数对比（单位：%） **表 3.11**

地震动名称	构件	结构	25%分位数	50%分位数	75%分位数
RSN5745	框架	优化前	3.02	5.51	9.54
		优化后	4.98	7.32	11.13
	剪力墙	优化前	93.65	95.54	99.78
		优化后	90.81	93.37	97.93
RSN5783	框架	优化前	2.66	4.82	8.39
		优化后	4.06	6.69	10.20
	剪力墙	优化前	92.83	96.17	99.05
		优化后	91.21	94.30	97.58
RSN6385	框架	优化前	4.98	8.10	12.66
		优化后	7.64	10.74	14.72
	剪力墙	优化前	89.04	93.56	98.11
		优化后	86.38	89.96	93.38

可以看出，结构的基底剪力基本由核心筒承担，优化后结构剪力墙剪力分担比小幅下降，而框架承担的基底剪力略有上升。

3.4.2 倾覆力矩

结构剪力墙和框架承担的倾覆力矩时程曲线如图 3.19 所示。RSN5745 地震动作用下，优化前后结构总倾覆力矩的曲线趋势相同，达到峰值时间分别为 12.76s 和 13.64s，总倾覆力矩数值从 1.40×10^8N·m 上升到 2.01×10^8N·m，上升幅度约为 44%。差异性同样体现在剪力墙和框架承担倾覆力矩曲线的变化上，优化前结构剪力墙曲线与框架曲线的波峰波谷不是同时达到的，两者叠加的效应小；而优化后结构两者曲线在 20s 后，基本同时出现波峰和波谷，倾覆力矩叠加效果明显，总倾覆力矩仍保持在较高位置。优化后结构剪力墙承担的最大倾覆力矩从 1.13×10^8N·m 增加到 1.24×10^8N·m，上升约 10%，框架承担最大倾覆力矩从 1.24×10^8N·m 下降到 9.51×10^7N·m，下降幅度约为 23%。RSN5783 地震动作用下，优化前、后结构总倾覆力矩的曲线达到峰值时间分别为 9.52s 和 20.83s，总倾覆力矩数值从 1.51×10^8N·m 上升到 1.98×10^8N·m，上升幅度约为 31%。地震作用前 15s 内，优化前、后结构剪力墙倾覆力矩和框架承担倾覆力矩差距不大。15s 后，优化前结构剪力墙承担的倾覆力矩基本小于框架承担的倾覆力矩。而优化后

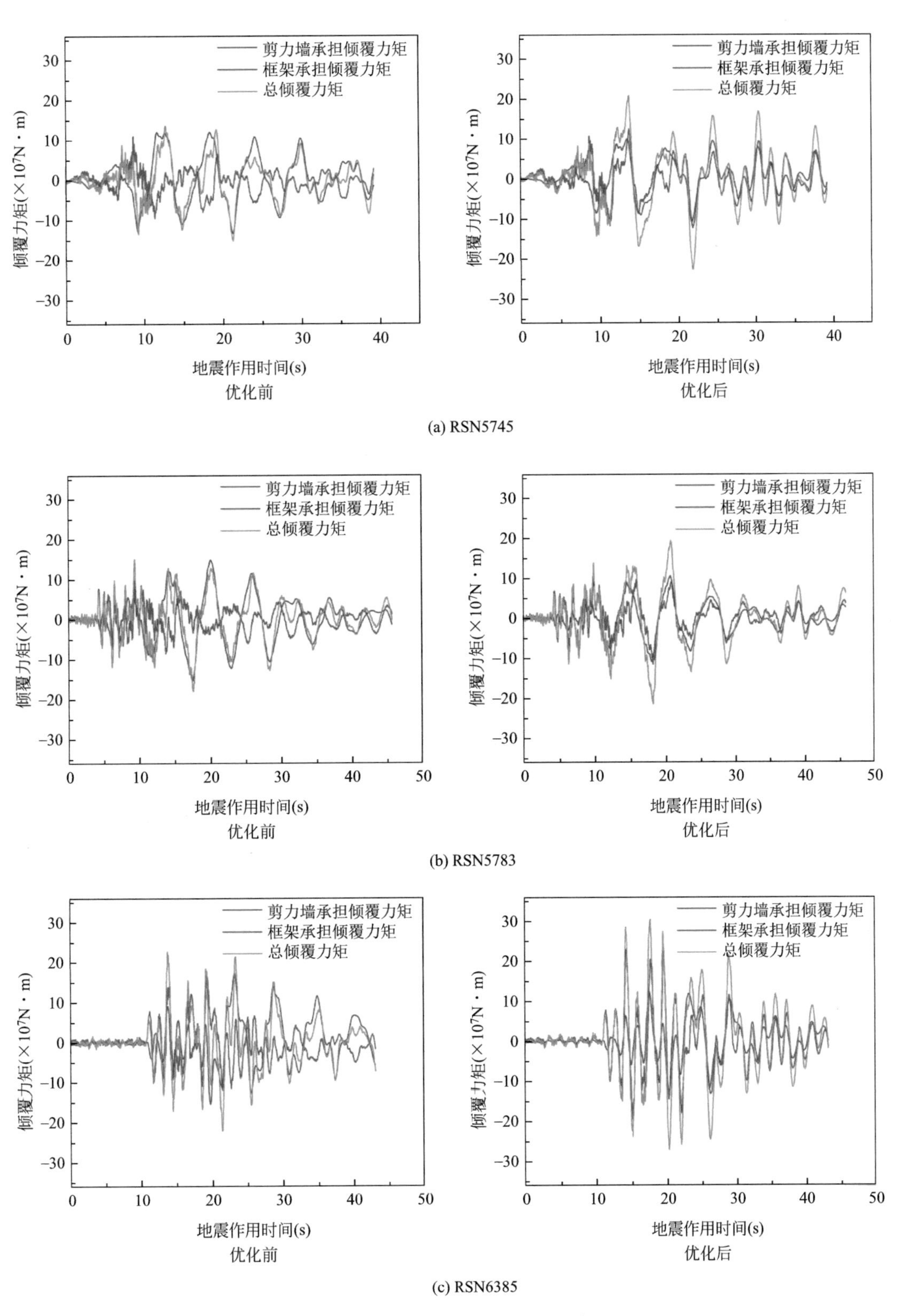

图 3.19　结构倾覆力矩时程曲线

结构框架和剪力墙承担的倾覆力矩保持一致变化，同时出现最大值。优化后剪力墙承担最大倾覆力矩从 9.77×10^{7}N·m 增加到 1.26×10^{8}N·m，上升约 29%，框架承担最大倾覆力矩从 1.49×10^{8}N·m 下降到 1.08×10^{8}N·m，下降幅度约为 28%。RSN6385 地震动作用下，优化前总倾覆力矩在 13.99s 达到峰值 2.31×10^{8}N·m，优化后结构在 13s 到 20s 内出现多次极大值，在 17.79s 达到 3.08×10^{8}N·m 的最大值，上升幅度约为 33%。从 12s 开始，优化后结构剪力墙和框架部分的倾覆力矩均为相同方向，两者叠加导致地震作用 20s 后仍具有多次极大值。优化后剪力墙承担的最大倾覆力矩从 1.75×10^{8}N·m 增加到 2.41×10^{8}N·m，上升约 38%，框架承担的最大倾覆力矩从 1.76×10^{8}N·m 下降到 1.25×10^{8}N·m，下降幅度约为 29%。

因此，在地震动作用下，优化后结构剪力墙承担倾覆力矩增加，而框架承担倾覆力矩下降，结构仍以剪力墙承担倾覆力矩为主。优化后结构框架和剪力墙承担相同方向的倾覆弯矩，倾覆弯矩曲线具有相同的变化趋势。

3.4.3 结构耗能

结构各部分能量值见表 3.12，能量时程曲线如图 3.20 所示。RSN5745 地震动作用下，优化前、后结构各能量的走势基本一致，而总输入能量和各部分分担比例存在差异，具体数值见表 3.12。由于结构质量和刚度的变化，总输入能量从 9.56×10^{7}N·m 下降到 7.38×10^{7}N·m，下降幅度约为 23%；总应变能从 5.17×10^{7}N·m 下降到 4.37×10^{7}N·m，下降幅度约为 15%；弹性应变能从 4.37×10^{7}N·m 下降到 3.56×10^{7}N·m，下降幅度约为 19%；塑性应变能从 1.03×10^{7}N·m 下降到 9.35×10^{6}N·m，下降幅度约为 9%；结构动能从 2.80×10^{7}N·m 上升到 2.84×10^{7}N·m；结构阻尼耗能从 6.50×10^{7}N·m 下降到 5.05×10^{7}N·m，下降幅度约为 22%。优化前结构阻尼耗能、塑性应变能约占总输入能量的 68%、11%；优化后结构阻尼耗能、塑性应变能约占总输入能量的 68%、13%。RSN5783 地震动作用下，优化前、后结构总输入能量从 1.20×10^{8}N·m 下降到 8.62×10^{7}N·m，下降幅度约为 28%；总应变能从 6.45×10^{7}N·m 下降到 4.40×10^{7}N·m，下降约 32%；弹性应变能从 4.55×10^{7}N·m 下降到 3.39×10^{7}N·m，下降幅度约为 25%；塑性应变能从 1.57×10^{7}N·m 下降到 1.03×10^{7}N·m，下降幅度约为 34%；结构动能从 4.23×10^{7}N·m 下降到 3.44×10^{7}N·m，下降幅度约为 19%；结构阻尼耗能从 8.26×10^{7}N·m 下降到 6.01×10^{7}N·m，下降幅度约为 27%。优化前结构阻尼耗能、塑性应变

结构能量值对比（单位：N·m） **表 3.12**

地震动名称	结构	总应变能	弹性应变能	塑性应变能	总输入能量	结构动能	结构阻尼耗能
RSN 5745	优化前	5.17×10^7	4.37×10^7	1.03×10^7	9.56×10^7	2.80×10^7	6.50×10^7
	优化后	4.37×10^7	3.56×10^7	9.35×10^6	7.38×10^7	2.84×10^7	5.05×10^7
RSN 5783	优化前	6.45×10^7	4.55×10^7	1.57×10^7	1.20×10^8	4.23×10^7	8.26×10^7
	优化后	4.40×10^7	3.39×10^7	1.03×10^7	8.62×10^7	3.44×10^7	6.01×10^7
RSN 6385	优化前	5.15×10^7	4.17×10^7	9.60×10^6	1.06×10^8	2.49×10^7	7.75×10^7
	优化后	5.01×10^7	3.46×10^7	1.04×10^7	8.76×10^7	2.09×10^7	6.10×10^7

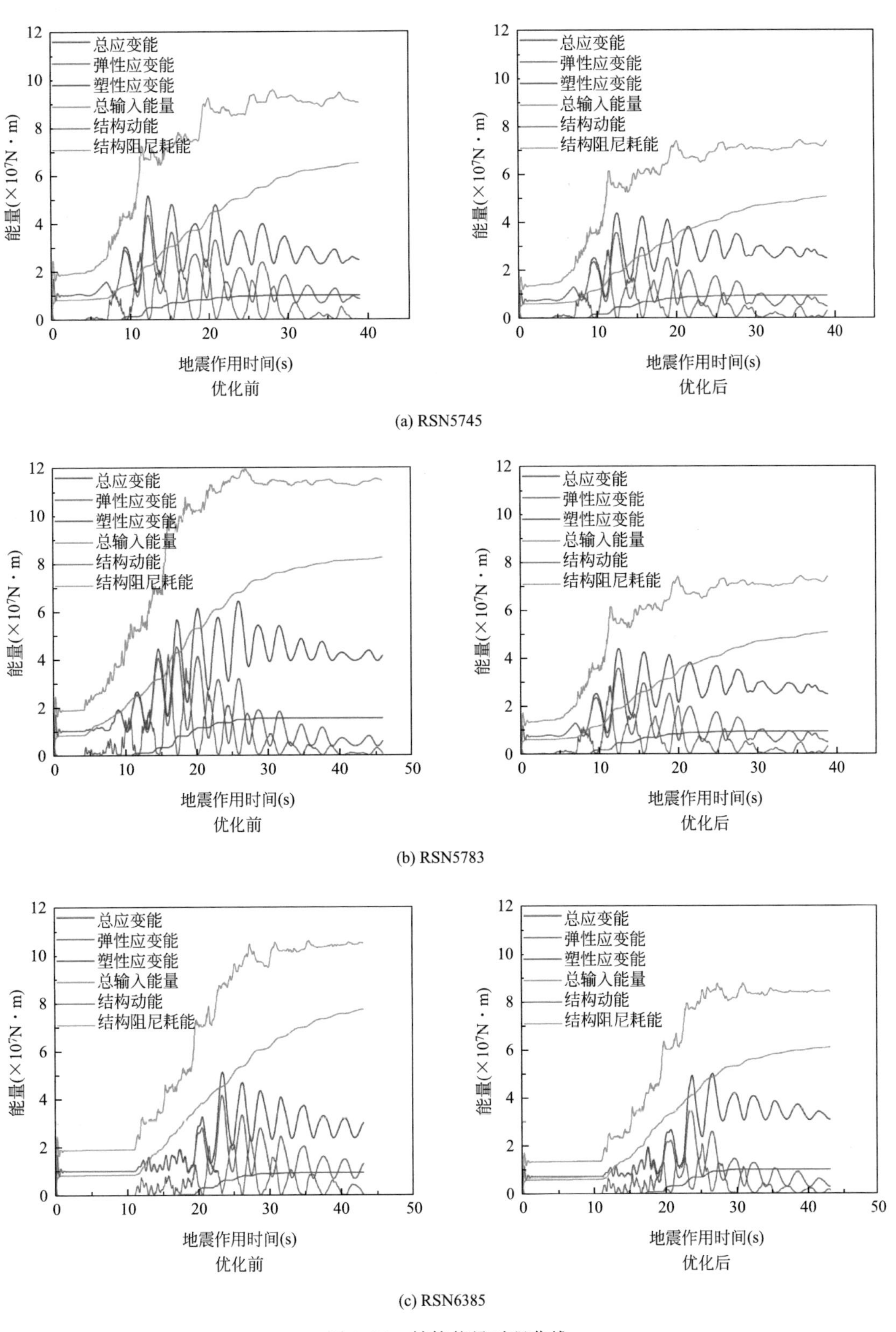

图 3.20 结构能量时程曲线

能约占总输入能量的 69%、13%；优化后结构阻尼耗能、塑性应变能约占总输入能量的 70%、12%。RSN6385 地震动作用下，优化前、后结构总输入能量从 1.06×10^8N·m 下降到 8.76×10^7N·m，下降幅度约为 17%；总应变能从 5.15×10^7N·m 下降到 5.01×10^7N·m，下降约 3%；弹性应变能从 4.17×10^7N·m 下降到 3.46×10^7N·m，下降幅度约为 17%；塑性应变能从 9.60×10^6N·m 上升到 1.04×10^7N·m，上升幅度约为 8%；结构动能从 2.49×10^7N·m 下降到 2.09×10^7N·m，下降幅度约为 16%；结构阻尼耗能从 7.75×10^7N·m 下降到 6.01×10^7N·m，下降幅度约为 21%。优化前结构阻尼耗能、塑性应变能约占总输入能量的 73%、9%；优化后结构阻尼耗能、塑性应变能约占总输入能量的 70%、12%。

综上，在场地条件相同的情况下，结构地震总输入能量由结构刚度和结构质量决定。结构耗能能力主要依靠结构自身阻尼，其次是结构的塑性变形。优化后结构阻尼耗能占比基本不变，结构塑性应变能占比最大增长约 3%，即罕遇地震下优化后结构有更多构件进入塑性或构件塑性变形进一步发展。

3.4.4 IDA 曲线

本节采用 MSC. Marc 弹塑性有限元模型，对所选出的 5 条地震动记录按 PGA 为 2000mm/s^2 的增量逐级放大，进行 X 向增量动力时程分析。

结构层间位移角对数标准差、IDA 曲线以及分位数曲线如图 3.21～图 3.23 所示。由层间位移角对数标准差曲线可以看出，在地震动强度较小的情况下，层间位移角对数标准差较小，结构响应相接近。随着地震动强度的增加，标准差值逐渐增大，不同地震动下结构响应的差异逐渐增大。

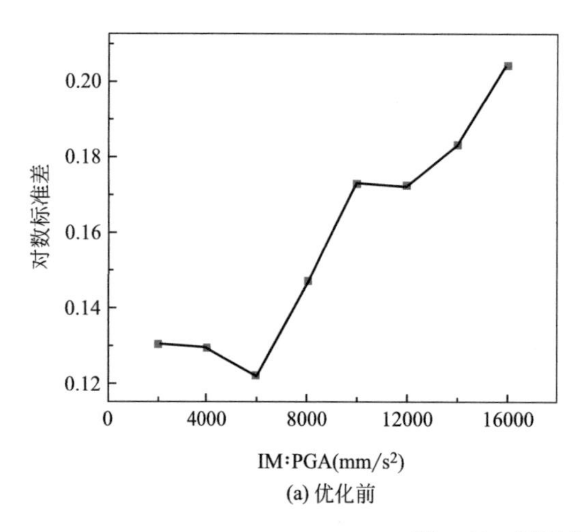

(a) 优化前

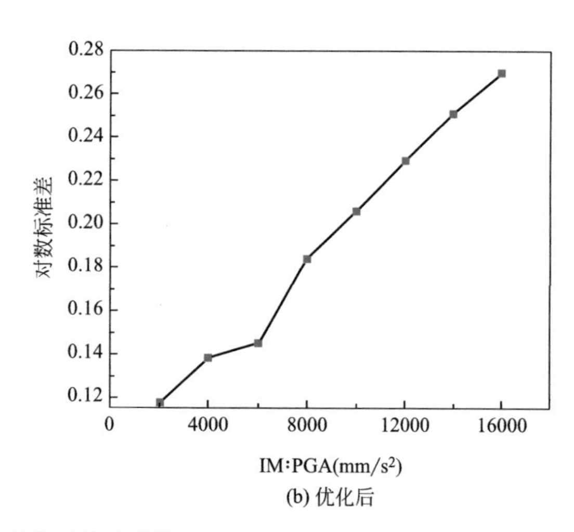

(b) 优化后

图 3.21 层间位移角对数标准差

优化前后结构的 IDA 曲线变化趋势大致相同，总体上符合硬化型的变化形式。在地震动强度处于 2000～4000mm/s^2 的情况下，随着地震动强度 PGA 的不断增大，曲线斜率增大，表现出硬化现象。实际结构中出现更多的塑性铰，更多单元产生塑性损伤，提高了结构的耗能能力，使得在更高的地震动强度 PGA 作用下，层间位移角增幅减小。地震动强度 PGA 继续增大至 4000～10000mm/s^2 之间，曲线斜率逐渐减小，但仍大于初始阶段

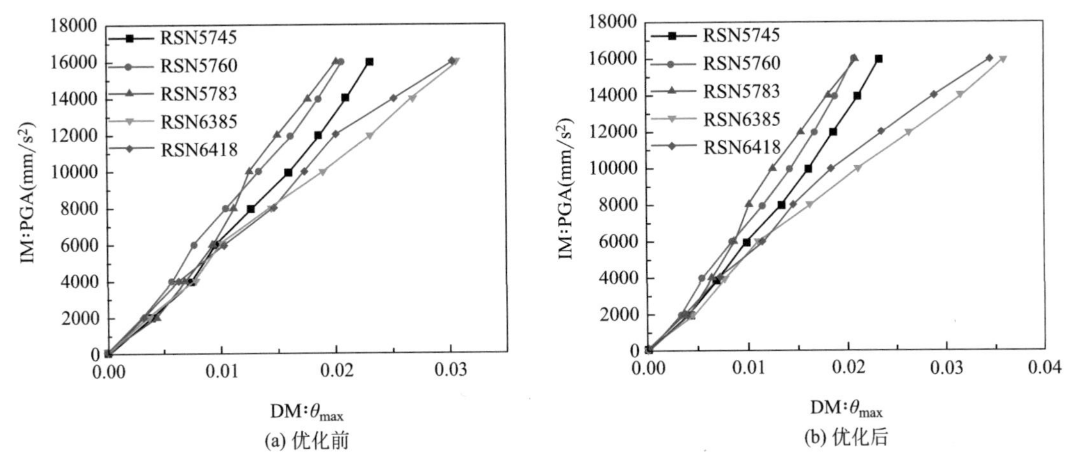

图 3.22 IDA 曲线

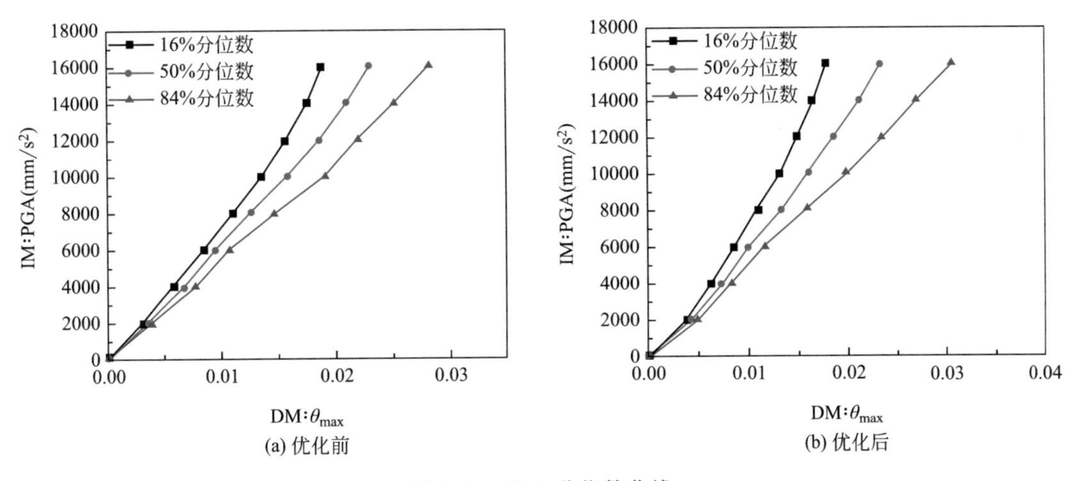

图 3.23 IDA 分位数曲线

0～2000mm/s^2 对应的斜率。地震动强度持续增大，大部分曲线斜率变化不大，部分曲线斜率减小，呈现出软化现象。

优化前后结构的 IDA 分位数曲线对比，如图 3.24 所示，实线代表优化前结构的 IDA 分位数曲线，虚线代表优化后结构的 IDA 分位数曲线。可以看出优化前后结构的 IDA16%分位数曲线在 6000～8000mm/s^2 处非常接近，在 0～4000mm/s^2，优化后结构的层间位移角大于优化前的，而 PGA 超过 8000mm/s^2 后优化后结构的层间位移角反而小于优化前结构。这是由于优化后结构的层间位移角对数标准差大于优化前结构的，使得 16% 分位数曲线在 PGA 较高时层间位移角反而减小。中位数曲线基本保持一致，IDA 曲线中位数为 RSN5745 地震动记录下的结构响应，说明了在 RSN5745 地震动记录下，两者的层间位移角差值不大。因此取 5 条地震动下结构最大层间位移角的平均值作为比较，优化前后结构层间位移角在 PGA 值小于 10000mm/s^2 的区间相差不大，而 PGA 值大于 12000mm/s^2 后层间位移角差值增大。从 84%分位数曲线可以明显看出，优化后结构的层间位移角明显大于优化前结构的层间位移角。

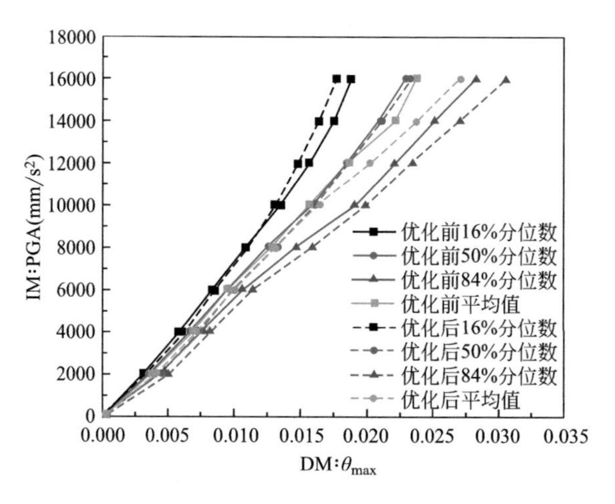

图 3.24　IDA 分位数曲线对比图

3.4.5　倒塌概率

将上节的 IDA 曲线簇中地震动强度值和结构损伤值（最大层间位移角）取对数值进行线性回归，得到线性方程式如图 3.25（a）、（b）所示。

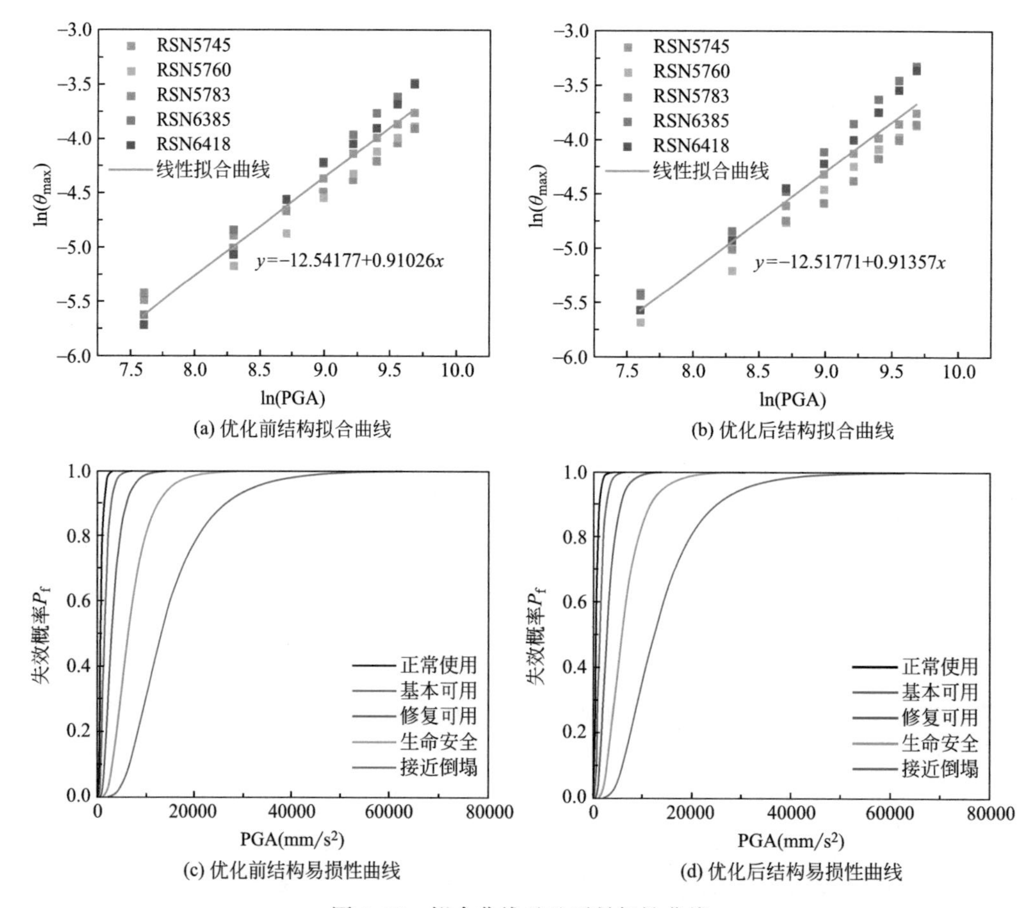

图 3.25　拟合曲线及地震易损性曲线

建立结构的易损性模型并计算结构在不同性能水准状态下的超越概率。根据上文定义的结构性能水准层间位移角指标可计算得到结构对应立即使用、基本可用、修复可用、生命安全和防止倒塌性能水准下的失效概率。结构易损性曲线如图 3.25（c）、（d）所示。各性能水准下优化前后结构的易损性曲线对比如图 3.26 所示。

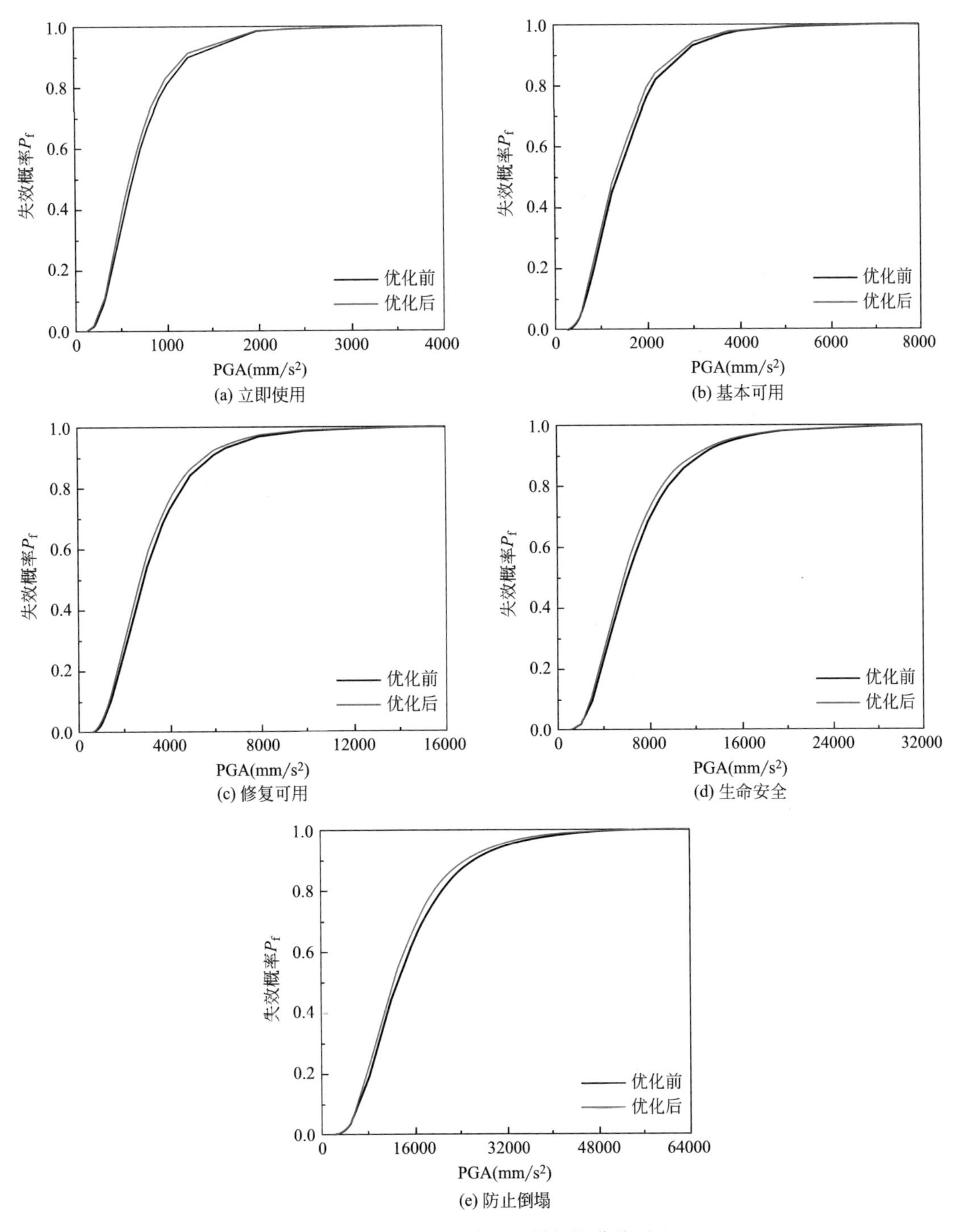

图 3.26　不同性能水准下易损性曲线对比

从图 3.26 可以看出优化后结构在立即使用、基本可用、修复可用、生命安全、防止倒塌五个不同性能水准下的失效概率均大于优化前结构。

通过结构易损性模型，计算不同性能水准下的超越概率，建立结构易损性矩阵，确定结构在不同地震动水平下的不同性能水准的超越概率（表 3.13）。多遇地震作用和立即使用性能水准下优化后结构失效概率为 16.78%，大于 14.69%；设防地震作用和修复可用性能水准下优化后结构的失效概率为 3.46%；罕遇地震作用和防止倒塌性能水准下的优化后结构失效概率为 0.08%。在“提高一度的罕遇地震作用下”优化前后结构的倒塌概率均未超过 10%。综上，优化后结构仍具有较高水平的抗震性能。

结构性能水准超越概率对比（单位:%） **表 3.13**

地震动水平	PGA(mm/s^2)	结构	性能水准				
			LS1	LS2	LS3	LS4	LS5
多遇地震	350	优化前	14.69	0.74	0.01	0.00	0.00
		优化后	16.78	0.94	0.01	0.00	0.00
设防地震	1000	优化前	80.55	29.98	2.80	0.05	0.00
		优化后	83.03	33.32	3.46	0.07	0.00
罕遇地震	2200	优化前	98.92	81.87	31.71	3.13	0.06
		优化后	99.17	84.36	35.32	3.89	0.08
提高一度罕遇地震	4000	优化前	99.96	97.72	72.99	21.95	1.54
		优化后	99.98	98.22	76.29	25.12	1.98

优化后结构的安全储备系数 CMR 从 5.95 下降到 5.60（表 3.14），下降 5.9%，与造价降低幅度（24.6%）相比较，其下降幅度有限。优化后结构的最小安全储备系数 $CMR_{10\%}$ 从 2.95 下降到 2.78（表 3.15），仅下降 5.8%，下降幅度不大。最小安全储备系数仍大于 1.00，具有较高的结构抗震安全储备，满足“大震不倒”的设计要求。

结构抗地震倒塌储备系数对比 **表 3.14**

结构	$PGA_{LS5\mid P_f=50\%}$	PGA_{SED}	CMR
优化前	13100	2200	5.95
优化后	12330	2200	5.60

结构最小安全储备系数对比 **表 3.15**

结构	$PGA_{LS5\mid P_f=10\%}$	PGA_{SED}	$CMR_{10\%}$
优化前	6480	2200	2.95
优化后	6110	2200	2.78

通过基于 IDA 的地震易损性分析，可以看出优化后的结构抗震储备小于优化前的结构，但抗震储备降幅有限，优化后结构仍具有一定的抗震储备。因此对结构进行智能优化，对于降低结构材料费、优化结构布置具有重要意义。

3.5 构件重要性量化分析

3.5.1 子结构划分

由于超高层复杂结构体量大、单元数多，得到单个构件的重要性系数对结构设计没有实际参考意义。因此以构件所处空间位置将其划分为子结构，计算每个子结构的重要性系数近似估计实际构件失效或损伤对整体结构的影响。

结构由外框架和核心筒组成，呈对称性布局，标准层布置图如图 3.27 所示。因此根据楼层层数和“东西南北”方向进行核心筒外墙、核心筒内墙、框架柱和框架梁构件子结构划分，划分情况如图 3.28 所示。以框架柱构件子结构划分为例，如图 3.28（c）所示：蓝色代表结构平面北侧（column _ north），黄色代表南侧（column _ south），红色代表东侧（column _ east），绿色代表西侧（column _ west）。建筑楼层数为 65 层（25 层有夹层），结构共划分为 1056 个子结构。

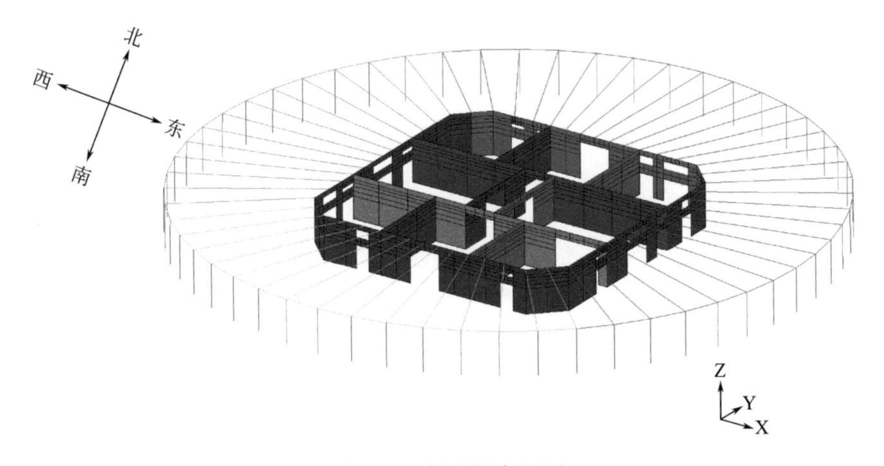

图 3.27 标准层布置图

3.5.1.1 削弱系数

以截面面积和惯性矩的削弱程度作为构件损伤程度，取 25%、50%、75%和 100%（拆除构件）四种削弱系数进行重要性分析，其中当削弱程度等于 100%时表示拆除该子结构中的构件。为保证结构总质量不变，将拆除的子结构质量均分给上下层同类型子结构。以拆除 2 层东向框架柱为例，其总体质量将其均分给第 1 层和第 3 层东向框架柱。

3.5.1.2 作用工况

对结构施加重力荷载、X 向和 XY 双向荷载以研究结构在三种工况下的构件重要性规律。水平荷载形式为均布力，荷载方向为正向，数值大小取场地中震 PGA 大小（0.1*g*）。X 向和 XY 双向工况均包含了重力荷载。

3.5.2 作用工况的影响

以构件类型为研究对象，取同一楼层处构件的重要性系数最大值作为衡量指标，分析

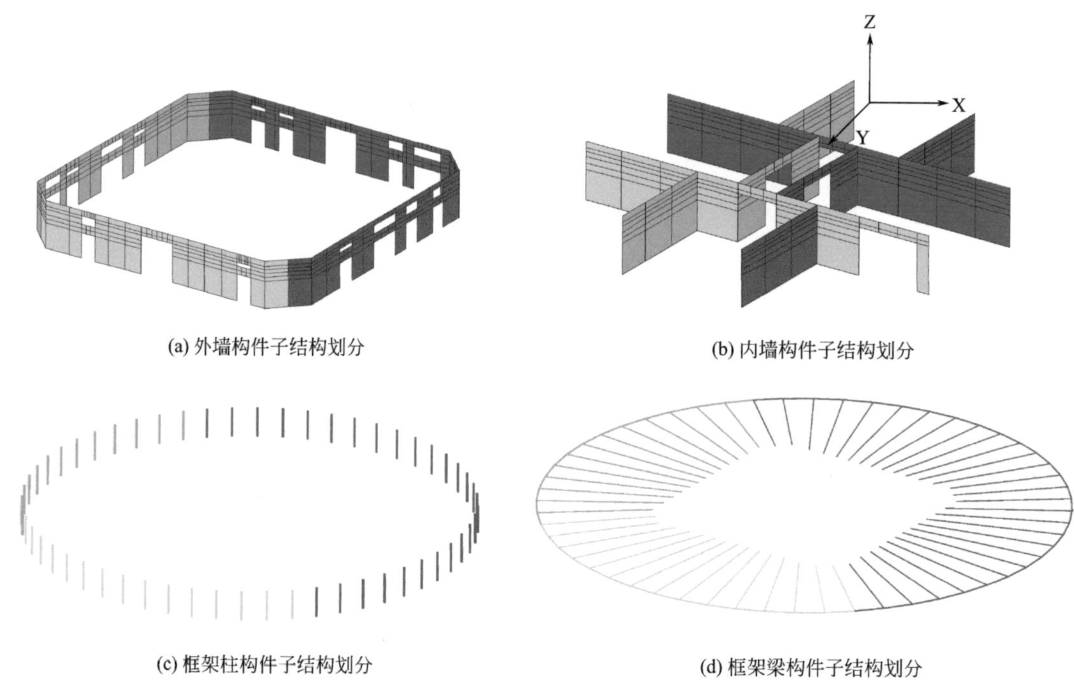

(a) 外墙构件子结构划分

(b) 内墙构件子结构划分

(c) 框架柱构件子结构划分

(d) 框架梁构件子结构划分

图 3.28　构件子结构划分图

构件重要性与荷载作用的变化规律。

3.5.2.1　外墙

50%和100%削弱系数下构件重要性系数最大值如图 3.29 所示，图例表示为"工况_削弱系数"，例如"g_0.50"代表重力工况下 50%削弱系数对应的构件重要性。

在 1～40 层 X 向工况对应的重要性系数最大，XY 双向工况次之，重力工况下最小；40 层以上，重力工况下的重要性系数大于 X 向荷载作用下；55 层以上，重要性系数都趋于 0。这是由于重要性系数最大值所在方向（东向）是 X 向工况作用的主要受力方向。而 XY 双向工况作用的主要受力方向是结构东北向，东向构件损伤时北向构件起到了支撑作用，且 XY 双向工况下完好结构的应变能最大，所以 XY 双向工况下重要性系数小于 X 向工况。构件重要性系数基本上在 50 层接近 0。

3.5.2.2　内墙

从图 3.30 可以看出，50%削弱系数下构件重要性系数规律和 100%削弱系数下的相同，以 100%削弱系数对应的重要性系数进行阐述：内墙构件在 1～35 层 X 向工况下的重要性系数大于 XY 双向工况大于重力工况；35 层以上重力工况下的重要性系数大于 X 向、XY 双向工况。构件重要性系数基本上在 50 层接近 0。

3.5.2.3　框架柱

如图 3.31 所示，50%和 100%削弱系数下框架柱构件重要性具有相同的规律，在 1～20 层内 X 向工况对应的重要性系数大于重力工况大于 XY 双向工况，20 层以上 X 向工况的重要性系数大于 XY 双向工况大于重力工况。这是由于 XY 双向工况下完好结构的应变能变大导致其重要性系数减小。构件重要性系数基本上在 55 层接近于 0。

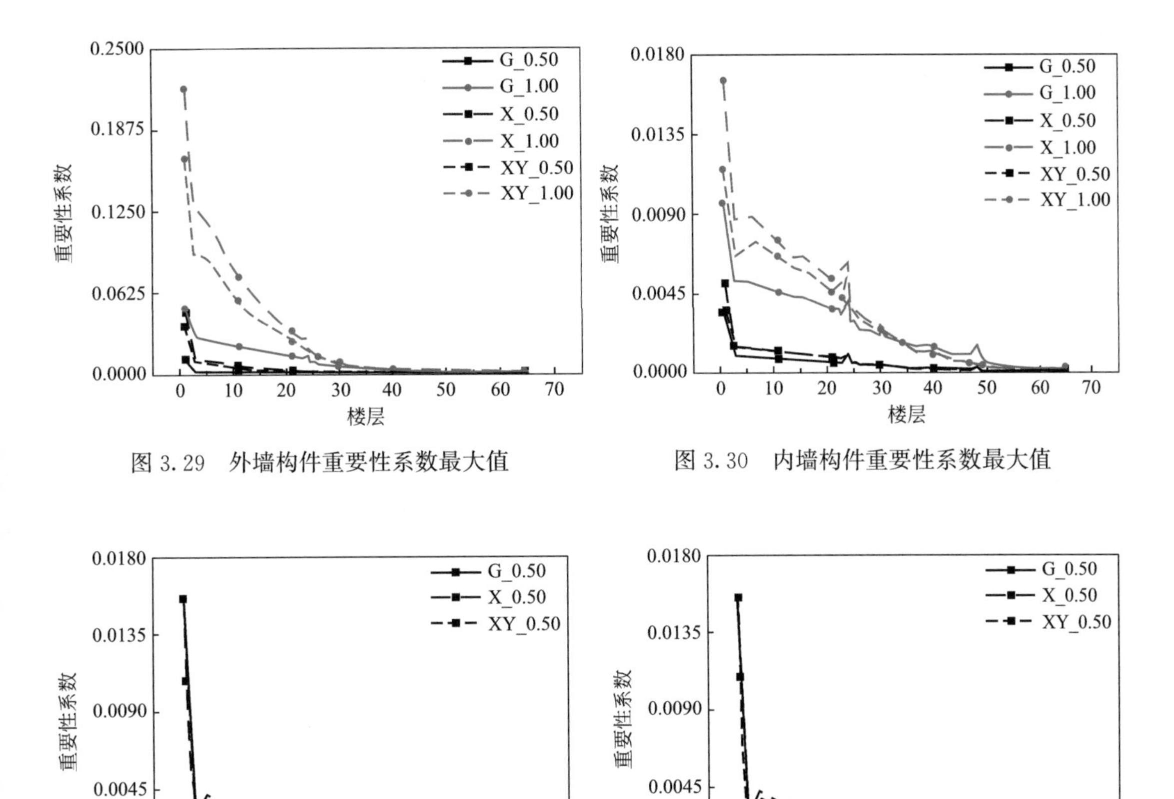

图 3.29 外墙构件重要性系数最大值

图 3.30 内墙构件重要性系数最大值

(a) 削弱系数为50%重要性系数最大值

(b) 削弱系数为100%重要性系数最大值

图 3.31 柱构件重要性系数最大值

3.5.2.4 框架梁

从图 3.32（a）可以看出，梁构件在三种工况下的重要性系数最大值基本相同，最大值不超过 0.0010。重力工况下的重要性系数在结构 25 层以下大于 X 向、XY 双向工况下的，25 层以上 X 向工况下的重要性系数大于重力工况下的。100%削弱系数下，X 向和 XY 双向工况对应的重要性系数基本相同，远大于重力工况下的重要性系数。

综上所述，结构下部的外墙和内墙在 X 向、XY 双向工况下的重要性系数大于重力工况下的，结构上部的外墙和内墙在重力工况下的重要性系数大于 X 向、XY 双向工况下的。框架柱、梁在 X 向、XY 双向工况下的重要性系数最大。

3.5.3 不同类型构件重要性对比

以构件重要性系数平均值研究相同削弱系数下不同类型构件的重要性差异。重力、X 向、XY 双向工况下不同削弱系数对应的构件重要性系数平均值分别如图 3.33～图 3.35 所示。图中 mean _ external 为外墙重要性系数平均值、mean _ column 为框架柱重要性系数平均值、mean _ internal 为内墙重要性系数平均值、mean _ beam 为梁重要性系数平均值。

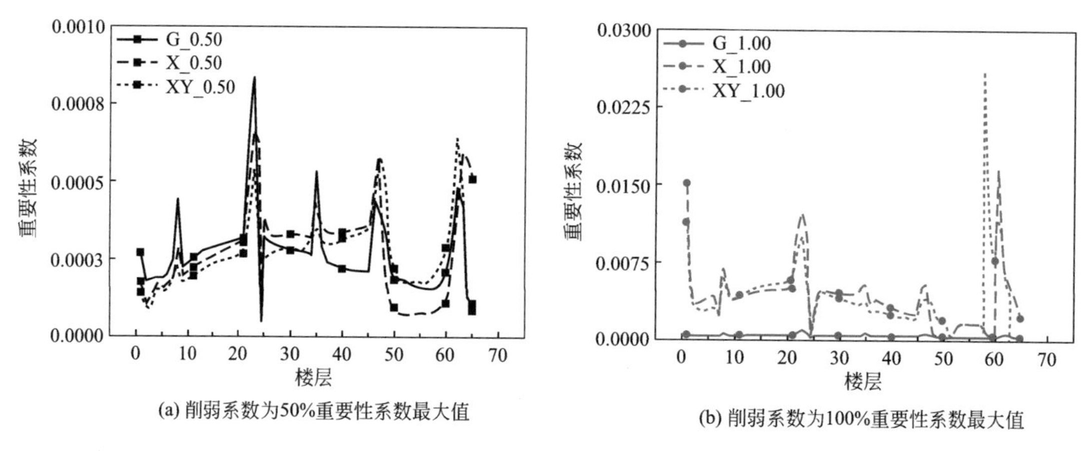

(a) 削弱系数为50%重要性系数最大值

(b) 削弱系数为100%重要性系数最大值

图 3.32　梁构件重要性系数最大值

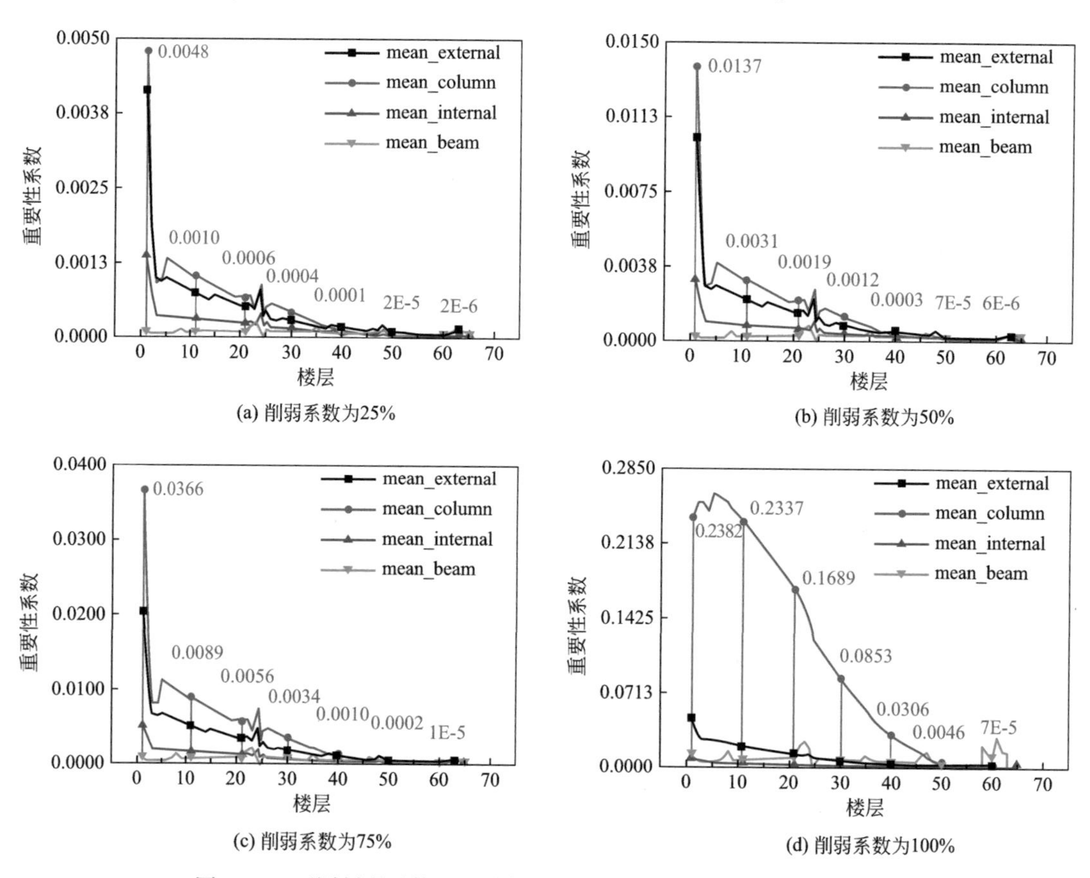

(a) 削弱系数为25%

(b) 削弱系数为50%

(c) 削弱系数为75%

(d) 削弱系数为100%

图 3.33　不同削弱系数下不同类型构件重要性系数曲线（重力工况）

3.5.3.1　重力工况

从图 3.33 可以看出，所有削弱系数下构件重要性系数排序为：框架柱＞外墙＞内墙/梁。2、3 层处外墙和框架柱在 25％和 50％削弱系数下的重要性系数基本相同，即在较小损伤下柱和墙在 2、3 层的重要性相同。从图 3.33 可以看出，25％削弱系数下梁构件在 40

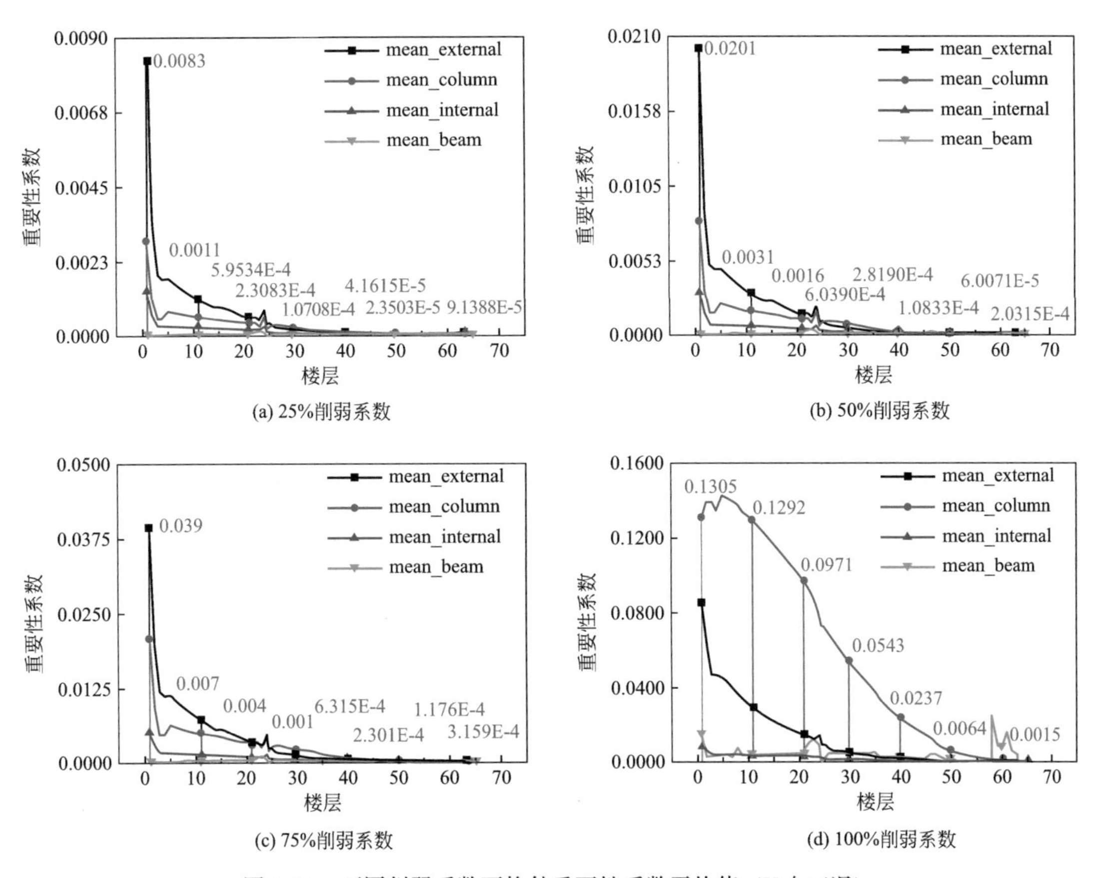

图 3.34 不同削弱系数下构件重要性系数平均值（X 向工况）

层以上的重要性系数小于竖向构件，而在结构上部的重要性系数要大于竖向构件。随构件损伤增大，梁的重要性逐渐接近内墙，在完全失效时（100%削弱系数）其重要性系数超过内墙。

3.5.3.2 X 向工况

由图 3.34 看出，除 100%削弱系数外，在 1～25 层外墙的重要性系数均大于框架柱，25 层以上柱的重要性系数要大于外墙；内墙的重要性系数要大于梁构件。削弱系数为 100%时，框架柱的重要性系数均大于外墙，梁的重要性系数基本上大于或等于内墙。

3.5.3.3 XY 双向工况

XY 双向工况下构件重要性差异与 X 向工况下构件重要性差异相似。由图 3.35 可知，除 100%削弱系数外，在 1～25 层外墙的重要性系数均大于框架柱，25 层以上柱的重要性系数大于外墙；在 100%削弱系数下，框架柱构件的重要性系数远大于外墙结构，而内墙的重要性系数与梁构件的重要性系数相差不大。除 100%削弱系数下梁的重要性系数大于内墙外，其他削弱系数下均小于内墙。

综上所述，重力工况下框架柱的重要性系数在全部楼层大于外墙大于内墙。X 向和 XY 双向工况下除 100%削弱系数外，外墙的重要性系数在结构下部（25 层以下）大于框架柱；在 100%削弱系数下，框架柱的重要性系数远大于外墙。在三种工况下，100%削弱系数对应的梁构件重要性系数大于内墙。

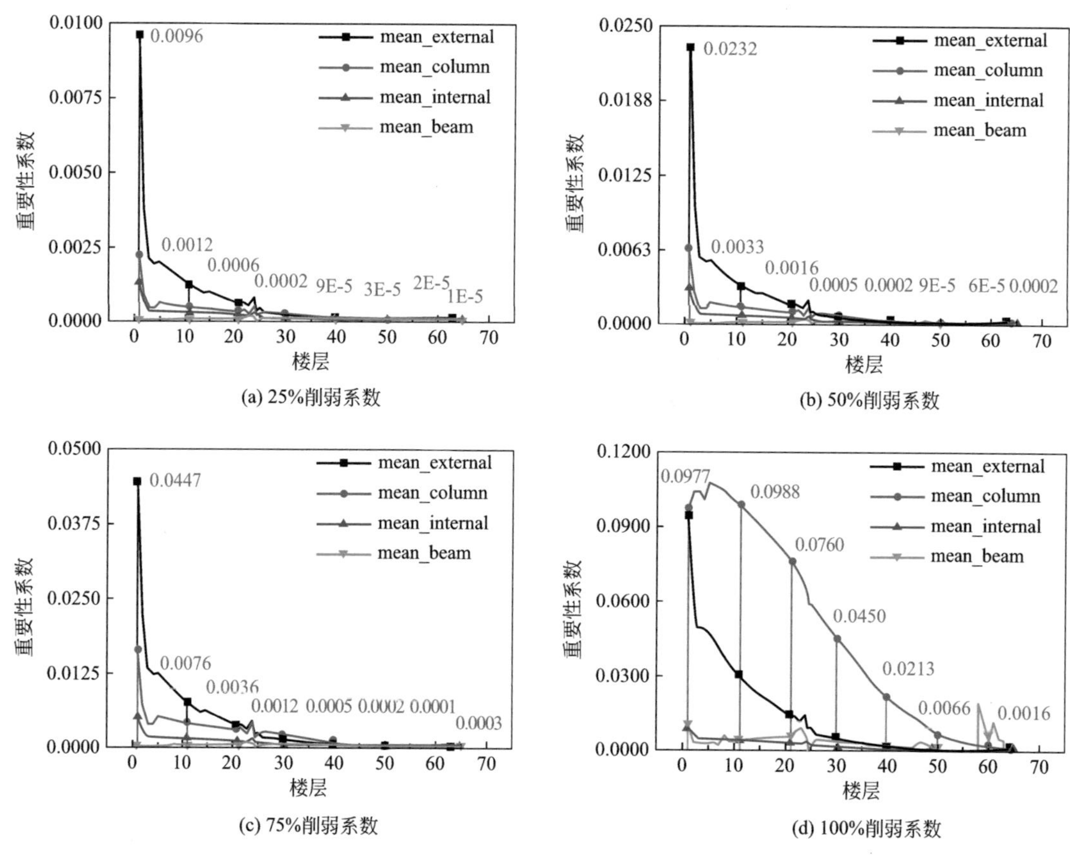

(a) 25%削弱系数

(b) 50%削弱系数

(c) 75%削弱系数

(d) 100%削弱系数

图 3.35 不同削弱系数下构件重要性系数平均值（XY 双向工况）

3.5.4 优化前后结构构件重要性对比

优化后结构质量减少，在三种工况下优化后结构应变能相较于优化前减少 6%左右，见表 3.16。结构经优化后，核心筒外墙、框架柱和框架梁截面尺寸均发生了改变，内墙截面尺寸未发生改变。因此取 50%和 100%削弱系数下的构件重要性系数最大值作为比较指标，其中 100%削弱结果用于对比分析优化算法对结构优化前、后构件对结构（传力系统）影响的变化情况；50%削弱结果则用于对比优化前、后结构在构件损伤情况下，对结构体系（传力系统）损失率的影响。

结构应变能对比 **表 3.16**

	重力工况	X 向工况	XY 双向工况
优化前结构(N·mm)	4.68×10^{10}	1.01×10^{11}	1.57×10^{11}
优化后结构(N·mm)	4.38×10^{10}	9.51×10^{10}	1.47×10^{11}
差值百分比	6.41%	5.84%	6.37%

3.5.4.1 外墙

由图 3.36 可以看出，在所有工况下优化后结构外墙截面的重要性系数均小于优化前结构。100%削弱系数对应的首层外墙重要性系数差值在 0.005 左右，重要性下降 10%，X 向和 XY 双向工况下重要性系数均下降 5%，说明优化后结构外墙对结构刚度贡献降低，

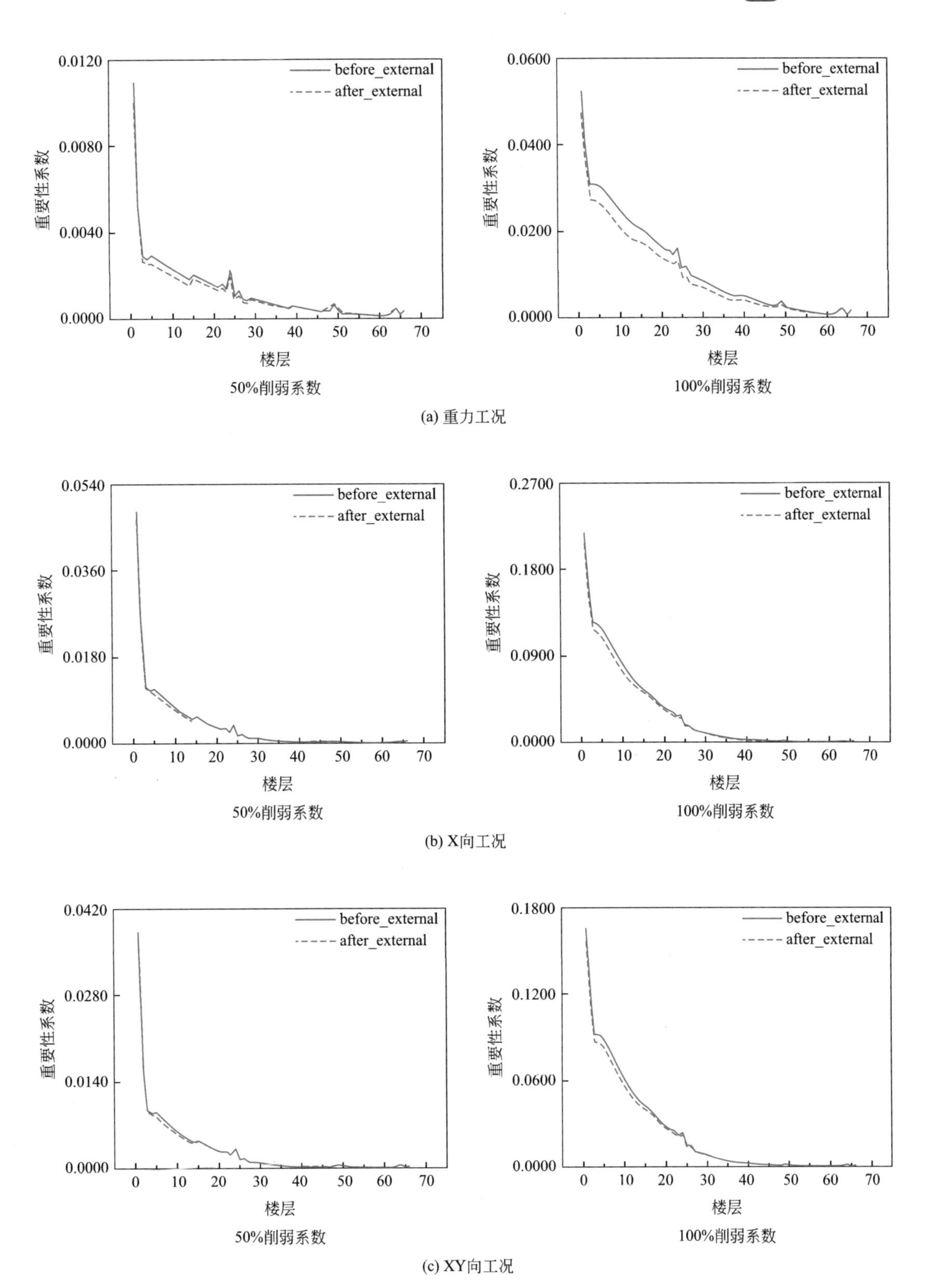

图 3.36 外墙重要性系数曲线对比

但降低幅度较小。

3.5.4.2 内墙

由于优化后结构整体应变能减小且优化后结构的内墙截面尺寸不变（刚度不变），因此优化后结构的内墙重要性系数增大，如图 3.37 所示。以 100%削弱系数对应的首层内墙重要性系数为例，重力工况下重要性差值为 8.42×10^{-4}，优化后重要性上升 9%；X 向和 XY 双向工况下内墙的重要性系数分别上升 11%和 13%，内墙对结构的刚度贡献明显增大。

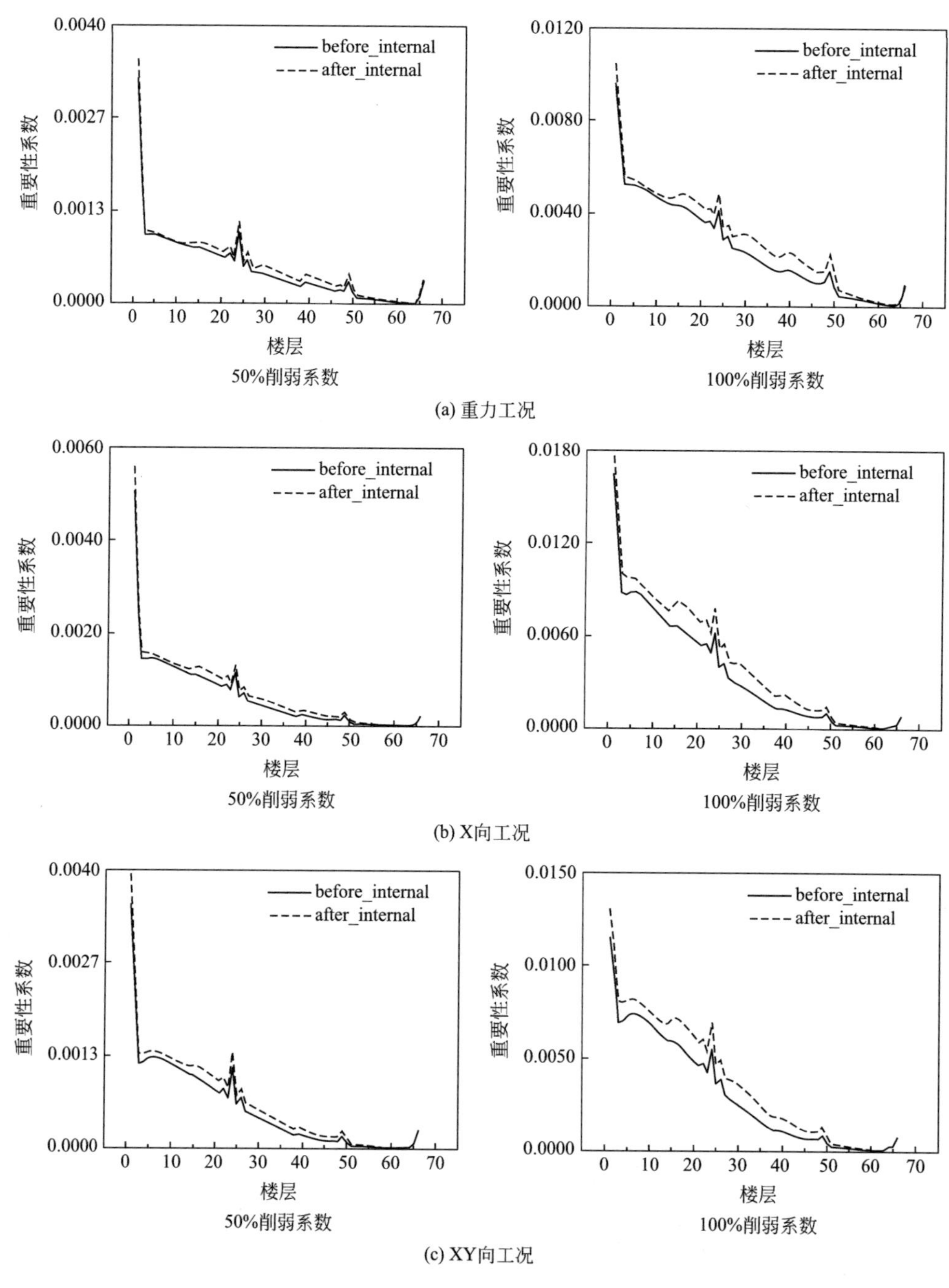

图 3.37 内墙重要性系数曲线对比

3.5.4.3 框架柱

由图 3.38 可以看出，50％削弱系数对应的优化后结构框架柱重要性系数在 1～25 层略小于优化前结构，25 层以上略大于或等于优化前结构。100％削弱系数对应的优化后结构框架柱重要性系数均大于优化前结构。以 100％削弱系数对应的第 5 层框架柱重要性系数为例，重力、X 向、XY 双向工况下重要性系数分别增加 18％、12％和 10％，优化后框架柱的重要性提高。

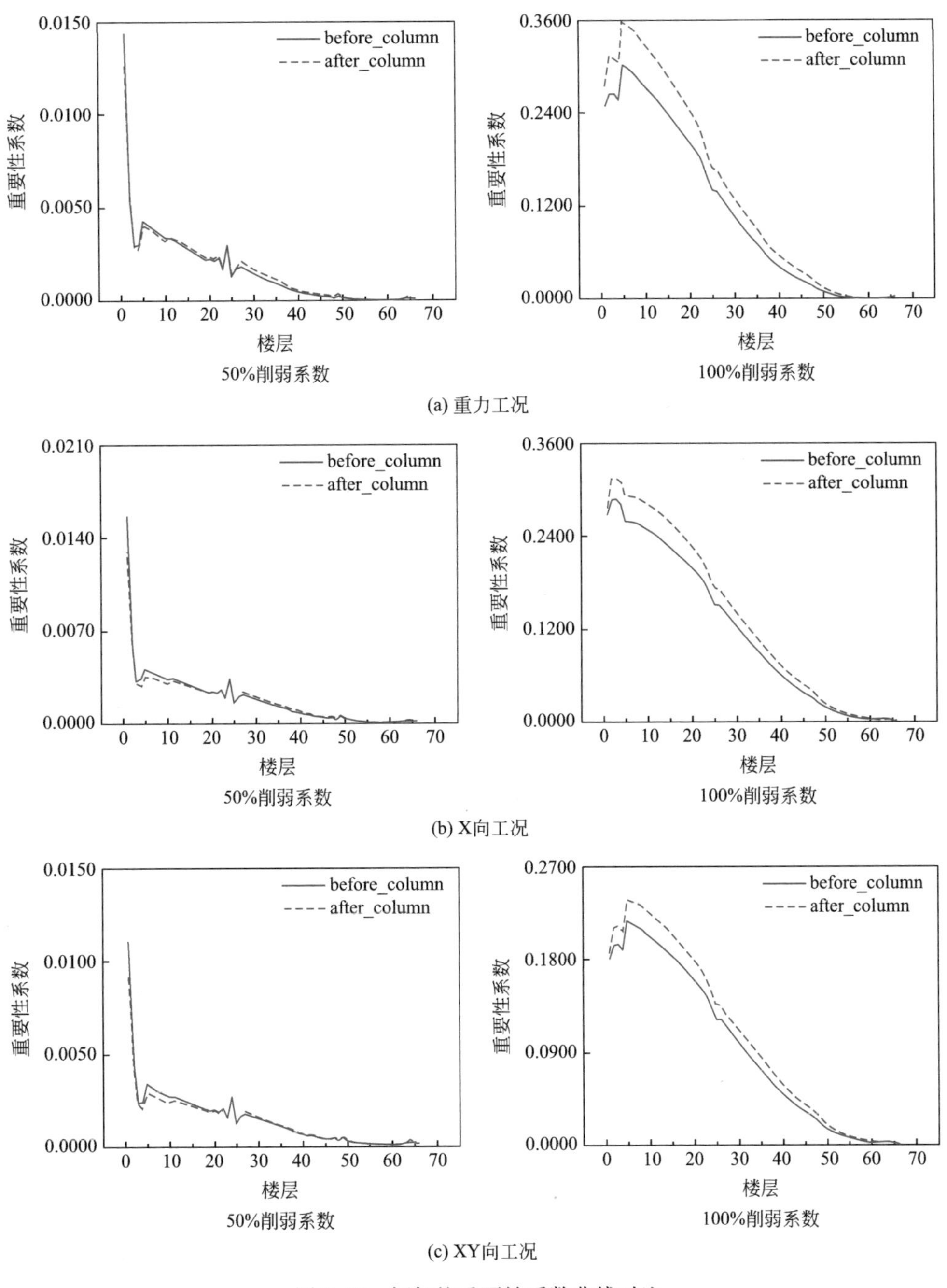

图 3.38 框架柱重要性系数曲线对比

3.5.4.4 框架梁

由图 3.39 可以看出，在 50%削弱系数下，优化后结构的梁构件重要性系数明显大于优化前结构。100%削弱系数下，重力工况下优化后结构梁构件重要性系数明显增大，在 23 层处增大 16%；X 向、XY 双向工况下优化前后结构的重要性系数基本相同，优化后梁构件重要性增大。

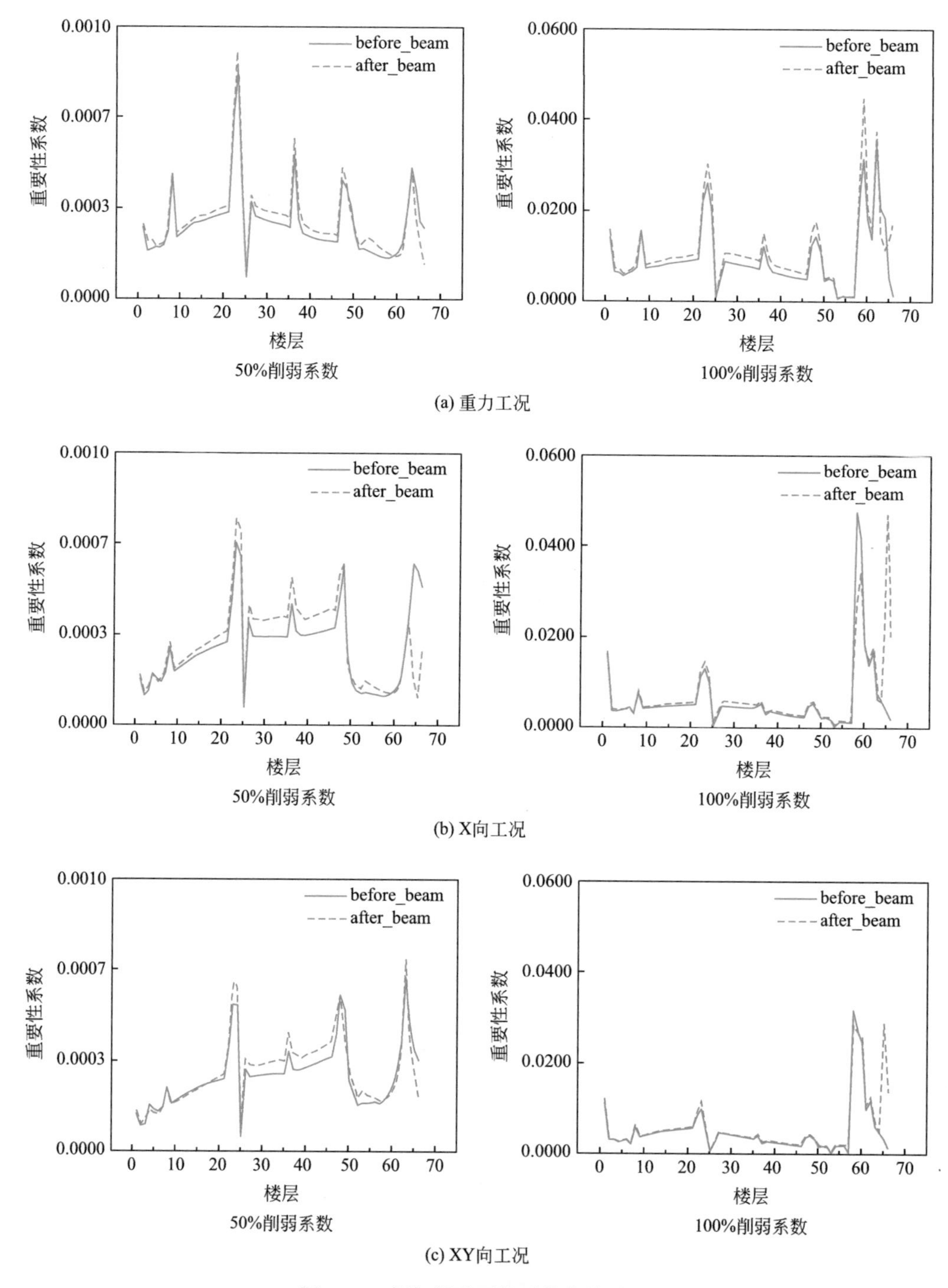

(a) 重力工况

(b) X向工况

(c) XY向工况

图 3.39 框架梁重要性系数曲线对比

综上所述，相对于优化前结构，优化后结构核心筒外墙重要性系数减小，内墙重要性系数增大，框架梁重要性系数增大，框架柱重要性系数增大。从100%削弱系数对应的重要性系数可得，优化后结构构件的重要性次序与优化前保持一致，说明结构优化并不会改变构件的重要性次序和整体结构传力机制。

3.6 优化总结

本章以华润春笋大厦为研究对象，首先使用基于内力状态的自动优化技术对结构进行了优化，然后以重要性系数分析了优化算法对结构受力特征的影响，最后，采用基于IDA的结构易损性分析方法对结构的大震安全性能进行了量化评估，确定了其大震倒塌概率和安全储备系数。主要结论如下：

(1) 本章对密柱框架-核心筒结构根据小震弹性设计结果进行了结构智能优化。优化后结构材料费下降20%以上、结构的整体质量下降9%、周期增加5.7%、层间位移角增加18%。

(2) 采用结构广义刚度损失率作为构件重要性评价指标，对优化前结构进行了构件重要性分析。优化后结构外框架部分的重要性系数增大，核心筒外墙重要性系数下降。优化后结构构件的重要性次序与优化前保持一致，结构优化并不会改变构件的重要性次序和整体结构传力机制。

(3) 优化后框架倾覆力矩下降，基底剪力增大，核心筒仍承担主要荷载。核心筒和外框架两者刚度比值变化不大，且框架部分承担的基底剪力未明显降低。优化后结构在罕遇地震和提高一度罕遇地震作用下倒塌概率分别为0.08%和1.98%，均未超过美国ATC-63规定的“大震不倒”性能要求对应的倒塌概率（10%）。优化后结构的倒塌储备系数CMR从5.95下降到5.60，下降5.9%；最小安全储备从2.95下降到2.78，下降5.8%，仍大于限值要求（1.00），说明该自动优化技术可以在保证结构安全的前提下提高经济性，进而验证了智能优化算法在超高层结构优化中的可行性。

4　青岛海天中心

4.1　工程概况

4.1.1　基本信息

青岛海天大酒店项目（海天中心）位于原海天大酒店院内，紧邻香港西路及东海西路，项目场地北高南低，南北高差 5～6m。整个项目占地面积为 3.28 万 m^2，总建筑面积 49.4 万 m^2，地上建筑面积 34 万 m^2。项目包括三栋超高层塔楼（T1～T3）、裙房及 5 层地下室。其中，T2 塔楼高 369m。主要功能为办公、超五星酒店、酒店配套及商业。地下室主要为停车库、设备机房及其他配套用房。图 4.1 为青岛海天中心建筑效果图，图 4.2 为结构剖面图。

图 4.1　建筑效果图

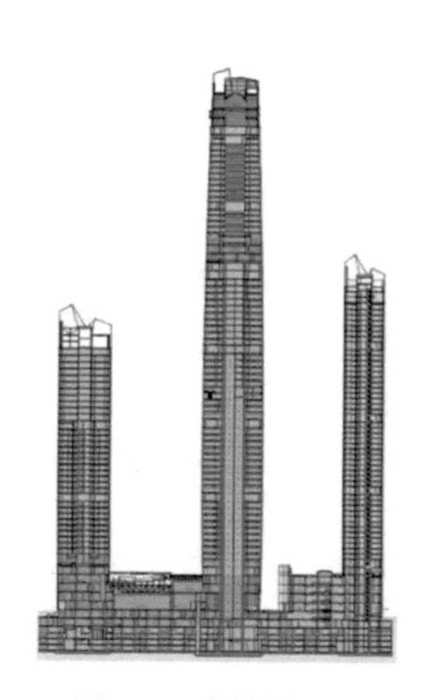

图 4.2　结构剖面图

塔楼 T2 采用框架-核心筒结构体系，7 度抗震设防，基本地震加速度 0.05g，场地土为中软土，设计地震分组为第二组，场地类别为Ⅱ类。基本风压为 0.6kN/m^2，地面粗糙度沿建筑长向为 A 类，垂直建筑长向为 B 类。由于标高－5.700m 的楼面开洞较少，具有较好的整体性，因此将其作为上部结构计算的嵌固端，详细设计参数如表 4.1 所示。

结构基本设计参数　　**表 4.1**

设计标准	设计参数	设计标准	设计参数
结构安全等级	一级	剪力墙核心筒的抗震等级	－5.700m 标高以上层 一级
结构重要性系数	1.1	外框架柱的抗震等级	－5.700m 标高以上层 一级

续表

设计标准	设计参数	设计标准	设计参数
结构抗震设防类别	乙类	外框架梁的抗震等级	−5.700m标高以上层 三级
基础设计等级	甲级	设计地震分组	第三组
基础安全等级	一级	场地类别	Ⅱ类
抗震设防烈度	7度(0.1g)	特征周期	0.45s
抗震构造措施	8度	小震阻尼比	0.04
伸臂加强层及其上下层抗震等级	特一级	大震阻尼比	0.06

4.1.2 结构体系及构件布置

T2塔楼平面形状为南北切角矩形，长边（南北）约70m，短边（东西）约37m，长宽比约1.9，结构内筒亦为矩形，长宽约为38m×15.85m，内筒长宽比约为2.4，结构平面布置如图4.3（a）所示；结构高度369m，主体结构高度约330.7m，整体高宽比约8.9，内筒高宽比约20.9。如图4.3（b）所示，沿竖向东西两边呈微鼓形，中间略外凸，南北两端沿竖向呈相对（背）往东西方向摆动。为便于后续说明，结构各楼层号由1层沿层高依次增加至71层，如图4.3（c）所示。

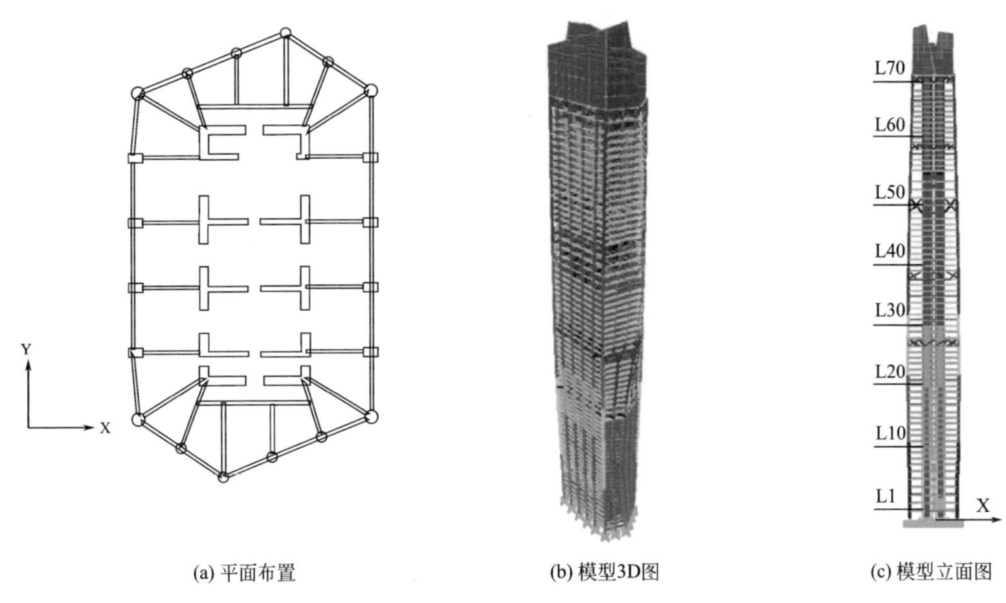

(a) 平面布置　(b) 模型3D图　(c) 模型立面图

图4.3　T2塔楼结构

整体结构采用带加强层的框架-核心筒结构体系，其中外框架东西两边框架柱采用矩形钢管混凝土柱，南北两端框架柱采用圆钢管混凝土斜柱，外框架环梁采用宽翼缘工字钢梁；核心筒采用端部内置型钢的劲性钢筋混凝土剪力墙；沿竖向利用设备及避难层设置5个加强层，其中外伸臂采用钢结构，在各伸臂加强层南北两端设置腰桁架；楼面采用主次钢梁与现浇混凝土板的组合楼盖体系，其主要组成部分如下：

4.1.2.1 劲性钢筋混凝土核心筒

底部外墙厚1400mm，内墙厚800mm，混凝土强度等级C60，墙体厚度及混凝土强度等级随高度增加逐渐减小，顶部外墙厚度500mm，内墙厚350mm，混凝土强度等级C40，各层变化如表4.2所示。

沿层核心筒内外墙厚度及材料信息 **表4.2**

楼层	内墙厚度(mm)	外墙厚度(mm)	混凝土强度等级
L1～L8	800	1400	C60
L9～L20	700	1200	C60
L21～L30	600	1000	C60
L31～L40	450	800	C60
L41	450	800	C50
L42～L54	400	650	C50
L55～L71	350	500	C40

内筒长宽较大，考虑结构双方向刚度匹配，沿内筒长向结合建筑功能开洞，控制沿长向刚度，沿短向控制剪力墙长度，布置结构洞；沿长向连梁高度700mm，沿短向连梁高度1200～2000mm，宽同墙厚，进一步减小两方向的侧向刚度差。L51层及以上楼层考虑酒店大堂及中庭的建筑要求，取消部分纵横墙，改为T形型钢混凝土框架柱（含钢率10.0%）。为增强核心筒的延性及刚度，并减小轴压比，在核心筒剪力墙纵横墙交会处及端部内置型钢柱，其截面面积占对应位置的约束（或构造）边缘构件面积比约4%。

4.1.2.2 外框架

东西两边除角柱为圆钢管混凝土柱外，其余均为方钢管混凝土柱，柱间距10m，钢管内混凝土强度等级C60，底部截面尺寸1400mm×2200mm，钢管壁厚70mm，含钢率约为15.7%，不设竖向钢筋。柱截面随高度增加逐渐减小，顶部截面尺寸为800mm×1600mm，钢管壁厚45mm，含钢率约为16.2%，框架柱截面沿层变化如表4.3所示。

沿层外框架柱截面信息变化 **表4.3**

楼层	方钢管柱截面尺寸(mm)	圆钢管柱截面尺寸(mm)	
		角柱	其他柱
L1～L11	C1400×2200T70	D2000T50	D1600T35
L12～L22	C1200×2000T60	D1900T50	D1400T30
L23～L29	C1000×1800T50	D1900T50	D1400T30
L30～L32	C1000×1800T50	D1600T40	D1200T25
L33～L40	C800×1600T45	D1600T40	D1200T25
L41～L52	C800×1600T45	D1400T35	D1000T20
L53～L60	C800×1600T45	D1200T30	D1000T20
L61～L71	C800×1600T45	D1200T30	D800T15

南北向圆钢管混凝土柱由于建筑造型需要，在L38层以下为双向倾斜柱，L52层以上沿南北向单向摆动，L39～L51层之间为过渡层，利用加强层的腰桁架形成人字形转换。

外框周边采用宽翼缘工字钢梁，与外框柱刚接，沿Y向截面尺寸（mm）为700×400×14×28，沿X向L1～L26层截面尺寸（mm）为1100×600×20×40，L27～L71层尺寸（mm）为900×600×16×40，表4.4为框架梁截面沿层变化。

沿层外框架梁截面信息变化 **表4.4**

楼层	外框梁截面尺寸(mm)		径向主梁截面尺寸(mm)	
	沿X向	沿Y向	沿X向	沿Y向
L1～L26	1100×600×20×40	700×400×14×28	700×350×14×20	900×400×16×20
L27～L52	900×600×16×40	700×400×14×28	700×350×14×20	900×400×16×20
L53～L54	900×600×16×40	700×400×14×28	700×300×12×25	800×400×20×28
L55～L60	900×600×16×40	700×400×14×28	700×300×12×25	800×400×20×28
L61～L71	900×600×16×40	700×400×14×28	700×300×12×25	800×400×20×28

4.1.2.3 伸臂桁架及腰桁架

结构沿竖向利用建筑避难层及设备层共设置5个加强层（1～5号），分别位于L28、L39、L50～L51、L59以及L71。在每个加强层中，沿短向在外框方钢管混凝土柱及核心筒间设置钢结构外伸臂，在南北两端设置不连续贯通的腰桁架，增大结构沿短向的抗侧刚度，改善结构性能与冗余度，伸臂桁架及腰桁架的布置及截面如图4.4（a）所示。

为保证外伸臂传力的连续性，加强伸臂层及其上、下层混凝土剪力墙的抗剪承载力，除北端2-G轴位置的各加强层外伸臂外，其他各榀外伸桁架上下弦贯通核心筒，且在核心筒墙内本层及上下各一层设置斜腹杆，与剪力墙端部的型钢柱连接，伸臂与内外筒连接如图4.4（b）所示。

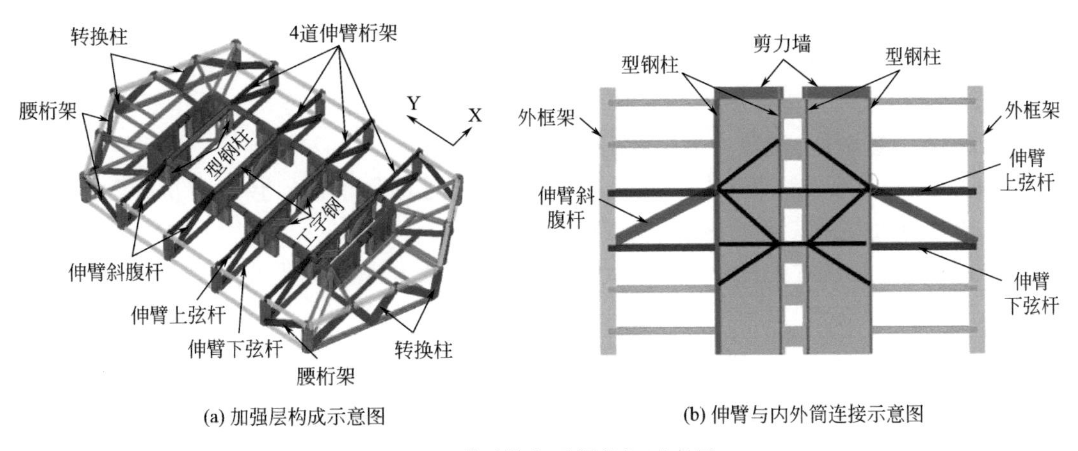

(a) 加强层构成示意图　(b) 伸臂与内外筒连接示意图

图4.4 伸臂桁架及腰桁架示意图

4.1.3 抗震设计对策

4.1.3.1 结构体系

1）采用框架-核心筒结构体系，变形特性互补、合理且传力途径相对简洁、明确；

2）设置加强层，控制最小剪重比和层间位移角，保证整体结构抗震、抗风下合理的侧向刚度；

3）建立多道抗震防线，控制结构地震作用下的计算框剪比，使外框为整个结构的抗震二道防线；合理设计连梁，满足正常使用状态要求，且为核心筒剪力墙的抗震二道防线；

4）控制、调整整体结构两正交方向的抗侧刚度，力求基本接近；

5）控制外框柱、核心筒剪力墙截面尺寸、材料强度沿竖向变化位置及速率，力求缓慢、均匀且错开 2～3 层；

6）塔 2 与塔 3 及其附属裙房间±0.000m 以上设永久缝，避免薄弱连接对抗震的不利影响。

4.1.3.2　结构布置措施

1）核心筒剪力墙布置为连肢墙，避免一字单片墙，确保其延性；

2）核心筒剪力墙沿长向开洞较多，沿短向设结构洞，控制墙长＜8m，控制结构两方向抗侧刚度基本接近，避免设置延性较差的墙体；

3）加强区外伸臂沿短向东西设置，南北端部设置不连续贯通（L27、L38 层）及连续贯通的腰桁架（L49、L49M、L57 和 L69 层），增强沿短向的抗侧刚度，改善结构性能与冗余度；

4）伸臂桁架上、下弦贯通核心筒，且在核心筒本层及上、下各一层内设置斜腹杆，避免伸臂斜腹杆处剪力墙应力集中而导致破坏；

5）腰桁架兼斜柱转换桁架层（L38、L49 和 L49M 层）的上、下楼面（L37、L38、L49、L50 层）南北端部楼板加厚，且设置构造面内水平支撑，控制斜柱水平变形，加强结构的整体性，提高承载力；

6）加强层上、下楼面内设置面内水平支撑，控制大震下楼板的破坏程度；

7）外框环梁与外框柱刚接，控制结构扭转变形，提高抗扭承载力；

8）L50 层及以上楼面框架梁与内筒铰接、外筒刚接，提高框架承担的水平地震剪力，增强抗震二道防线，且方便施工。

4.1.3.3　增强核心筒剪力墙抗震延性及承载力措施

1）底部加强区设置约束边缘构件，且上延 2 层，核心筒角部墙肢约束边缘构件延伸到顶；

2）核心筒剪力墙纵横交汇处及端部内置型钢至顶；

3）控制剪力墙内置型钢的受拉、受剪应力水平满足材料性能要求；

4）控制核心筒剪力墙轴压比≤0.5；

5）控制核心筒剪力墙双向地震中震不屈服标准组合下墙肢平均拉应力≤$2.0f_{tk}$，且超过 $1.0f_{tk}$ 时拉应力全部由型钢承担；

6）核心筒剪力墙外墙底部加强区、伸臂加强层及上下各一层、L51 层和 L52 层剪力墙中震弹性、大震抗剪不屈服，设计其他部位及楼层满足中震不屈服及大震抗剪截面限制条件；

7）核心筒剪力墙的竖向、水平分布钢筋适当提高，且加强层及其上下各一层的分布筋予以构造加强。

4.1.3.4　增强外框抗震延性及承载力措施

1）采用钢管混凝土柱；

2）控制钢管混凝土柱钢管板件的宽厚比（径厚比）≤$60\sqrt{235/f_y}$；

3）方钢管混凝土柱内除栓钉外，设置双向分配梁及环肋（L31 层及以下）；

4）控制钢管混凝土柱轴压比<0.7；

5）外框剪力按 $0.2V_0$ 和 $1.5V_{f,max}$ 调整；

6）钢管混凝土柱按中震弹性设计，外框梁 L50 层及以上与外筒刚接梁按中震不屈服设计。

4.1.3.5　特殊构件抗震等级及内力放大加强措施

1）腰桁架兼斜柱转换桁架抗震等级为特一级，水平地震作用下计算内力放大 1.9 倍，且控制转换桁架拉、压应力水平≤160MPa；

2）核心筒剪力墙、加强层及其上下各一层框架柱的抗震等级为特一级，框架柱轴压比≤0.65。

4.1.3.6　其他相关措施

1）加强层及其上下各一层楼板加厚，配筋加强，双层双向且单边 $\rho_s \geqslant 0.4\%$；

2）各类设计指标基本高于规范要求，并适当留有余量；

3）采用多个不同力学模型的计算软件相互校核，保证结果可靠；

4）考虑施工模拟对主体结构的影响；

5）考虑楼板刚度退化和不退化，分析斜柱对结构变形及水平构件的影响，并采取针对性措施；

6）进行抗连续倒塌设计；

7）进行小震弹性时程分析补充计算，楼层剪力取反应谱与时程的包络值设计；

8）进行罕遇地震下的弹塑性动力分析校核，对薄弱部位予以加强；

9）进行塔 1、塔 2 及相连裙房的总装分析，多塔楼地震剪力按包络值设计。

4.1.3.7　关键部位、构件的预期抗震性能目标（表 4.5）

华润春笋大厦抗震设计预期目标　　表 4.5

<table>
<tr><th colspan="2">地震烈度水准</th><th>小震</th><th>中震</th><th>大震</th></tr>
<tr><td colspan="2">外框环梁
楼面钢框梁(L50 层及以上与外框刚接、内筒铰接)</td><td>弹性</td><td>不屈服</td><td>允许进入塑性,控制塑性变形</td></tr>
<tr><td colspan="2">外框柱</td><td>弹性</td><td>弹性</td><td>允许进入塑性,控制塑性变形</td></tr>
<tr><td colspan="2">伸臂桁架、
腰桁架、转换桁架</td><td>弹性</td><td>弹性</td><td>伸臂桁架、转换桁架不屈服;腰桁架允许进入塑性,控制塑性变形</td></tr>
<tr><td rowspan="3">核心筒</td><td rowspan="2">外墙</td><td rowspan="2">弹性</td><td>底部加强区、伸臂加强层及上下各一层、L51 和 L52 层弹性</td><td>底部加强区、伸臂加强层及上下各一层、L51 和 L52 层满足抗剪不屈服</td></tr>
<tr><td>其他楼层不屈服</td><td>其他楼层满足截面受剪限制条件,控制塑性变形</td></tr>
<tr><td>内墙</td><td>弹性</td><td>不屈服</td><td>满足截面受剪限制条件,控制塑性变形</td></tr>
<tr><td colspan="2">连梁</td><td>按规范设计</td><td>2m 高连梁不屈服其他连梁允许进入塑性</td><td>允许进入塑性,控制塑性变形</td></tr>
<tr><td colspan="2">顶部钢结构</td><td>弹性</td><td>少量构件进入塑性</td><td>允许进入塑性,控制塑性变形</td></tr>
<tr><td colspan="2">伸臂与内筒外框连接节点
及转换部位节点</td><td>弹性</td><td>弹性</td><td>不屈服</td></tr>
</table>

注：关键构件为外框柱、伸臂桁架、转换桁架、核心筒外墙。

4.1.4 整体经济性指标

4.1.4.1 钢材的理论用量（表 4.6）

用钢量统计表 **表 4.6**

外框柱	外框环梁	楼面梁	加强层伸臂桁架	内筒型钢	楼板内置支撑	塔冠	共计
8212.6t	4014.2t	6137.9t	1939.0t	3580.4t	320.1t	743t	24947.2t
32.92%	16.09%	24.61%	7.77%	14.35%	1.28%	2.98%	—

T2 单体（−5.700m～顶层）建筑面积约 16.36 万 m^2（不含地下室），单位建筑面积钢材用量为 152.5kg/m^2。

4.1.4.2 混凝土的理论用量

T2 单体混凝土总用量为 57423m^3，单位建筑面积混凝土折算厚度约为 35.1cm。

4.2 有限元模型

4.2.1 优化前有限元模型验证

依据青岛海天中心工程实际的超限报告，采用 ETABS 和 MSC. Marc 软件，分别建立了用于后续自动优化和易损性分析的结构模型。其中，ETABS 软件的建模以软件自带的梁、壳单元分别赋予相应的材料属性；MSC. Marc 软件采用纤维梁单元以及分层壳单元模拟。

结构重力荷载代表值可以反映结构在抗震设计中的质量特性，根据《建筑抗震设计规范》GB 50011—2010（2016 年版）中关于重力荷载的定义，且考虑混凝土重度 2.5×10^4kN/m^3、钢材重度 7.85×10^4kN/m^3，结合超限报告中恒、活荷载信息，可以统计得到相应模型的质量信息，如表 4.7 所示。可见，以 MSC. Marc 建立的模型与 ETABS 模型质量吻合良好，具有相同的质量特性。

结构质量信息统计与对比 **表 4.7**

项目	ETABS	MSC. Marc	相对误差
重力荷载代表值(kN)	2.63×10^6	2.58×10^6	−1.90%

4.2.2 模型振型

结构振型为结构的固有特性，结构的每阶振型均有相应的频率与之对应。因此，应保证所建立模型在合适数量的振型范围内具有一致的周期以及振型，使得模型间具有相同的动力特性。我国《建筑抗震设计规范》GB 50011—2010（2016 年版）以及《高层建筑混凝土结构技术规程》JGJ 3—2010 中建议结构有效质量参与系数宜在 90%以上，对于高度 100m 以上的结构，应考虑扭转耦联效应，分析振型个数不宜小于 9 个。因此，对前 10 阶振型进行了对比。ETABS 及 MSC. Marc 中结构振型周期分别采用 Rayleigh-Ritz 法、

Lanczos 法计算，相应振型周期对比如表 4.8 所示。对于振型形状仅列出前三阶主振型，如图 4.5 所示。由图表可知，结构前三阶主振型依次为 X 向平动、Y 向平动以及整体扭转，各阶振型周期误差均控制在 10%以内，表明 ETABS 与 MSC. Marc 模型吻合良好，可以用于后续的优化和弹塑性分析。

结构振型周期对比 **表 4.8**

振型阶数	ETABS 模型周期(s)	Marc 模型周期(s)	相对误差
1	6.71	6.73	0.30%
2	5.84	5.78	1.03%
3	3.74	3.52	5.88%
4	2.30	2.10	8.70%
5	1.88	1.81	3.72%
6	1.50	1.46	2.67%
7	1.23	1.21	1.63%
8	0.85	0.82	3.53%
9	0.81	0.78	3.70%
10	0.80	0.77	3.75%

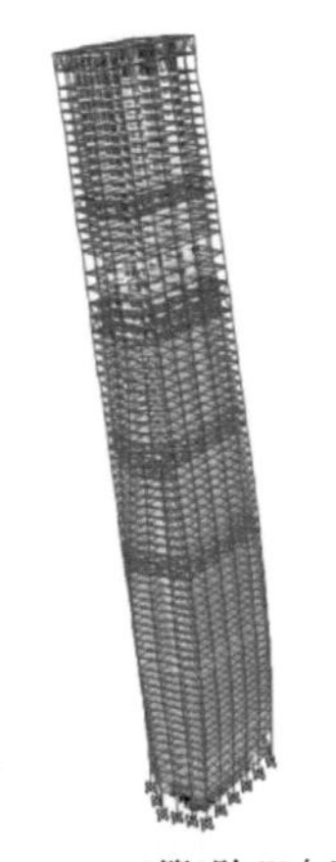

(a) ETABS第1阶(X向平动)

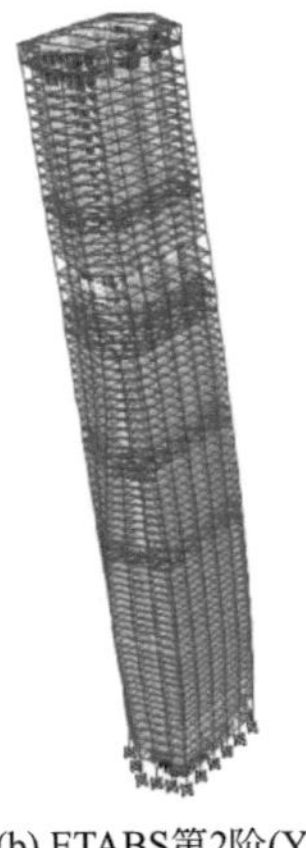

(b) ETABS第2阶(Y向平动)

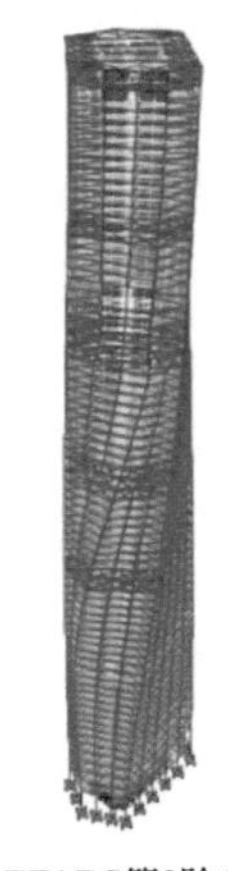

(c) ETABS第3阶(扭转)

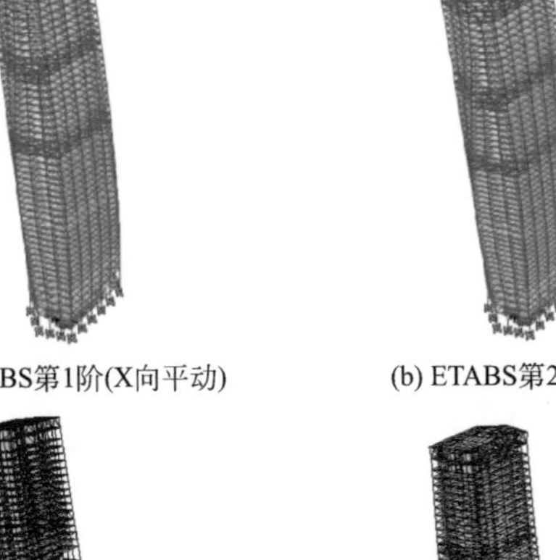

(d) Marc第1阶(X向平动)

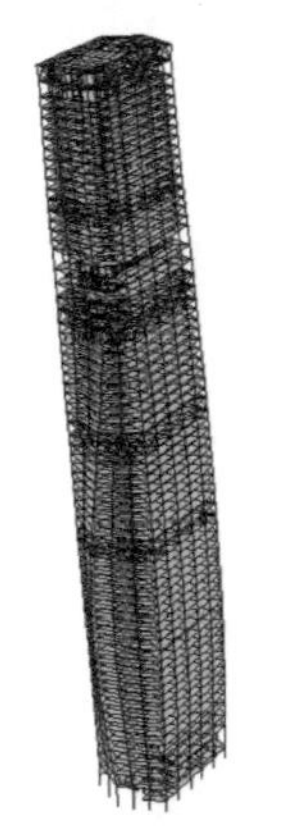

(e) Marc第2阶(Y向平动)

(f) Marc第3阶(扭转)

图 4.5 结构前三阶振型

4.3 自动优化结果

4.3.1 设计变量与目标函数

在优化设计中，目标函数定量描述了结构优化设计的方向。设计变量也定量描述了引起结构优化设计方向改变的因素。确定设计变量以及目标函数，需要明确结构优化的方向以及引起结构优化方向改变的因素。因此，本研究以直观反映结构建设经济性的结构材料费作为目标函数。引起结构材料费变动的因素较多，例如圆形或矩形钢管混凝土柱的钢管壁厚、直径或边长；工字或 H 型钢梁的翼缘及腹板宽度或厚度；核心筒内外墙的壁厚。如果考虑所有可能的设计变量，那么会导致设计变量过多而使得问题过于复杂，致使工程设计人员难以应用于实际。考虑到我国《钢结构设计标准》GB 50017—2017 中对于工字或 H 型钢梁翼缘或腹板宽厚比以及钢管混凝土中钢管径厚比的限值规定，本研究在原设计梁柱构件满足局部稳定性的前提下，简化设计变量的数量。

根据力学中的相似原理，对于一个已确定的构件截面，若改变前后的构件截面形状相似，则定义其改变前后的线性比例为相似比 λ，这里相似比 λ 亦可称为截面的放缩系数。改变前后的构件截面面积比为 λ^2、截面惯性矩之比为 λ^4、构件质量之比为 λ^2。本研究以梁、柱构件不同种类截面的放缩系数以及内外墙厚度为设计变量。设计变量共 51 个，其中梁截面共 21 种，柱截面共 14 种，墙截面共 16 种。

如式（4.1）所示，设计变量可以表示为：

$$\boldsymbol{a}=\{a_1,\ \cdots a_i,\ \cdots a_n\}^{\mathrm{T}}\quad (i=1,\ \cdots n) \tag{4.1}$$

其中，$\boldsymbol{a}$ 为所有设计变量所组成的向量；a_i 为第 i 个设计变量；n 为设计变量数量。

定义设计变量后，目标函数可以表示为设计变量的函数，如式（4.2）所示：

$$C=C(\boldsymbol{a}) \tag{4.2}$$

4.3.2 约束条件

为保证优化后模型受力性能，依照设计超限报告中的层间位移角限值对结构进行各层位移控制，以保证结构的整体刚度。同时，依照《建筑抗震设计规范》GB 50011—2010（2016 年版）、《钢结构设计标准》GB 50017—2017、《钢管混凝土结构技术规范》GB 50936—2014 中关于梁柱构件、墙构件的强度或稳定性的设计方法，保证局部构件的强度及稳定性。

4.3.2.1 层间位移角约束

结构在 r 方向第 k 层最大层间位移角可以表示为设计变量的函数，如式（4.3）所示：

$$d_{k,r,\max}=d_{k,r,\max}(\boldsymbol{a}) \tag{4.3}$$

其中，$d_{k,r,\max}$ 表示 r 方向上第 k 层结构的最大层间位移角，r 取 x 或 y 方向；$\boldsymbol{a}$ 为所有设计变量所组成的向量。

由式（4.3），得到结构在 r 方向第 k 层最大层间位移角约束的约束条件表达式：

$$h_j=\frac{d_{k,r,\max}(\boldsymbol{a})}{d_{k,r,\lim}}\leqslant 1 \tag{4.4}$$

其中，h_j 表示整体指标层面层间位移角约束中的第j 个约束函数；$d_{k,r,\lim}$ 表示 r 方向第k 层的最大层间位移角限值，本例取 1/500。

4.3.2.2 钢构件强度约束

结构中钢构件按受弯或拉（压）弯构件考虑，其约束条件表达式为：

$$g_{ij}=\frac{1}{f_{i,\lim}}\left(\frac{N_i}{A_{in}}\pm\frac{M_{ix}}{\gamma_{ix}W_{inx}}\pm\frac{M_{iy}}{\gamma_{iy}W_{iny}}\right)\leqslant 1 \tag{4.5}$$

其中，g_{ij} 表示局部指标层面第i 个构件的第j 个约束函数；N_i 为构件截面的轴压设计值，单位为 N；M_{ix}、M_{iy} 分别为构件截面对 x 方向和 y 方向的弯矩设计值，单位为 kN·m；A_{in} 为构件净截面面积；γ_{ix}、γ_{iy} 分别为构件截面对 x 方向和 y 方向的塑性发展系数；W_{inx}、W_{iny} 分别为构件截面对 x 方向和 y 方向的净截面模量；$f_{i,\lim}$ 为构件截面容许应力值。

4.3.2.3 钢构件稳定性约束

x 方向稳定性约束：

$$g_{ij}=\frac{1}{f_i}\left(\frac{N_i}{\varphi_{ix}A_i}+\frac{\beta_{imx}M_{ix}}{\gamma_{ix}W_{i1x}(1-0.8N_i/N'_{iEx})}+\eta_i\frac{\beta_{ity}M_{iy}}{\varphi_{iby}W_{iy}}\right)\leqslant 1 \tag{4.6}$$

$$N'_{iEx}=\pi^2E_iA_i/(1.1\lambda_{ix}^2) \tag{4.7}$$

y 方向稳定性约束：

$$g_{ij}=\frac{1}{f_i}\left(\frac{N_i}{\varphi_{iy}A_i}+\eta_i\frac{\beta_{itx}M_{ix}}{\varphi_{ibx}W_{ix}}+\frac{\beta_{imy}M_{iy}}{\gamma_{iy}W_{i1y}(1-0.8N_i/N'_{iEy})}\right)\leqslant 1 \tag{4.8}$$

$$N'_{iEy}=\pi^2E_iA_i/(1.1\lambda_{iy}^2) \tag{4.9}$$

其中，N_i 为构件截面的轴压设计值；M_{ix}、M_{iy} 分别为构件截面对 x 方向和 y 方向的弯矩设计值；β_{imx}、β_{imy} 分别为构件对 x 方向和 y 方向的等效弯矩系数；φ_{ibx}、φ_{iby} 分别为构件对 x 方向和 y 方向的弯曲稳定性系数；E_i 为构件的弹性模量；A_i 为构件的毛截面面积；λ_{ix}、λ_{iy} 分别为构件对 x 方向和 y 方向的长细比；η_i 为构件的截面影响系数，对闭口截面取 0.7，其余取 1.0。

4.3.2.4 钢管混凝土柱承载力约束

对于复杂应力状态下的钢管混凝土构件，即处于压、矩、扭、剪共同作用下的钢管混凝土柱，其承载能力恒取决于其稳定性，故仅需验算其稳定承载力。其稳定承载力约束可以表达为：

$$g_{ij}=\frac{N_i}{N_{iu}}+\frac{\beta_{im}M_i}{1.5M_{iu}(1-0.4N_i/N'_{iE})}+\left(\frac{T_i}{T_{iu}}\right)^2+\left(\frac{V_i}{V_{iu}}\right)^2\leqslant 1 \tag{4.10}$$

$$N'_{iE}=\pi^2E_{isc}A_{isc}/(1.1\lambda_{isc}^2) \tag{4.11}$$

其中，N_i、M_i、T_i、V_i 分别为钢管混凝土柱的轴压、弯矩、扭矩以及剪力设计值；N_{iu}、M_{iu}、T_{iu}、V_{iu} 分别为钢管混凝土柱的轴压、受弯、受扭以及受剪承载力设计值；β_{im} 为钢管混凝土柱的等效弯矩系数；E_{isc} 为钢管混凝土柱的弹性模量；A_{isc} 为钢管混凝土柱的截面面积，即为外钢管与内混凝土面积之和；λ_{sc} 为钢管混凝土柱的长细比。

4.3.2.5 墙体强度约束

为保证优化后结构核心筒剪力墙在地震作用下充分发挥其延性，保证结构在弹塑性反应下的抗倒塌能力。对于 7、8 度设防下的一级核心筒剪力墙，应限制其轴压比不宜超过规定限值 0.5。其墙体强度约束式可表达为：

$$g_{ij}=\frac{N_i}{0.5A_i f_{ic}}\leqslant 1 \tag{4.12}$$

其中，N_i 为墙截面的轴压设计值；A_i 为墙截面的全截面面积；f_{ic} 为墙截面的混凝土轴心抗压强度设计值。

4.3.3 优化数学模型

前节内容已确定了结构优化的设计变量、目标函数以及相应约束条件，现建立起如下优化数学模型：

$$\min C(\boldsymbol{a}) \tag{4.13}$$

$$\text{s.t.}\quad h_j(\boldsymbol{a})\leqslant 1,\ j=1,\ \cdots n_0 \tag{4.14a}$$

$$g_{ij}(\boldsymbol{a})\leqslant 1,\ i=1,\ \cdots n_{\mathrm{a}},\ j=1,\ \cdots n_i \tag{4.14b}$$

$$a_{\min}\leqslant a_i\leqslant a_{\max},\ i=1,\ \cdots n_{\mathrm{d}} \tag{4.15}$$

其中，$\boldsymbol{a}$ 为所有设计变量所组成的向量，n_{d} 为设计变量数量；n_0 为整体指标层面层间位移角约束条件总个数；n_i 为局部构件层面第 i 个构件对应的约束条件个数；n_{a} 为结构构件总数量；$a_{\max}$、$a_{\min}$ 为设计变量上下限值。此处，$a_{\max}$ 和 $a_{\min}$ 分别取 2 和 0.2。

4.3.4 基于罚函数法的无约束处理

罚函数法是处理约束优化问题的一种常用间接方法，此种方法的基本思路在于，通过合理方式构造目标函数，以对问题解空间 R^n 范围内的超出约束条件点的目标函数加以惩罚，通过多次迭代使得解落在约束范围内，从而找到优化问题的最优解或近似最优解。常用的罚函数法包括外点罚函数法与内点罚函数法，这里，采用外点罚函数法符合本研究所建立数学模型的约束表达形式。为将已建立的约束优化问题的数学模型转化为无约束问题，现通过外点罚函数方法对问题进行无约束处理，结合优化数学模型可以构造得到无约束处理后的函数 F：

$$F=P_0\cdot\sum_{i=1}^{n_{\mathrm{a}}}(P_l p_i v_i a_i^{\chi}) \tag{4.16}$$

$$P_0=\prod_{j=1}^{n_0}H_j \tag{4.17}$$

$$P_i=\sum_{j=1}^{n_{ij}}G_{ij} \tag{4.18}$$

$$H_j=\begin{cases}1 & h_j\leqslant 1\\ 10 & h_j>1\end{cases} \tag{4.19}$$

$$G_{ij}=\begin{cases}1 & g_{ij}\leqslant 1\\ 1000 & g_{ij}>1\end{cases} \tag{4.20}$$

其中，P_0 为整体指标层面罚函数；P_i 局部构件层面罚函数。

进而，根据式（4.16）～式（4.20），该优化问题的数学模型可以等效为式（4.21）、式（4.22），从而将该问题转化为无约束优化问题：

$$\min F(\boldsymbol{a}) \tag{4.21}$$

$$a_{\min} \leqslant a_i \leqslant a_{\max}, \quad i=1, \cdots n_{\mathrm{d}} \tag{4.22}$$

4.3.5 优化历程及结果

4.3.5.1 目标函数优化结果

图 4.6 表示了沿迭代步数下目标函数的变化情况，结构的初始造价约为 2.74 亿元。为便于观察整个优化过程中目标函数的特性，对于目标函数大于结构初始造价的情况，采用以 10 为底数进行对数坐标统计。可见，在优化迭代初期，算法在解空间内进行了全局范围性的搜索。随着迭代步数的增加，其搜索范围逐渐降低，在第 26 次迭代时目标函数的历史迭代最优解开始下降。在 26～50 迭代步间，共有两个明显的下降段。其中，第 26～36 迭代步的下降较为明显，这是由于算法中期其搜索能力于后期而言较大所致。在历经 4 代搜索后，于第 41～50 迭代至开始第二段下降。为保证优化结果的收敛性，在初始设置的 50 次迭代后，以最后一迭代步的搜索能力（$a=0.04$），对结构进行了后 50 次搜索。后续结果表明，在第 51 迭代步后，结构仍存在一定的优化空间，因而随迭代次数的增加缓慢下降，并于第 82 迭代步找到优化全局中的最优解，约为 2.10 亿元，优化使得结构造价约下降了 23.36%。

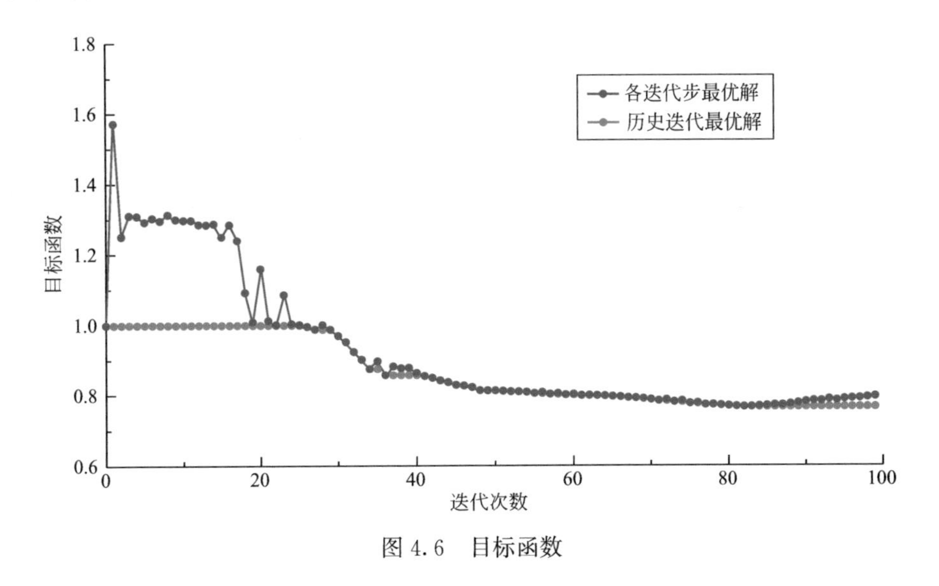

图 4.6 目标函数

4.3.5.2 整体指标优化结果

图 4.7 对比了优化前后 X 与 Y 方向结构最大层间位移角。可见，优化前结构在 X 方向的最大层间位移角平均值为 1.489‰，最大值为 1.999‰，表明结构在该方向已接近于 1/500 限值，优化空间有限。然而，相较于优化前模型，优化后结构 X 方向最大层间位移角平均值为 1.479‰，最大值为 1.997‰，这表明程序在保证结构 X 方向整体指标的基本不变的前提下，降低了结构造价，提高了材料的利用率；优化前结构在 Y 方向的最大层间位移角平均值为 1.292‰，最大值为 1.712‰，表明结构在 Y 方向具有一定的优化空间。相较于优化前模型，优化后结构 Y 方向最大层间位移角平均值为 1.289‰，最大值为 1.987‰，表明优化后的模型在 Y 方向的最大层间位移角整体上基本保持不变，对于局部楼层，最大层间位移角放宽至接近限值处。

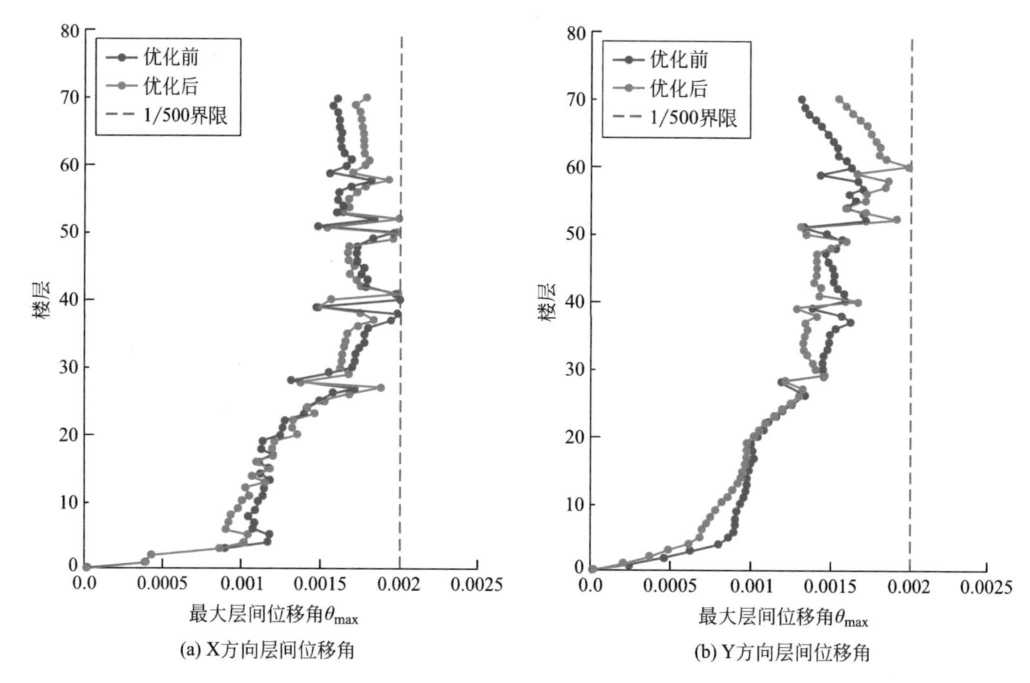

图 4.7 优化前后结构最大层间位移角

表 4.9 与表 4.10 对比了优化前后模型质量以及前三阶振型的相应周期。结果表明，优化前后模型质量相差仅 1.90%，模型质量基本未发生改变。优化前模型的墙柱混凝土自重为 1.04×10^6kN，优化后为 1.13×10^6kN，增加了 8.65%的混凝土用量。优化前模型的梁柱钢材自重为 2.30×10^5kN，优化后为 1.64×10^5kN，减少了 28.70%的钢材用量。进而，可以得到优化前后模型钢材自重占墙、梁、柱总重的含量，由优化前的 18.11%减少到优化后的 12.67%，下降约 30.04%。优化前后结构前两阶平动周期基本未发生改变，优化后结构仅在第三阶扭转周期上有 5.10%的增幅。上述结果表明，优化后模型质量虽与优化前相当，但结构用钢量大幅度减小，且结构的刚度未发生较大改变，仅在扭转振型上变“柔”。优化提高了材料的利用程度，使得结构以尽可能少的钢材含量来获得与优化前结构接近的力学性能。

优化前后结构质量信息统计与对比 **表 4.9**

项目	优化前模型	优化后模型	变化率
重力荷载代表值(kN)	2.58×10^6	2.63×10^6	+1.90%
墙柱混凝土自重(kN)	1.04×10^6	1.13×10^6	+8.65%
梁柱钢材自重(kN)	2.30×10^5	1.64×10^5	−28.70%
钢材含量	18.11%	12.67%	−30.04%

优化前后结构前三阶振型周期对比 **表 4.10**

振型阶数	优化前模型周期(s)	优化后模型周期(s)	变化率
1	6.73	6.78	+0.74%
2	5.78	5.67	−1.90%
3	3.52	3.70	+5.10%

4.3.5.3 构件优化结果

图 4.8 表示了结构外框架钢管混凝土柱中圆钢管角柱、圆钢管其他柱以及方钢管柱的优化全过程各类截面优化系数、应力比的变化情况及结果，对于初始迭代步和最优迭代各截面相应数据已在图中标出。由图可知，在优化迭代前期，截面的优化系数及应力比的变化幅度较大，随着迭代的进行变化幅度逐渐减小，并在一定范围内稳定波动。优化后圆钢管角柱优化系数普遍增大，剩余角柱 D1400T35、D1200T30 的优化系数基本接近于优化初始值，分别为 0.97 与 0.94。优化后，其他圆钢管柱优化系数有增有减，其中“人字形”转换柱所在截面 D1200T25 的优化系数较大，为 1.46，表明优化后结构转换柱处存在较大的内力突变，需要更大的截面尺寸。结构方钢管柱普遍减小，仅 C800×1600T45 优化系数基本不变，为 1.02，优化前后外框架钢管混凝土柱中截面应力比均未超过限值。

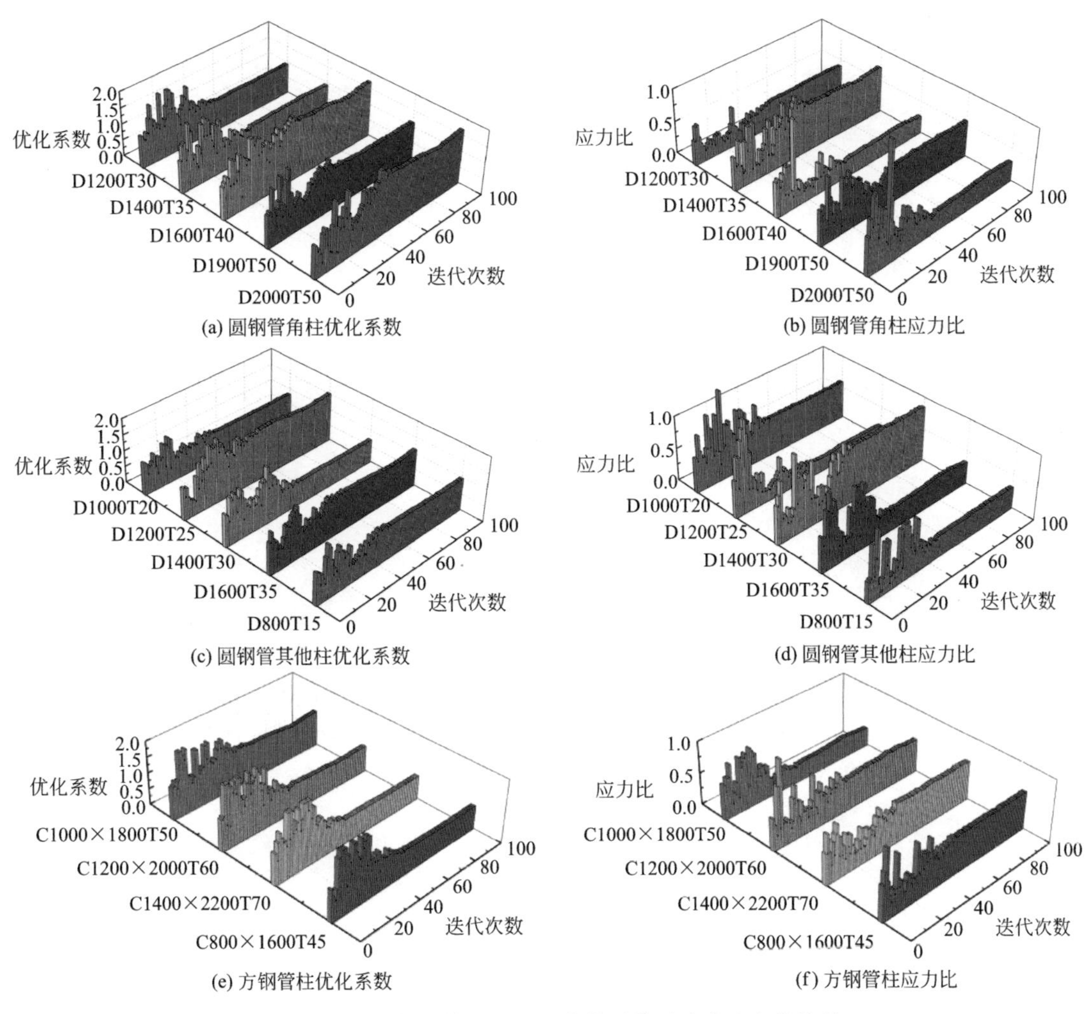

图 4.8 外框架钢管混凝土柱优化系数及应力比变化情况

图 4.9 表示了结构外框梁以及框架主梁的优化全过程各构件优化系数、应力比的变化情况及结果。由图可知，优化后结构外框梁、框架主梁截面优化系数均降低。截面应力比也基本降低，其中外框梁 H700×400×14×28WKL 的应力比降幅最大，为 57.3%。这可能是由

于优化使得结构框架承担能力降低，同时优化了结构的传力路径，使得应力分配较为平均。

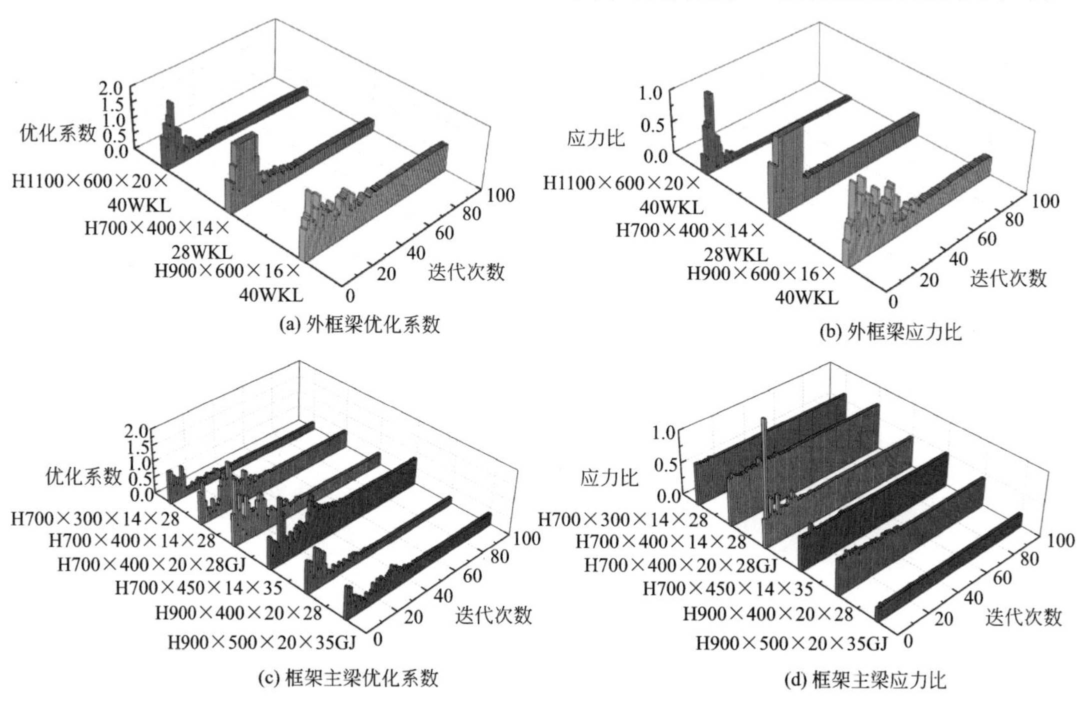

(a) 外框梁优化系数

(b) 外框梁应力比

(c) 框架主梁优化系数

(d) 框架主梁应力比

图 4.9　外框梁以及框架主梁优化系数及应力比变化情况

图 4.10 表示了优化全过程内外墙优化系数、轴压比的变化情况及结果。整体上，优

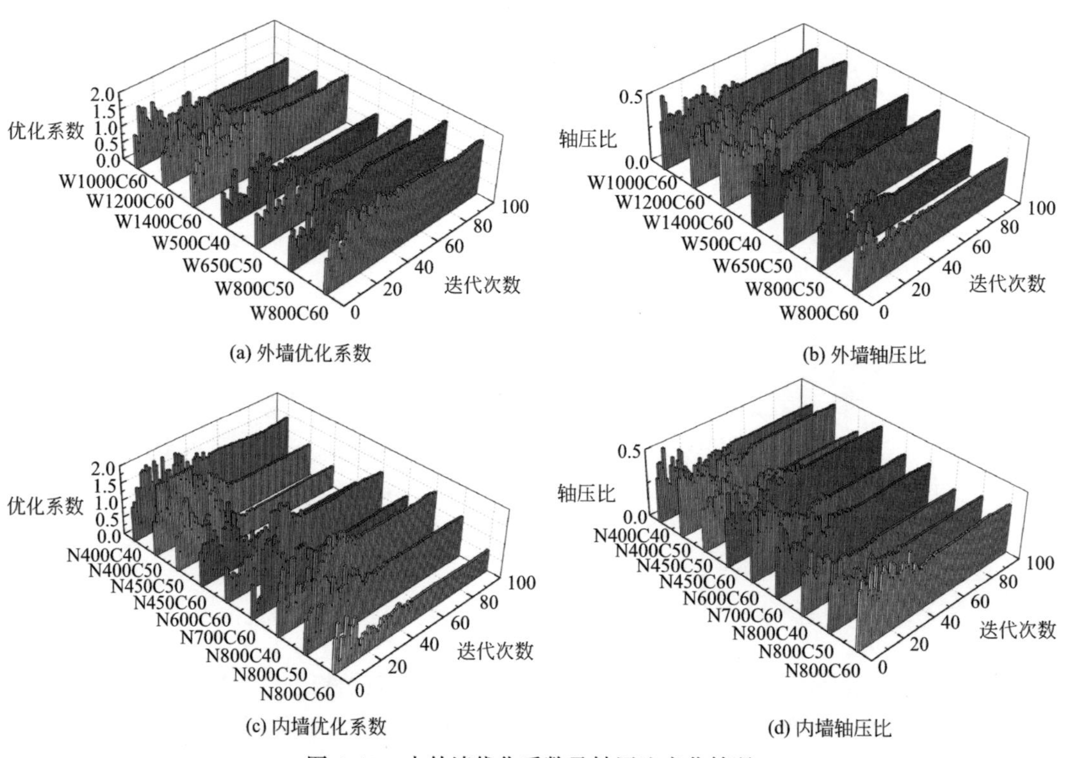

(a) 外墙优化系数

(b) 外墙轴压比

(c) 内墙优化系数

(d) 内墙轴压比

图 4.10　内外墙优化系数及轴压比变化情况

化前后结构内外墙厚度得到提高，对于少部分内外墙截面，如 W500C40、N800C60、N450C60、N450C50、N400C50，其截面厚度在优化中减小，这部分内墙在结构中的楼层高度靠上，其轴压比水平较低，参与分配的力较少。因而，优化呈现中低部墙体厚度增大，上部墙体厚度减小的趋势。优化后内外墙体轴压比变化幅度不大，且均未超过规定的 0.5 轴压比限值。

图 4.11 表示了结构加强层伸臂桁架及腰桁架的优化全过程各构件优化系数、应力比的变化情况及结果。结果表明，2、3、5 号加强层的伸臂斜弦杆优化系数整体增大，1、4 号加强层的弦杆截面减小。除 3 号加强层的腰桁架优化系数增大外，1～5 号加强层的水平弦杆及腰桁架截面均减小。1、4 号加强层的伸臂斜弦杆应力比增大，其余截面减小。1～3 号加强层的腰桁架截面应力比增大，其余截面减小。1～5 号加强层的水平弦杆截面应力比均减小。

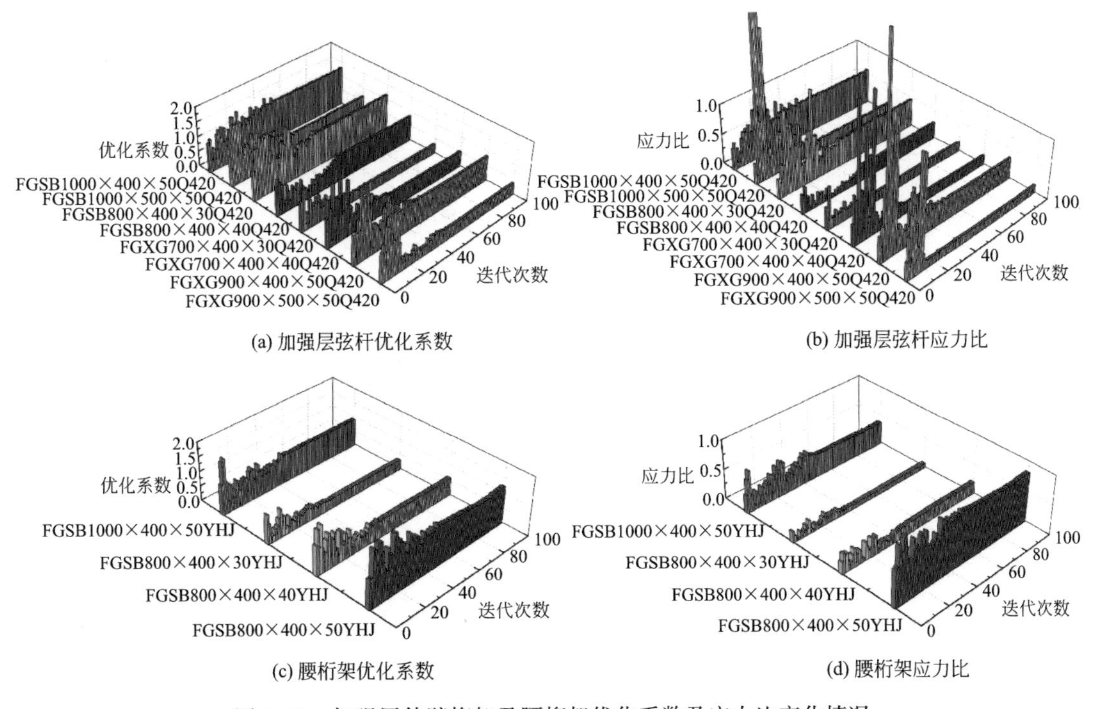

图 4.11 加强层伸臂桁架及腰桁架优化系数及应力比变化情况

4.4 结构大震安全性能评估

4.4.1 地震强度指标和结构损伤指标的确定

本部分采用峰值加速度 PGA 作为结构地震动强度指标以及结构最大层间位移角 θ_{max} 作为结构损伤指标。其中，采用 PGA 作为结构地震动强度指标能够直观地反映出地震作用强度的大小，最大层间位移角 θ_{max} 作为最常用的高层结构损伤指标与结构弹塑性变形能力直接相关，且能够反映出结构轴压比、剪跨比、剪力墙配箍率等对结构延性的影响。同时，《建筑抗震设计规范》GB 50011—2010（2016 年版）中具备对于时程分析所选用地震峰值加速度最大值以及结构弹塑性层间位移角的相关研究和规定。综上所述，选择的 IM、

DM指标具备充分的合理性。

4.4.2 结构IDA分析

4.4.2.1 IDA曲线分析

图4.12分别表示了优化前后结构的IDA曲线簇。可见，对于不同地震动而言，其IDA曲线表现出不同的变化形态。对于优化前后的结构而言，随着PGA的增大，IDA曲线簇主要呈现软化现象，即结构整体刚度随地震强度增加呈现逐渐降低的现象。然而，对于某些地震而言结构整体刚度退化不明显，如地震动DZC180、YER270、MUL009、CHY101所对应的IDA曲线。某些地震动下，结构在经历弹性阶段后，整体刚度迅速退化，最大弹塑性层间位移角显著增大，从而产生明显的软化现象，如地震动ICC000所对应的IDA曲线。此外，在部分地震动下结构表现出硬化现象，即结构整体刚度的变化没有明确的规律性，可能先减小后增大，这表明实际结构损伤位置发生了改变，导致结构的刚度增加，从而使得结构的耗能能力增大。例如地震动SHI000、DLT262所对应的IDA曲线。另外，值得注意的是优化前结构最大层间位移角θ_{max}为0.02所对应的PGA范围约为$0.84g$～$2.66g$，而优化后结构在相同的层间位移角下所对应的PGA范围约为$0.77g$～$2.19g$，结构各地震所对应IDA曲线斜率均降低，表明优化后结构刚度下降。

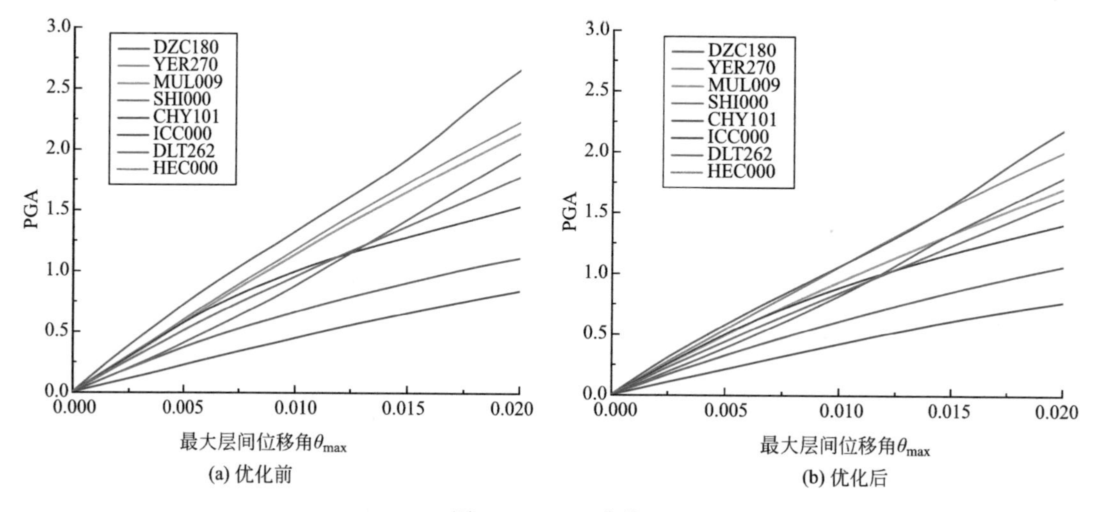

图4.12 IDA曲线

4.4.2.2 分位数曲线分析

分位数曲线能够反映对应IDA曲线的平均性及离散性，其绘制方式为：由同一IM水平下DM的对数满足正态分布$N(\mu, \sigma)$，得到该IM水平下DM的对数中位数μ及标准差σ，进而得到DM分布概率为16%、50%、84%时所对应的最大层间位移角$\mu-\sigma$、μ、$\mu+\sigma$，再根据以上结果绘制分位数曲线。由于IM与DM指标分别确定为峰值加速度PGA以及最大层间位移角θ_{max}，因而可以得到对应PGA下，结构响应在16%、50%、84%超越概率时所对应的最大层间位移角θ_{max}。

图4.13为根据IDA结果绘制的优化前后结构对应的分位数曲线。由图可知，结构在最大层间位移角θ_{max}约小于0.004时表现出弹性性质。优化前后16%分位线斜率在最大层

间位移角大于 0.015 后存在一定程度的增高，表明优化前后结果存在硬化现象，但此现象在优化前后 50%、84%的分位线表明不明显，此时分位线斜率随最大层间位移角缓慢降低，表现出轻微的软化现象。其原因可能在于由地震作用及结构响应的差异性所导致的部分地震作用下结构损伤部位的改变，从而使得结构刚度表现出增大的现象。整体而言，结构在最大层间位移角 θ_{max} 约大于 0.004 后仍表现出轻微软化的特征。优化后的结构 16%、50%、84%分位线均位于优化前对应分位线以下，且随着分位数的增大，对应分位线的下降幅度也依次增大。这表明，在相同地震动强度下，优化后结构的损伤超越概率增大。

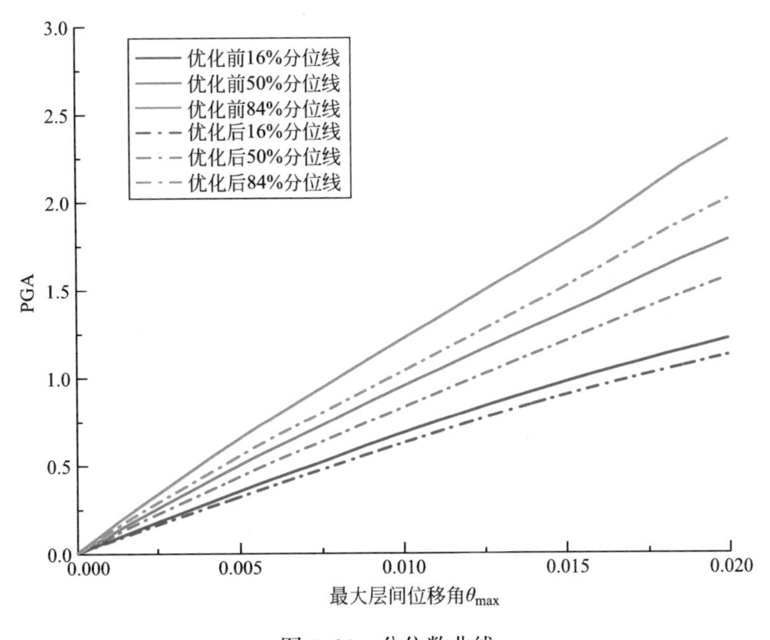

图 4.13　分位数曲线

4.4.3　结构性能水准的划分与量化

结构性能水准能够以结构在不同程度地震作用下结构损伤程度的极限状态（Limit States，LS）来进行划分。通常将结构性能水准划分为基本完好、轻微破坏、中等破坏、严重破坏、接近倒塌五个等级。常用结构性能水准的量化指标较多，选用反映高层结构宏观损伤程度的结构最大弹塑性层间位移角 θ_{max} 作为结构性能水准的量化指标。表 4.11 给出了本研究结构在不同性能水准下相对应的结构最大弹塑性层间位移角值 θ_{max}。

结构性能水准与最大弹塑性层间位移角　　表 4.11

性能水准	LS1	LS2	LS3	LS4	LS5
	基本完好	轻微破坏	中等破坏	严重破坏	接近倒塌
θ_{max}	1/800	1/400	1/200	1/100	1/50

4.4.4　结构地震易损性分析

一般认为 IM 与 DM 之间的关系可以表达为：

$$DM = \alpha(IM)^{\beta} \tag{4.23}$$

其中，α、β 为待定系数，由后续的推导确定。

对式（4.23）两边同时取对数，并将 4.3.1 节所确定的结构地震强度指标 PGA 与损伤指标 θ_{max} 的平均值 $\bar{\theta}_{max}$ 分别代入式（4.23），可得：

$$\ln\bar{\theta}_{max} = a + b\ln(PGA) \tag{4.24}$$

其中，$a = \ln\alpha$，$b = \beta$。

结构在不同性能极限状态下超越概率的变化趋势通常由易损性公式与曲线来表达，如式（4.25）所示：

$$F_R = P(D \geqslant LS \mid IM = x) \tag{4.25}$$

其中，F_R 表示地震易损性程度；P 为失效概率；D 为结构的地震响应，本研究可以用最大层间位移角 θ_{max} 的对数形式 $\ln\theta_{max}$ 表示；LS 为定义的结构概率极限状态或极限值，本研究可以用确定的性能水准所对应的层间位移角 θ_c 的对数形式 $\ln\theta_c$ 表示；IM 为定义的地震强度指标，x 为相应的地震强度值。

进而，式（4.25）也可以写为：

$$F_R = P(\ln\theta_c - \ln\theta_{max} \leqslant 0) \tag{4.26}$$

这里，可令 $Z = \ln\theta_c - \ln\theta_{max}$。由于 $\ln\theta_{max}$ 与 $\ln\theta_c$ 均为相互独立的随机变量，且均服从正态分布。进而，随机变量 Z 也服从正态分布，记为 $Z \sim N(\mu_Z, \sigma_Z)$，其中 $\mu_Z = \mu_{\theta_c} - \mu_{\theta_{max}}$，$\sigma_Z = \sqrt{\sigma_{\theta_c}^2 + \sigma_{\theta_{max}}^2}$。令 $t = (Z - \mu_Z)/\sigma_Z$，则 $Z \sim N(\mu_Z, \sigma_Z)$ 可以转化为标准正态分布，即 $t \sim N(0, 1)$，由 $Z = \mu_Z + t\sigma_Z \leqslant 0$，可得 $t \leqslant -\mu_Z/\sigma_Z$。结合式（4.23）与式（4.26），最终可以得到式：

$$F_R = \Phi\left(\frac{\ln(\alpha(PGA)^{\beta}/\bar{\theta}_c)}{\sqrt{\sigma_{\theta_c}^2 + \sigma_{\theta_{max}}^2}}\right) \tag{4.27}$$

其中，$\Phi(x)$ 为标准正态分布函数；$\sigma_Z = \sqrt{\sigma_{\theta_c}^2 + \sigma_{\theta_{max}}^2}$ 取为 0.4。

对于式（4.24）中待定系数 a、b 可采用分位线回归法统计，即对 IDA 分析结果的 50%分位数曲线上点进行回归分析。首先取 50%分位数曲线上各点，按式（4.27）取结构地震强度指标 PGA 的对数值与损伤指标 θ_{max} 平均值 $\bar{\theta}_{max}$ 的对数值分别作为回归分析的横坐标与纵坐标，再对各点进行线性回归分析，优化前后结构的回归曲线如图 4.14 所示。

进而，优化前结构的概率需求模型线性拟合方程可由式（4.28）表示：

$$\ln\bar{\theta}_{max} = -4.1751 + 1.0450\ln(PGA) \tag{4.28}$$

优化后结构的概率需求模型线性拟合方程可由式（4.29）表示：

$$\ln\bar{\theta}_{max} = -4.0879 + 1.0409\ln(PGA) \tag{4.29}$$

根据上述回归结果，结合式（4.27），可以绘制优化前后结构的易损性曲线。图 4.15 中分别表明了在基本完好、轻微破坏、中等破坏、严重破坏、接近倒塌五个性能水准下的结构对应的易损性曲线。同时，图 4.16 对比了在各性能水准下优化前后结构的失效概率。显而易见的是，优化后结构在各性能水准下各最大层间位移角所对应的超越概率均大于优化前结构。

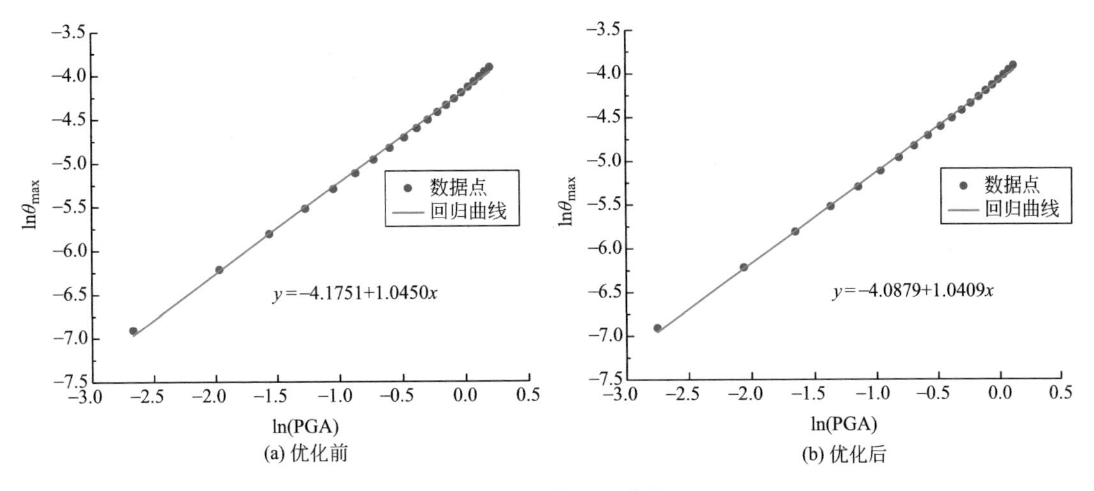

(a) 优化前　(b) 优化后

图 4.14　结构回归曲线

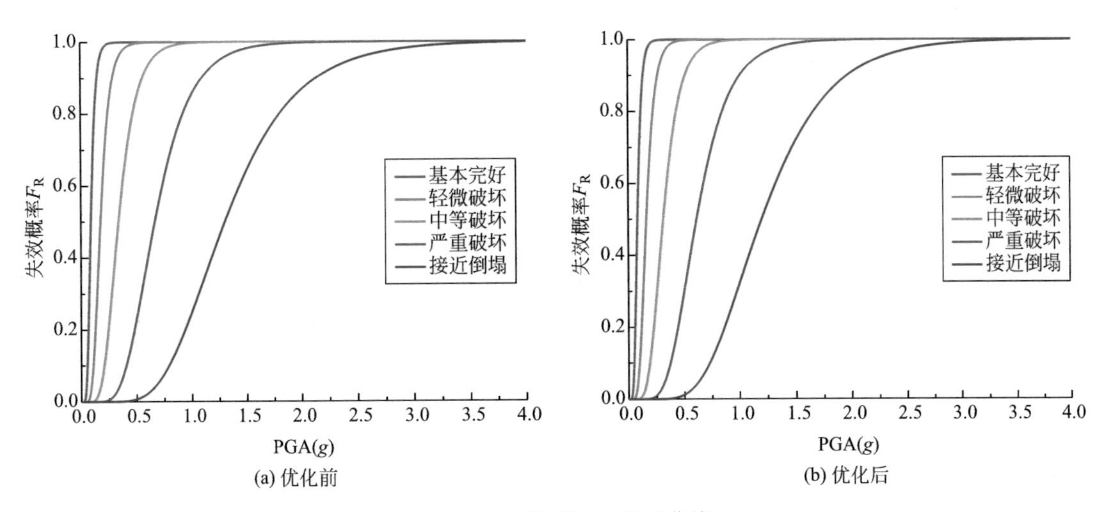

(a) 优化前　(b) 优化后

图 4.15　优化前后易损性曲线

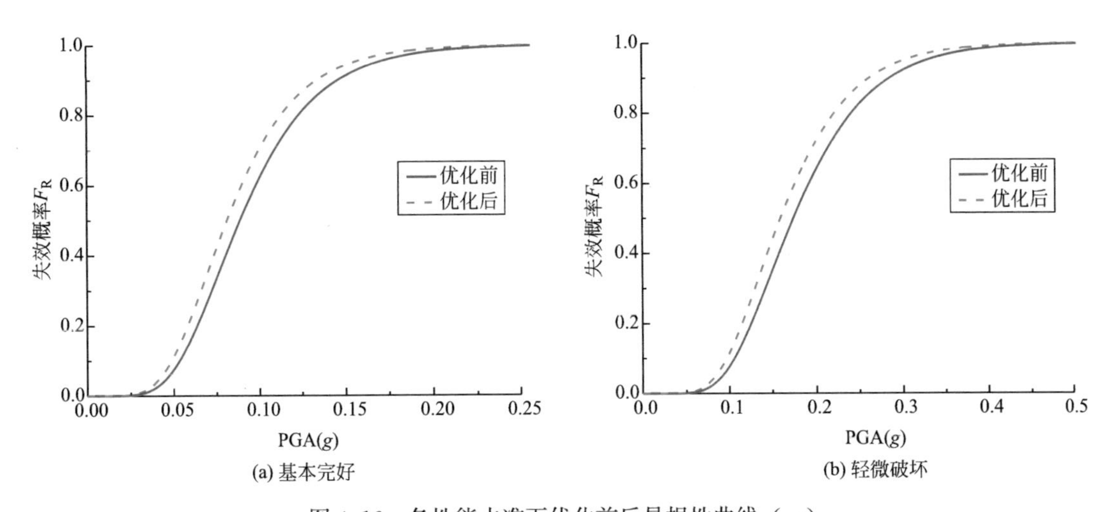

(a) 基本完好　(b) 轻微破坏

图 4.16　各性能水准下优化前后易损性曲线（一）

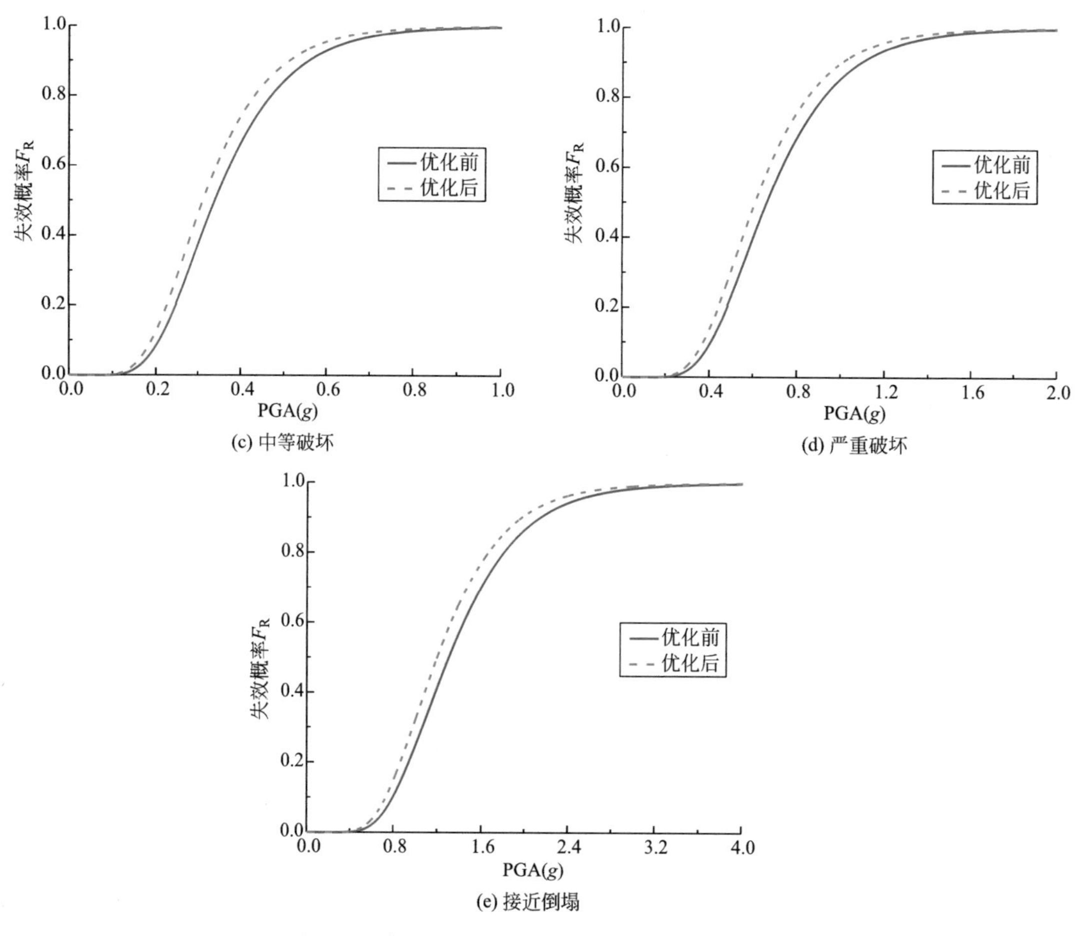

图 4.16　各性能水准下优化前后易损性曲线（二）

为进一步分析优化前后结构的抗震性能，本研究统计了结构在多遇地震、设防地震、罕遇地震及提高一级罕遇地震作用下不同性能水准的失效概率，并建立了结构易损性矩阵，见表 4.12。可见，优化前后结构在多遇地震作用下对应性能水准基本完好（LS1）时的超越概率分别为 1.01%与 1.81%，在设防地震作用下对应性能水准中等破坏（LS3）时

结构易损性矩阵　　**表 4.12**

结构	设防水准	PGA(g)	性能水准				
			LS1	LS2	LS3	LS4	LS5
优化前	多遇地震	0.035	1.01%	0.00%	0.00%	0.00%	0.00%
	设防地震	0.1	62.00%	7.81%	0.08%	0.00%	0.00%
	罕遇地震	0.22	99.04%	72.97%	13.16%	0.22%	0.00%
	提高一度罕遇地震	0.4	99.99%	98.45%	66.44%	9.54%	0.12%
优化后	多遇地震	0.035	1.81%	0.01%	0.00%	0.00%	0.00%
	设防地震	0.1	70.41%	11.75%	0.18%	0.00%	0.00%
	罕遇地震	0.22	99.49%	79.92%	18.61%	0.44%	0.00%
	提高一度罕遇地震	0.4	100.00%	99.14%	74.15%	13.90%	0.24%

的超越概率分别为0.08%与0.18%，在罕遇地震作用下对应性能水准严重破坏（LS4）时的超越概率分别为0.22%、0.44%，在提高一度罕遇地震作用下严重破坏与接近倒塌（LS4与LS5）时的超越概率分别为9.54%、13.90%、0.12%、0.24%。上述结果表明，优化后结构在对应设防水准和性能水准下的超越概率均略大于优化前的结构。但优化后结构在多遇地震作用下损伤的概率不超过2%，在设防地震作用下超过中等损坏的概率不足1%，在罕遇及提高一度罕遇地震的倒塌概率均小于1%。进而，优化前后结构的抗震性能相近，均满足我国"大震不倒"的设防要求（<10%）。

4.4.5 结构抗倒塌能力分析

采用抗倒塌储备系数（CMR）直观反映优化前后结构在地震作用下抗倒塌能力。如式（4.30）所示，CMR在本研究中应为结构在接近倒塌性能水准下50%超越概率所对应的PGA与我国规范规定的结构在罕遇地震作用下PGA的比值。

$$CMR = \frac{PGA_{50\%}}{PGA_{\text{罕遇}}} \tag{4.30}$$

由表4.13可见，优化前后结构的CMR分别为5.91和5.41。优化后结构的抗倒塌储备系数CMR值减小约8.46%。这意味着结构在优化后，抗倒塌的能力虽相对减弱，但仍然具有足够的安全储备，即结构的CMR值仍然在合理安全的范围内，因此可以认为优化后的结构仍能够满足安全要求。

结构抗倒塌储备系数 表4.13

结构	$PGA_{50\%}(g)$	$PGA_{\text{罕遇}}(g)$	CMR
优化前	1.30	0.22	5.91
优化后	1.19	0.22	5.41

基于上述抗倒塌储备系数的定义，为进一步评价结构在一致倒塌风险要求下的安全储备，本研究依据结构最小安全储备系数（$CMR_{10\%}$）定量反映结构安全储备程度。如式（4.31）所示，$CMR_{10\%}$系数为结构在接近倒塌性能水准下10%超越概率所对应的PGA与我国规范规定的结构在罕遇地震作用下PGA的比值。

$$CMR_{10\%} = \frac{PGA_{10\%}}{PGA_{\text{罕遇}}} \tag{4.31}$$

由表4.14可见，优化前后结构$CMR_{10\%}$系数分别为3.59和3.32。优化后结构的最小安全储备系数$CMR_{10\%}$值减小约7.52%。由于ATC-63建议以10%倒塌概率作为结构在大震作用性能水平的评判标准，因此根据最小安全储备系数的定义，其值大于1时即表明结构满足规范"大震不倒"性能设计要求，且其值越大，结构的"大震不倒"设计要求的安全储备越高。而优化后结构的$CMR_{10\%}$值仍远大于1，因此优化后结构仍具有较高的安全储备。

结构最小安全储备系数 表4.14

结构	$PGA_{10\%}(g)$	$PGA_{\text{罕遇}}(g)$	$CMR_{10\%}$
优化前	0.79	0.22	3.59
优化后	0.73	0.22	3.32

4.5 构件重要性量化分析

4.5.1 集合划分与工况设置

楼层集合划分示意图见图 4.17。将结构各层按外框架与内核心筒划分为两个集合，即共 71×2=142 个集合，以分析各集合的重要性系数。其中，外框架集合包括各层外框架钢管混凝土柱、外框梁以及框架主梁；内核心筒集合包括各层核心筒内外墙以及墙内置型钢柱。考虑到本研究工程实例 7 度设防，共设置重力工况 G 以及带重力及 X、Y 双向以 0.1g 加载的侧向力工况。同时，定义各集合的削弱系数为 50%或 100%。其中 50%削弱系数表示在集合内部梁构件截面面积或墙构件厚度较原始截面减小 50%，100%削弱系数表示删除集合内部所有梁构件或墙构件，以模拟集合内构件完全失效的情况。

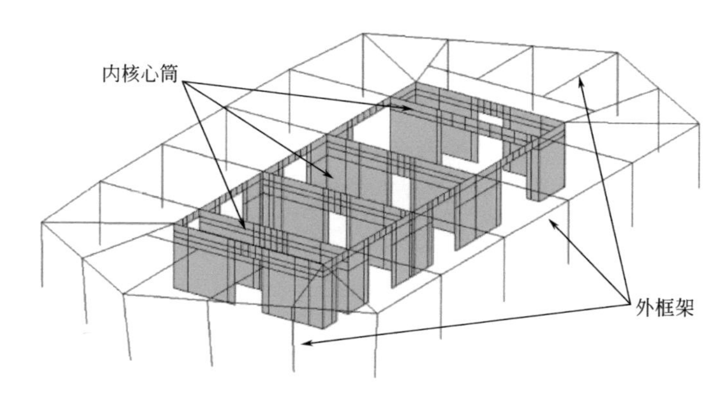

图 4.17 楼层集合划分示意图

4.5.2 沿层构件重要性变化

4.5.2.1 外框架

图 4.18 与图 4.19 分别表示了削弱系数为 50%与 100%时，在 G 与 XY 工况下沿层高外框架重要性系数变化情况。整体上，优化前后结构外框架重要性系数沿层高均逐渐降低，由于结构 5 个加强层的存在（分别位于 L28、L39、L50-L51、L59 以及 L71），结构加强层所在处的框架重要性系数存在突变，大于邻近该加强层的楼层。此突变在侧向力 XY 工况下愈加明显，表明结构在加强层处存在较大的内力突变，特别是加强层所在处上下楼层的侧向剪切力突变。此外，优化后结构外框架整体表现出重要性系数增加的情况，表明优化使得结构体系的传力路径更为明确，在受力方面对材料的利用率更高，与此同时结构的整体冗余程度也存在一定的降低。因此，设计时需特别保证加强层及其邻近楼层框架的强度及延性。

对比优化前后 50%削弱系数 G 与 XY 工况下模型，优化前 G 工况框架重要性系数最大值与平均值分别为 0.037 与 0.007，最大值所对应的楼层为 L2。优化后 G 工况框架重要性系数最大值与平均值分别为 0.039 与 0.008，最大值所对应的楼层为 L2。优化前后 G 工况框架各层的重要性系数均小于 0.04。优化前 XY 工况框架重要性系数最大值与平均值分

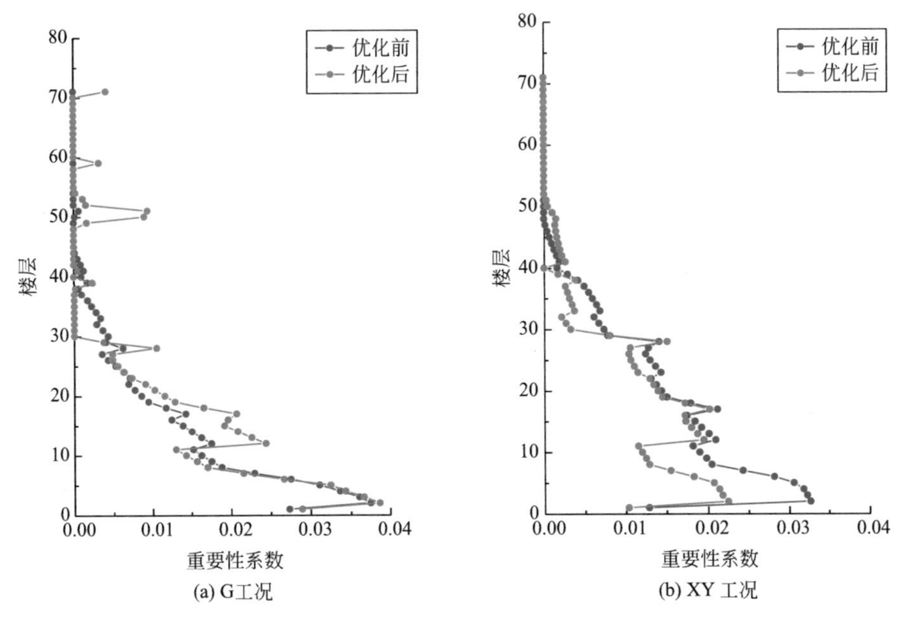

图 4.18　50%削弱系数下沿层外框架重要性系数变化

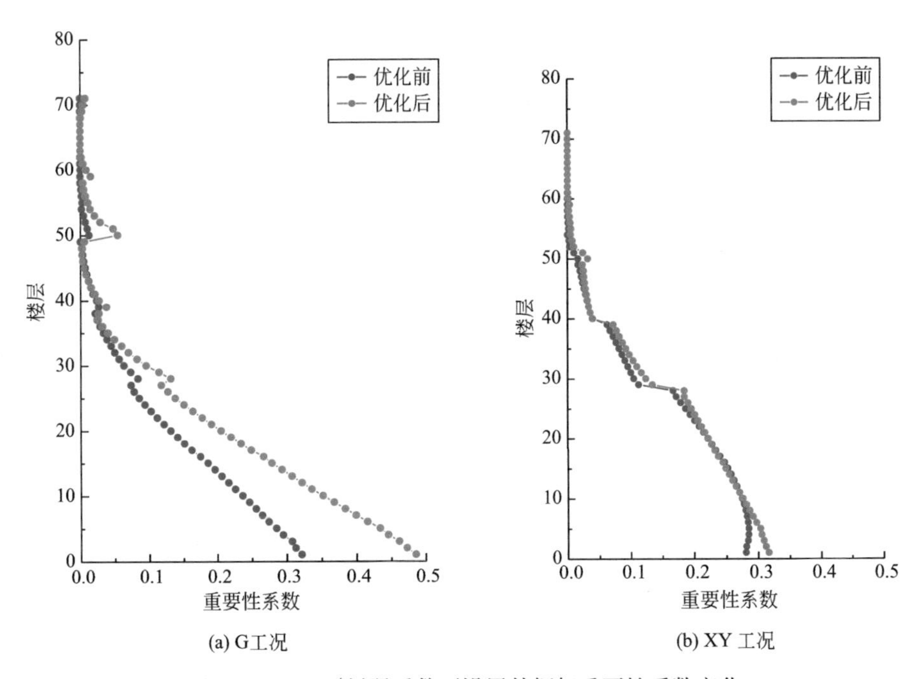

图 4.19　100%削弱系数下沿层外框架重要性系数变化

别为 0.032 与 0.009，最大值所对应的楼层为 L2。优化后 XY 工况框架重要性系数最大值与平均值分别为 0.022 与 0.007。框架重要性系数整体变动程度不大，但各层框架重要性系数与优化前结构均保持在 0.035 以下。这表明优化后即使实际结构中框架截面发生部分损伤而使得刚度下降，结构外框架仍能够承担起足够抗竖向以及侧向荷载的能力。

对比优化前后 100%削弱系数 G 与 XY 工况下模型，优化前结构在 G 工况的框架重要性系数最大值与平均值分别为 0.321 与 0.084，最大值所对应的楼层为 L1。优化后结构在 G 工况的框架重要性系数最大值与平均值分别为 0.485 与 0.123，最大值所对应的楼层为 L1，G 工况下其重要性系数在中低段楼层显著增大。优化前结构在 XY 工况的框架重要性系数最大值与平均值分别为 0.285 与 0.113，最大值所对应的楼层为 L5。优化后结构在 XY 工况的框架重要性系数最大值与平均值分别为 0.316 与 0.120，最大值所对应的楼层为 L1。优化前后结构在 XY 工况的框架重要性系数差异不大，仅在中上部框架重要性有一定程度的增大，表明优化基本没有增大框架在侧向工况作用下的重要程度。

4.5.2.2 核心筒

图 4.20 与图 4.21 分别表示了削弱系数为 50%与 100%时，在 G 与 XY 工况下沿层核心筒重要性系数变化情况。可见，随着核心筒墙体所处楼层的升高，其重要性系数逐渐降低，加强层所在楼层及其邻近楼层的重要性系数存在降低的突变，这种突变方式正好与对应楼层外框架的重要性系数相反。这表明，由于加强层的存在，使得加强层弦杆或桁架承受结构在加强层上下存在的内力突变，并帮助内核心筒分担了一部分作用力，这可以更好地控制结构的侧移。因此，设计上需特别保证加强层外框的承载能力以控制结构的侧移，保证外框与核心筒的协同承力作用。

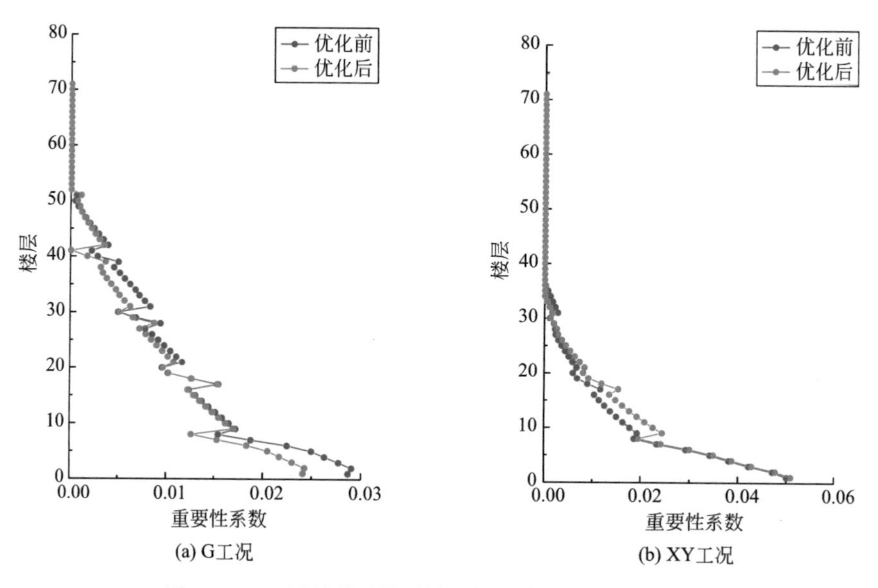

图 4.20　50%削弱系数下沿层核心筒重要性系数变化

对比优化前后 50%削弱系数 G 与 XY 工况下模型，优化前 G 工况核心筒重要性系数最大值与平均值分别为 0.029 与 0.007，最大值所对应的楼层为 L2。优化后 G 工况核心筒重要性系数最大值与平均值分别为 0.024 与 0.007，最大值所对应的楼层为 L1。优化前后结构在 G 工况的核心筒重要性系数均小于 0.03。优化前 XY 工况核心筒重要性系数最大值与平均值分别为 0.050 与 0.007，最大值所对应的楼层为 L1。优化后 XY 工况核心筒重要性系数最大值与平均值分别为 0.051 与 0.007，最大值所对应的楼层为 L1。优化前后结构在 XY 工况的核心筒重要性系数均小于 0.06。因此，优化前后结构在 G、XY 工况下核心筒重要性系数较小且两者间差距不大，表明实际情况下优化前后核心筒的部分失效对结构影响程度不大且基本一致。此外，优化前后模型在加强层与截面突变楼层处的重要性系数均存

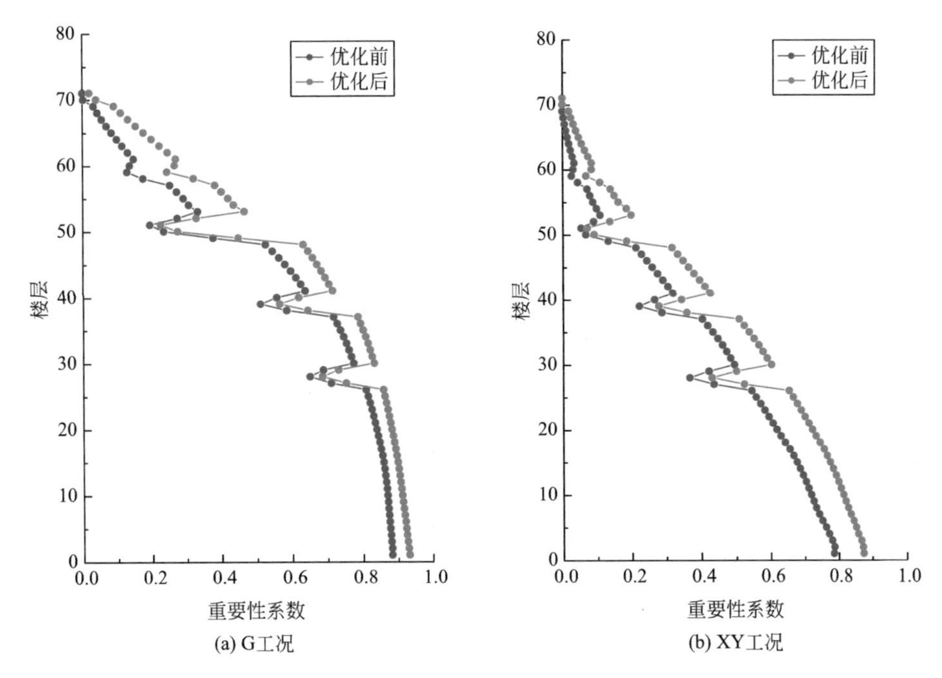

图 4.21 100%削弱系数下沿层核心筒重要性系数变化

在突变，需要特别保证实际工程中这些部位的承载力与延性，防止这些部位首先发生失效。

对比优化前后 100%削弱系数 G 与 XY 工况下模型，优化前 G 工况核心筒重要性系数最大值与平均值分别为 0.882 与 0.568，最大值所对应的楼层为 L1。优化后 G 工况核心筒重要性系数最大值与平均值分别为 0.931 与 0.635，最大值所对应的楼层为 L1。优化前 XY 工况核心筒重要性系数最大值与平均值分别为 0.786 与 0.372，最大值所对应的楼层为 L1。优化后 XY 工况核心筒重要性系数最大值与平均值分别为 0.873 与 0.452，最大值所对应的楼层为 L1。优化后结构在 G 与 XY 工况的核心筒重要性系数较优化前增大，表明优化在减少结构造价的同时减少了结构部分冗余度，使得结构核心筒的重要程度增强，在地震作用下应愈加保证核心筒的完整性。

4.6 优化总结

本章以青岛海天中心为研究对象，首先使用基于内力状态的自动优化技术对结构进行了优化，然后以重要性系数分析了优化算法对结构受力特征的影响，最后，采用基于 IDA 的结构易损性分析方法对结构的大震安全性能进行了量化评估，确定了其大震倒塌概率和安全储备系数。主要结论如下：

(1) 结构经历自动优化前后的材料造价分别为 2.74 亿元和 2.10 亿元，下降约 23.36%，优化后的结构整体指标和局部构件指标均满足规范限值要求。自动优化技术可提高材料利用率，提高结构的经济性。

(2) 优化前后的结构在加强层处存在明显的重要性系数突变，而整体上重要性系数逐层递减优化后核心筒重要性系数较优化前增大，表明优化在减少结构造价的同时减少了结构部分冗余度，使得结构核心筒的重要程度增强，在地震作用下应愈加保证核心筒的完整性。整体上，优化没有改变结构的主要传力路径、受力特点以及构件重要性沿层的分布规律，但是相对而言增强了结构的核心筒的承载能力，削弱了外框架的受力。

（3）优化后结构在罕遇地震和提高一度罕遇地震下的倒塌概率均小于1%，远小于美国ATC-63规定“大震不倒”的性能要求对应的倒塌概率（10%），满足“大震不倒”抗震设防目标。通过抗倒塌能力分析，优化后结构的抗倒塌储备系数相比优化前减小8.46%，为5.41。结构的最小安全储备系数下降7.52%，为3.32，但仍具有较高的安全储备。因此，该自动优化技术可以在保证结构安全的前提下提高经济性，进而验证了智能优化算法在超高层结构优化中的可行性。

5 刚果体育场

5.1 工程概况

5.1.1 建筑信息

刚果（布）布拉柴维尔体育中心主体育场（简称“刚果体育场”），位于刚果共和国布拉柴维尔市（图 5.1、图 5.2）。刚果体育场主看台和天幕采用钢结构桁架体系，项目占地 74761m^2，长 270m，宽 240m，高 56m，观众席分为三层，可容纳观众 58357 位。刚果体育场的设计灵感来自于刚果河和阳光，外形酷似一艘巨大的船只，充分利用场地内的自然高差变化，打造出独特的空间层次和感受，为场馆区和运动员生活区创造出截然不同的氛围。其设计不仅营造了宜人、有趣的户外环境，而且精妙地融合了非洲的地质和文化特征，为刚果（布）及整个非洲地区的体育和城市建设做出了巨大的贡献。

图 5.1　体育场鸟瞰

图 5.2　体育场外景

5.1.2 结构信息

刚果体育场由钢筋混凝土框架结构和空间悬挑钢管桁架钢结构屋盖两部分组成。

（1）钢筋混凝土框架结构

体育场看台外轮廓为近椭圆形，南北长约 266m，东西宽约 244m，最高点标高为 34.275m，看台为钢筋混凝土框架结构，主要柱网尺寸为 9.0m×9.0m。体育场的配套附属用房采用了钢筋混凝土框架-剪力墙结构。框架-剪力墙结构的主要功能在于增强混凝土结构的整体抗侧及抗扭刚度，为上部钢屋盖提供可靠支撑。上部钢结构罩棚通过上、下支座支承于下部混凝土结构柱顶和柱侧。结构横剖面图如图 5.3 所示。

结构的外围方柱尺寸为600mm×600mm～1000mm×1000mm；剪力墙外围筒体厚度为400～250mm、内部分隔为200mm；框架梁环向为400mm×700mm，径向400mm×800mm～500mm×800mm；楼盖采用主、次梁和混凝土平板，二层室外平台板厚130mm，其他120mm。为了充分满足建筑功能，便于体育场的使用与维护，本工程混凝土框架结构仅在二层观众疏散平台与观众疏散大楼梯间交界处设置了一道永久结构缝，体育场平台周圈不再设置结构缝，对整个混凝土结构看台拟通过采取合理的技术措施实现无缝设计。混凝土结构平面视图如图5.4所示。

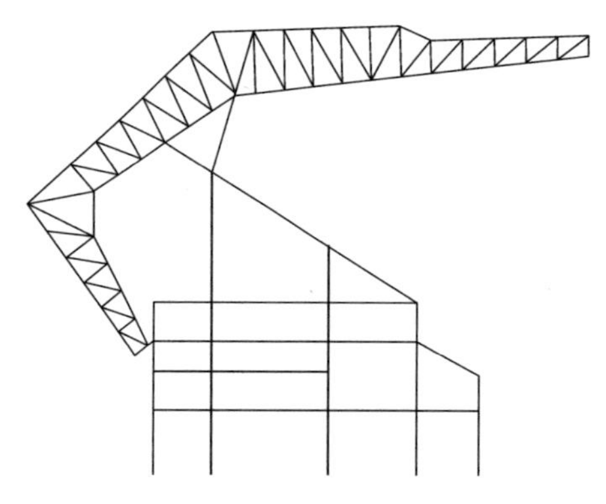

图5.3　结构横剖面图

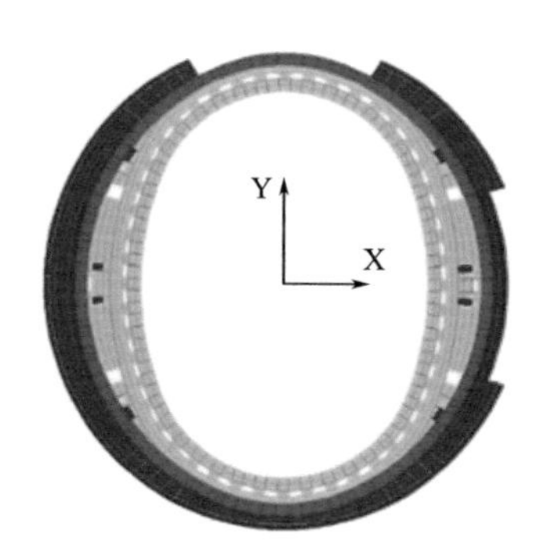

图5.4　混凝土结构平面视图

(2) 钢结构屋盖

看台上部钢结构屋盖为大跨空间网架，钢罩棚总体外轮廓为直径约288m的近似圆环，东西方向最宽处约69m，南北方向最窄处约41m，整个罩棚中间高、两边低，高差14m，最高点相对标高为51.687m。罩棚由16块基本单元块组合构成，见图5.5。图中屋顶由两种不同的材料覆盖：黄色区域覆盖着金属屋面，能够承受大量的重量和压力，并且具有很好的防水性能；白色区域覆盖材料为阳光板。

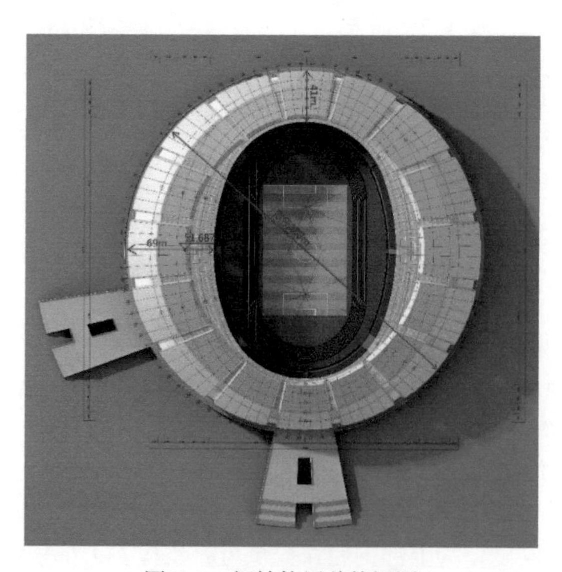

图5.5　钢结构屋盖俯视图

为了满足建筑造型和结构受力特点的要求，体育场钢结构屋盖采用了空间悬挑钢管桁架结构，该结构由径向主桁架、环向次桁架以及水平支撑构成，这种结构受力体系能够有效地分担屋盖的重量和承受风荷载等外力，确保场馆的安全稳定运行。其中，径向主桁架为平面圆钢管桁架，最大悬挑长度约为 43m，桁架根部最大高度 7.5m，最小悬挑长度约为 26m，根部高度 4m，悬臂端部高度均为 2.5m。在钢结构罩棚的最内圈、中部、墙屋面转折处及内外支座处设置了 8 道闭合的环向平面桁架，同时对于悬挑较长的东西两侧悬挑桁架，在最内圈 2 道闭合平面环向桁架之间设置了 2 道环向非闭合的平面桁架。为提高屋盖结构的整体刚度，沿屋盖径向布置了 16 道上下弦水平交叉支撑，同时沿屋盖环向设置了 1 道上弦水平支撑。由于两种材料覆盖区域存在 2m 高差，在两种材料交界处增设了一道桁架弦杆。同时，受建筑效果限制，环向桁架上弦沿环向在阳光板覆盖区域非贯通，为避免该处径向桁架腹杆杆件节间面外受力过大，通过环向桁架腹杆过渡形成良好的抗环向水平力体系。钢结构屋盖的结构构成如图 5.6 所示。

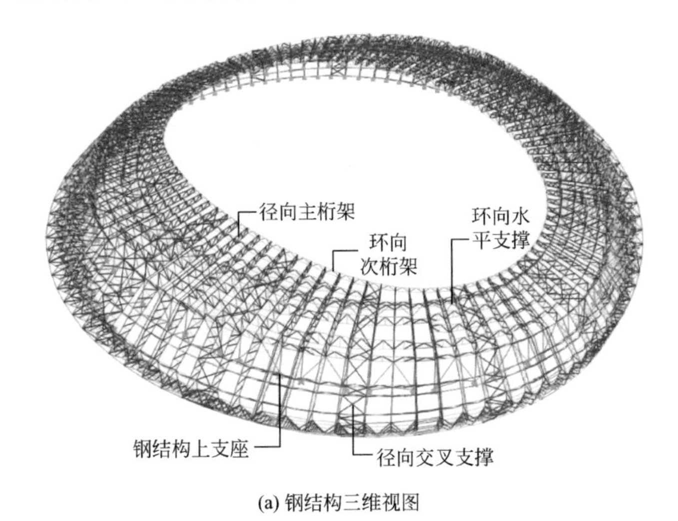

(a) 钢结构三维视图

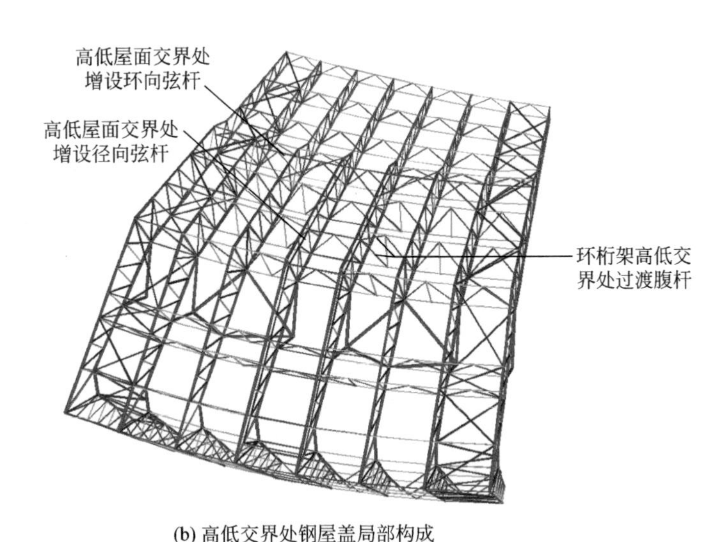

(b) 高低交界处钢屋盖局部构成

图 5.6 钢结构屋盖的结构构成

(3) 结构主要设计参数

结构的设计信息见表 5.1。下部框架结构共分为两个类别，其中看台为钢筋混凝土框架结构，配套附属用房为框架-剪力墙结构；钢屋盖为网架结构。结构的设计使用年限为 50 年，抗震设防烈度为 6 度（设计基本加速度值为 0.05g），场地类别为Ⅲ类，特征周期为 0.55s。整体总装模型的阻尼比为 0.035，其中上部钢结构为 0.02，下部混凝土结构为 0.05。屋面恒、活载分别为 0.30kN/m^2 和 0.50kN/m^2，基本风压为 0.50kN/m^2。

结构设计信息 **表 5.1**

设计内容	设计信息
结构类别	看台(钢筋混凝土框架结构) 配套附属用房(钢筋混凝土框架-剪力墙结构) 钢屋盖(网架结构)
结构层高与层数	混凝土结构标高 34.275m，6 层
设计使用年限	50 年
结构设计基准期	50 年
抗震设防烈度	6 度(0.05g)
场地特征周期	T_g=0.55s
设计地震分组	第二组
场地类别	Ⅲ类
温度作用	±15℃(钢结构) ±10℃(钢筋混凝土结构)
阻尼比	0.02(钢结构单体模型) 0.05(钢筋混凝土结构单体模型) 0.035(整体总装分析模型)
荷载作用	0.30kN/m^2(屋面恒载) 0.50kN/m^2(屋面活载) 0.50kN/m^2(基本风压)

结构主要材料信息见表 5.2。框架梁、次梁和板采用 C30 混凝土，框架柱、墙采用 C40 混凝土；框架柱、框架梁以及剪力墙主筋采用 HRB400 级，板配筋、箍筋采用 HPB300 级或 HRB335 级；钢结构主要杆件均选用 Q345 钢材，附属杆件选用 Q235。

材料信息 **表 5.2**

材料	等级
混凝土	C30、C40
钢材	Q235、Q345
钢筋	HRB300、HRB335、HRB400

结构构件设计信息见表 5.3。其中，外围框架方柱尺寸为 600mm×600mm～1000mm×1000mm；剪力墙外围筒体厚度 250～400mm、内部分隔为 200mm；环向框架梁的截面尺寸为 400mm×700mm，径向为 400mm×800mm～500mm×800mm；次梁截面尺寸为 300mm×600mm；楼盖采用主、次梁和混凝土平板，二层室外平台板厚 130mm，其他 120mm；看台

斜梁截面尺寸为 400mm×700mm～400mm×800mm，看台利用建筑踏步形成密肋楼盖，密肋梁截面尺寸为 200mm×600mm～200mm×800mm，看台板厚度 100mm。网架圆钢管尺寸以 P133×6 为例，133 为钢管外径（D=133mm），6 为壁厚（t=6mm）。

构件设计参数 **表 5.3**

构件名称	尺寸参数
外围方柱	600mm×600mm～1000mm×1000mm
剪力墙筒体	250～400mm(外围) 200mm(内部分隔)
框架梁	环向 400mm×700mm 径向 400mm×800mm～500mm×800mm
次梁	300mm×600mm
楼盖	130mm(二层室外平台板) 120mm(其他)
看台斜梁	400mm×700mm～400mm×800mm
看台密肋梁	200mm×600mm～200mm×800mm
看台板	100mm
网架圆钢管	P133×6、P168×8、P180×8、P194×10、P219×10、P245×12、P299×12、P325×12、P351×14、P450×20

5.1.3 抗震设计对策

5.1.3.1 结构体系

1）下部混凝土结构采用框架-剪力墙结构体系，变形特性互补、合理且传力明确；

2）上部钢结构屋盖采用常规且成熟的空间悬挑钢桁架结构，结构刚度大、传力途径相对简洁、明确；

3）建立多道抗震防线，控制结构地震作用下计算框剪比，使外框为整个结构的抗震二道防线；合理设计连梁，满足正常使用状态要求，且为剪力墙的抗震二道防线。

5.1.3.2 结构布置措施

1）剪力墙沿建筑四周基本对称分布的电梯间、设备管井设置，形成框架-剪力墙结构，主要功能在于增强下部混凝土结构的整体抗侧及抗扭刚度，确保为上部钢屋盖提供可靠支撑；

2）底部加强区剪力墙两端设置约束边缘构件，约束边缘构件延伸至斜看台底部；

3）钢结构屋盖设置径向悬挑桁架、环向次桁架及封闭的交叉支撑提高钢结构屋盖的整体稳定性。

5.1.3.3 增强构件抗震延性及承载力措施

1）从严控制屋盖钢结构支座及其相连构件的长细比和杆件应力比；

2）从严控制支承钢结构的混凝土框架柱轴压比<0.5；

3）剪力墙的竖向、水平分布钢筋适当提高。

5.1.3.4 其他相关措施

1）各类设计指标基本高于规范要求，并适当留有余量；

2）采用多个不同力学模型相互校核，保证结果可靠；

3）针对混凝土结构长度较长，合理设置施工后浇带，控制后浇带的合拢时间，并在混凝土材料、养护方面采取其他有效构造措施；同时计算分析考虑桩基有限约束刚度、混凝土收缩、徐变以及后浇带的影响，考虑温差逐步施加的全过程施工模拟分析，并根据计算结果，在高拉应力区配置一定数量的温度筋；

4）关键、复杂节点有限元分析。

5.1.3.5 抗震性能化目标

1）上部钢结构、支座及下部混凝土框架柱、剪力墙（不含连梁）等竖向构件中震弹性；

2）下部混凝土梁中震不屈服。

5.1.4 整体经济性指标

5.1.4.1 钢材的理论用量

上部钢结构总用钢量 5850t，按其覆盖面积投影 40261m^2 计，钢结构总用钢量为 145.3kg/m^2；按其展开面积 61856m^2 计，钢结构总用钢量为 94.6kg/m^2。

5.1.4.2 混凝土的理论用量（表 5.4）

混凝土的折算重量　　表 5.4

建筑面积 S(m^2)	结构总重力荷载 G(kN)	结构总自重 G_1(kN)	G/S (kN/m^2)	G_1/S (kN/m^2)	折算厚度 (m)
79533	1528822	941100	19.2	11.8	0.47

5.2 结构有限元模型

建筑设计单位采用 SAP2000 有限元软件对刚果体育场进行了建模分析，包括建立上部钢结构、下部混凝土框架结构单体模型以及整体结构总装模型。结构优化采用 Python 编程语言，通过 SAP2000 的 API（Application Programming Interface）接口调用软件，实现结构的参数化建模、力学分析和结构响应读取，其中 SAP2000 仅作为结构分析求解器。

用于抗震性能分析以及构件重要性对比的模型均采用 MSC. Marc 有限元软件建立，分别对应 MSC. Marc 弹塑性模型以及弹性模型。MSC. Marc 弹性模型和弹塑性有限元模型结构布局相同，仅材料本构有所不同。其中，钢材强度等级为 Q235、Q345，弹性模量取 2.06×10^{11}Pa，混凝土等级为 C30、C40。

通过对比 SAP2000 结构优化模型和 MSC. Marc 弹塑性模型的质量、最大位移和模态，验证两个有限元模型是否具有一致的动力特性（表 5.5）。

结构质量、网架最大位移对比　　表 5.5

	SAP2000	MSC. Marc	相对误差
质量(结构自重)	1656200.6kN	1611514.7kN	2.70%
网架最大竖向位移	158mm	153mm	3.16%

结构的振型和频谱特性是每个结构体系的固有属性。对于大跨空间结构而言，动力响

应规律不仅与地震加速度的大小有关，还与结构本身的特性相关，如自振周期、频率、振型等。表 5.6 列出了 SAP2000 和 MSC. Marc 模态分析的前五阶自振频率，两个模型的自振频率相对误差均能控制在 8%以内。

SAP2000 和 MSC. Marc 模态分析的前五阶自振频率 **表 5.6**

模态阶数	SAP2000 自振频率(Hz)	MSC. Marc 自振频率(Hz)	相对误差(%)
1	1.406	1.294	7.97
2	1.418	1.312	7.47
3	1.431	1.318	7.94
4	1.446	1.334	7.76
5	1.597	1.475	7.64

MSC. Marc 软件和 SAP2000 软件模态分析的前五阶振型见图 5.7。由图可知，两个模型的第一和第二振型为网架的平动振型，第三振型为网架带动下部混凝土看台的扭动振型，第四和第五振型则主要体现为网架结构的竖向振型。两个软件的模态吻合程度较高，说明采用 MSC. Marc 建立的模型能够较为准确地对结构进行模拟。

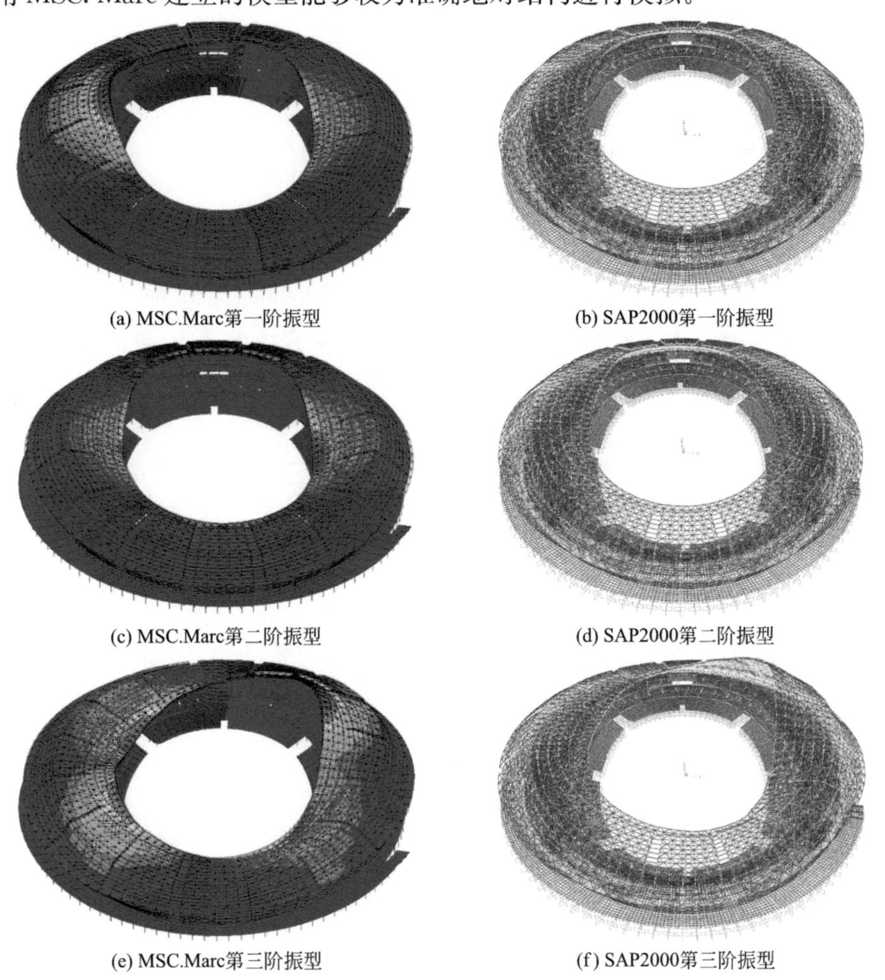
(a) MSC.Marc第一阶振型
(b) SAP2000第一阶振型
(c) MSC.Marc第二阶振型
(d) SAP2000第二阶振型
(e) MSC.Marc第三阶振型
(f) SAP2000第三阶振型

图 5.7 结构前五阶振型对比（一）

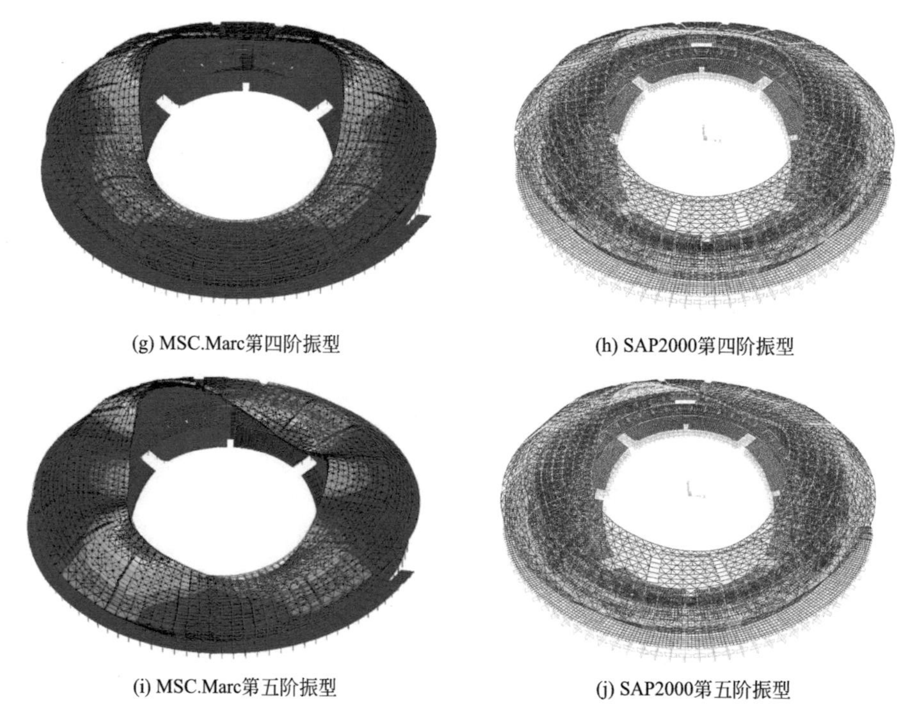

图 5.7　结构前五阶振型对比（二）

5.3　自动优化结果

以网架的杆件截面面积为设计变量，应力比、网架悬挑端最大竖向位移为约束条件，结构材料成本为目标函数，对大跨空间结构进行优化。本研究考虑了 16 种工况，取各工况下荷载组合的包络值进行设计，工况的具体信息见表 5.7。表中荷载 X、Y 方向见图 5.4。

工况与荷载组合　　**表 5.7**

工况	荷载组合
1	$G(1.0D+0.5L)$
2	$1.2G$
3	$1.2D+1.4L$
4	$1.35D+0.98L$
5	$1.2G+1.3EX$
6	$1.2G+1.3EX45$
7	$1.2G+1.3EY$
8	$1.2G+1.3EZ$
9	$1.2G+1.3EXY$
10	$1.2G+1.3EYX$
11	$1.2G+1.3EXY+0.5EZ$
12	$1.2G+1.3EYX+0.5EZ$

续表

工况	荷载组合
13	$1.2G+1.3EZ+0.5EXY$
14	$1.2G+1.3EZ+0.5EYX$
15	$1.2G+1.3EX+0.5EZ$
16	$1.2G+1.3EY+0.5EZ$

注：*D* 为恒载；*L* 为活载；*G* 为重力荷载代表值；*EX*、*EY*、*EZ* 分别代表 X、Y、Z 方向的地震作用；*EXY*、*EYX* 分别代表以 X、Y 为主的双向地震作用。

5.3.1 结构材料成本

优化所设置的种群规模 $N=15$，迭代次数 $Iter=100$，经 100 次迭代（SAP2000 软件结构分析 1500 次），结构材料成本优化曲线如图 5.8 所示。由图可知，随着优化代数的增加，模型材料成本呈现出阶梯式下降的趋势，优化曲线平台段长，下降幅度陡峭。优化平台段长一方面是由于种群数（一次迭代中模型的计算个数）较少；另一方面，随机参数生成的构件新截面因不满足约束条件，材料成本被设置的罚函数放大，从而出现新迭代中模型材料成本无法降低的状况。图中有 7 个明显的平台段（4～13 代，14～19 代，20～38 代，39～48 代，52～56 代，57～64 代，65～99 代），材料成本分别在第 3 代、第 13 代、第 19 代、第 38 代、第 39 代、第 48 代、第 51 代、第 56 代、第 64 代下降，优化初期第 13 代下降幅度最大，降幅为 3%，下降段陡峭说明了模型的优化下降空间大，存在多个局部优解。在前 64 次迭代中，网架材料成本不断下降，且下降幅度呈不断减小趋势；在 64 代后曲线不再下降，此处结构材料成本达到最优，最终材料成本降低约 13%。

5.3.2 网架最大竖向位移

网架最大竖向位移随迭代次数的变化如图 5.9 所示。由图可知，位移曲线随迭代过程上下波动，优化前期（前 40 代）波动幅度较大，后期逐渐平稳。在第 64 代，最大竖向位移（对应悬挑结构的跨度为 43m）从初始的 304mm 经优化后达到 312mm，优化结束时的最大位移符合限值要求（竖向挠跨比 1/138＜容许挠跨比 1/125）。

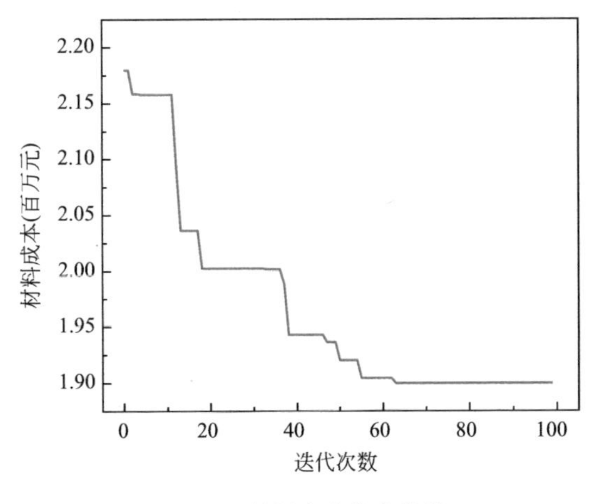

图 5.8 材料成本优化曲线

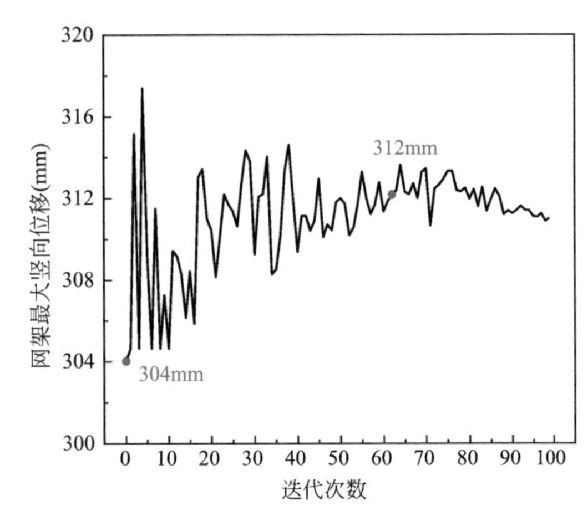

图 5.9 网架最大竖向位移曲线

5.3.3 构件应力比

每次迭代得到最优解时对应的构件应力比如图 5.10 所示，优化前后应力比见表 5.8。由图、表可知，除 P133×6、P299×12、P450×20、P450×20a 构件的应力比下降外，P299×12、P450×20a 下降幅度较小，分别为 1.3%和 1.9%，其余构件的应力比均上升，且构件 P180×8、P194×10、P219×10 优化后的应力比接近于 1。总体看来，大部分构件的应力比在数值上都呈增加的趋势，优化结束后的构件应力比满足规范要求（均小于 1）。

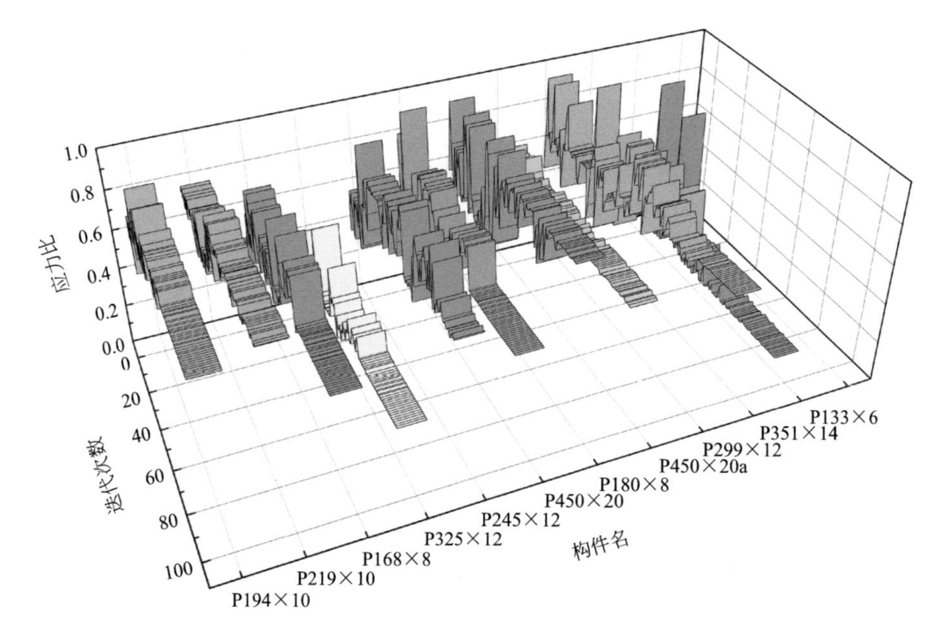

图 5.10 构件应力比

优化前后网架构件应力比 **表 5.8**

构件名	应力比	
	优化前	优化后
P133×6	0.168	0.149
P168×8	0.373	0.820
P180×8	0.609	0.907
P194×10	0.621	0.890
P219×10	0.790	0.900
P245×12	0.406	0.556
P299×12	0.460	0.454
P325×12	0.505	0.721
P351×14	0.507	0.753
P450×20	0.850	0.758
P450×20a	0.626	0.614

5.3.4 构件截面尺寸

在优化过程中，控制圆钢管的壁厚 t 不变，决策变量设置为圆钢管截面外径，以实现圆钢管杆件截面积的变化。优化前后网架构件截面尺寸对比见表 5.9，由表可知，除构件 P133×6 的截面面积增大外，其余构件的截面尺寸均有不同程度的降低，其中杆件 P325×12 的面积增大 42.17%。

优化前后网架构件截面　　表 5.9

构件名	壁厚 t (mm)	外径 D(mm)		面积优化率(%)
		优化前	优化后	
P133×6	6	133	162	−22.83
P168×8	8	168	135	20.63
P180×8	8	180	170	5.81
P194×10	10	194	179	8.15
P219×10	10	219	210	4.31
P245×12	12	245	244	0.43
P299×12	12	299	292	2.44
P325×12	12	325	193	42.17
P351×14	14	351	270	24.04
P450×20	20	450	342	25.12
P450×20a	20	450	357	21.63

注：面积优化率＝（优化后截面积－优化前截面积）/优化前截面积×100%。

可见，优化后的结构满足构件应力比（考虑强度及稳定）、网架结构悬挑端最大竖向位移等设计规范规定，材料成本也比优化前更加经济，该智能优化算法可较好地对大跨空间结构进行智能优化。

5.4 结构大震安全性能评估

5.4.1 地震动选取

刚果体育场项目所在场地类别为Ⅲ类，地震设防烈度为 6 度（0.05g），特征周期为 0.55s，结构第一周期为 0.711s，水平地震影响系数取 0.28。根据《建筑抗震设计规范》GB 50011—2010（2016 年版）的规定：所选的地震波加速度影响系数在对应于结构的主要振型周期点上，其差异不应超过 20%。根据 MSC. Marc 软件计算结果（设计结构的基本周期 T_g），在美国太平洋地震工程研究中心（PEER）地震动数据库中，采用杨溥等提出的双频段（规范反应谱平台段和结构基本自振周期处）选波方法选取与结构相符合的地震波，共选用 7 条地震动对结构进行研究，地震动的基本信息见表 5.10，选取的完整地震动时程曲线如图 5.11 所示。其中，有效持时的起始时间为首次达到时程曲线最大峰值 10%对应的时刻，终止时间为最后一次达到最大峰值 10%对应的时刻。

IDA 地震动　　表 5.10

编号	地震波名称	分量	峰值加速度 (mm/s²)	有效持时 (s)	记录点时间间隔(s)
1	RSN1094_NORTHR	SOR315	661.5	31.02	0.01
2	RSN3959_TOTTORI	TTR002EW	637.9	41.23	0.01
3	RSN4847_CHUETSU	65010NS	2970.7	31.35	0.01
4	RSN4860_CHUETSU	65033NS	3164.0	31.32	0.01
5	RSN4889_CHUETSU	6E1C1EW	2706.4	19.24	0.01
6	RSN4997_CHUETSU	FKS028EW	624.8	51.06	0.01
7	RSN5116_CHUETSU	ISK001EW	292.5	47.13	0.01

采用 PRISM 软件，输入选定的 7 条地震波并进行起点归一化处理，所选地震波的加速度谱和规范反应谱的对比结果见图 5.12。由图可知，平台段的所选波形平均反应谱与规范谱吻合程度较高，并且在结构的基本自振周期 T_1 处，平均反应谱与规范反应谱的差值为 9.74%，小于双频段选波法的容许偏差百分比，验证了所选地震动的可靠性。

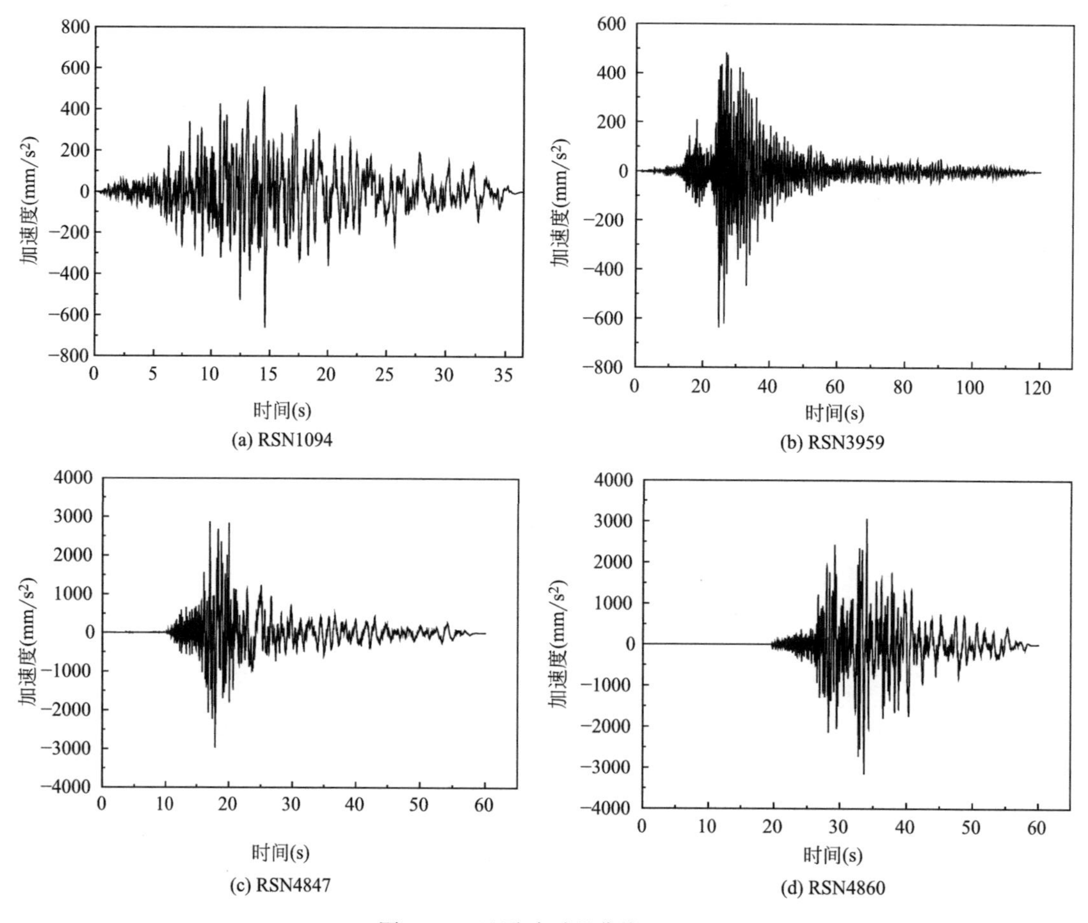

图 5.11　地震动时程曲线（一）

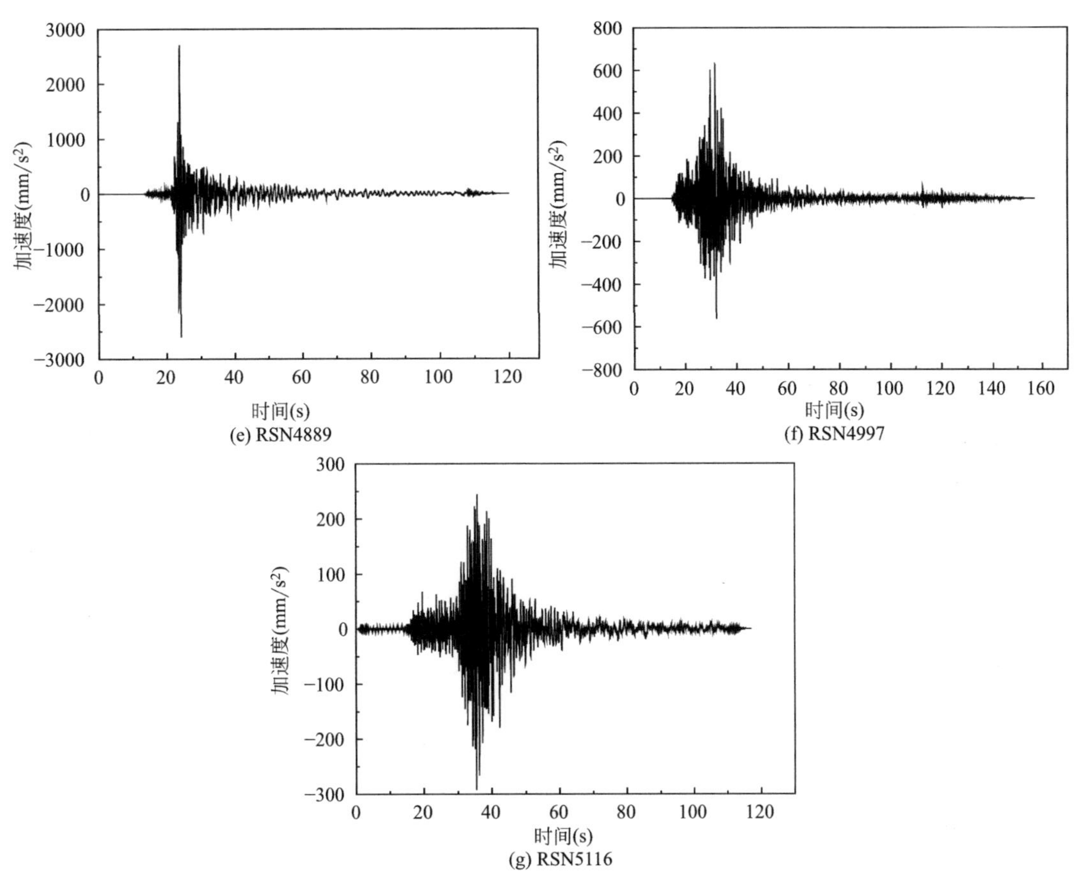

图 5.11　地震动时程曲线（二）

水平地震影响系数是指地震波在不同自振周期结构上的加速度响应与基础上相应周期结构加速度响应的比值，反映了地震波对不同周期结构的影响程度。比较各条地震波在结构自振周期点 T_1 处的水平地震影响系数，满足《建筑抗震设计规范》GB 50011—2010（2016 年版）要求的地震波可以被选为输入地震波，未满足要求则需重新选择。根据表 5.11，所选的 7 条地震波的水平地震影响系数在结构的自振周期 T_1 处，平均误差为 10.90%，遵照规范的规定，可以认为所选的地震波符合要求。

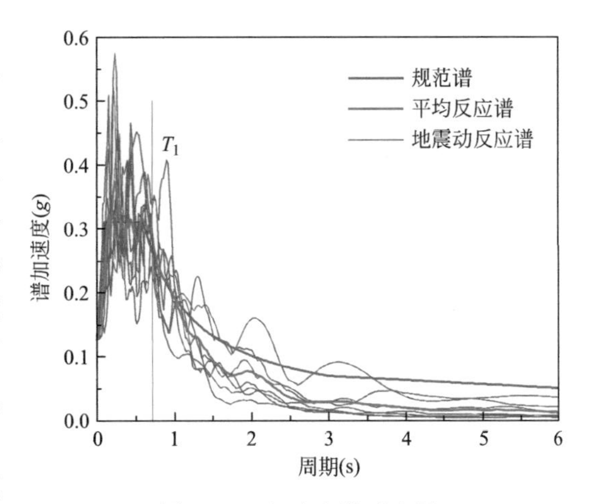

图 5.12　加速度谱对比图

结构地震水平地震影响系数对比　　**表 5.11**

地震波名称	水平地震影响系数	误差(%)
规范谱	0.266	/
RSN1094	0.296	11.28

续表

地震波名称	水平地震影响系数	误差(%)
RSN3959	0.316	18.80
RSN4847	0.287	7.89
RSN4860	0.343	28.95
RSN4889	0.284	6.77
RSN4997	0.305	14.66
RSN5116	0.231	−13.16
平均值	0.295	10.90

注：误差＝（地震波影响系数－规范谱）/规范谱×100%。

5.4.2 网架结构抗震性能水准划分

为评估网架结构体系的抗震性能，FEMA350 以及 FEMA356 规定了网架结构的 3 个结构性态点：立即使用（Immediate Occupancy，IO）、生命安全（Life Safety，LS）和防止倒塌（Collapse Prevention，CP），并对以上三个极限状态做出如下定义，见表 5.12。

网架结构性能水准 **表 5.12**

性能水准	破坏状态描述与最低极限状态
立即使用(IO)	结构破坏轻微，基本保持结构震前设计强度和刚度，功能基本不受扰或轻度受扰，影响居住安全的结构破坏较轻，不需要加固便能继续使用
生命安全(LS)	建筑功能受扰，结构破坏但不会威胁到生命安全，杆件屈服较严重，但没有构件发生断裂，结构基本保持原有刚度，采取加固安全措施后可适当使用
防止倒塌(CP)	建筑物已经达到了无法修复的严重状况，处于局部或整体倒塌边缘

针对网架的悬挑结构，根据《空间网格结构技术规程》JGJ 7—2010，选择挠跨比为 1/125 时 IDA 曲线所对应的点作为立即使用（IO）性态点。对于生命安全（LS）和防止倒塌（CP）性能状态，取 IDA 曲线上切线斜率下降到弹性斜率 80%的点作为 LS 性态点，IDA 曲线上切线斜率为弹性斜率 20%的点作为 CP 性态点。

5.4.3 优化前后结构地震易损性分析对比

将 7 条地震动的峰值加速度（PGA）逐一进行等步调幅，可方便地比较不同地震动之间结果，利于统计分析和程序化。每条地震动按照 0.1g 的增量进行调幅，共计 56 个（7 条地震动×8 次调幅）计算样本。地震动沿 XYZ 三向输入，选定结构的 X 轴为地震波输入的主方向，X、Y、Z 方向对应输入的最大加速度比例系数为 1∶0.85∶0.65。对优化前结构进行基于 IDA 的地震易损性分析。

根据结构优化对网架圆钢管截面的结果，采用 MSC. Marc 软件建立优化后的结构弹塑性模型。经计算，优化后结构的第一自振频率与优化前仅相差 1.92%，且优化后结构的规范设计反应谱平台段和结构基本自振周期段与优化前结构基本吻合，故仍然使用优化前结构所选的地震动，且地震动输入方式与优化前结构保持一致。考虑到优化后结构的抗震能力可能会有一定程度的下降，于是将地震动 PGA 调幅的增量设置为 0.05g。对优化后结构进行基于 IDA 的地震易损性分析。

优化前后网架结构的 IDA 曲线对比如图 5.13 所示。由图可知，优化前后的 IDA 曲线的整体变化趋势相近，优化后结构在初始部分的曲线斜率较大，且在同一地震动 PGA 下的挠跨比更大，刚度退化更快，比优化前结构提前进入软化段。说明优化后结构塑性损伤增加，结构整体抗震性能有所降低。在部分地震动下，优化前后结构出现了不同的曲线变化趋势（例如在地震动 RSN3959 作用下，挠跨比曲线由优化前的斜率基本不变，转换为优化后的软化现象），意味着在地震动作用下，优化后结构的塑性损伤积累位置发生了改变，抵抗地震作用的能力也随之降低。

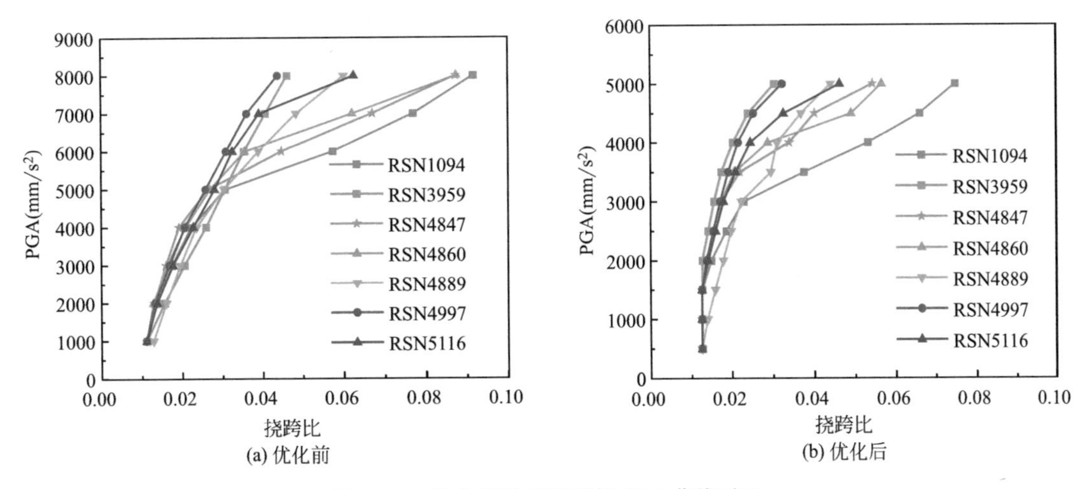

(a) 优化前
(b) 优化后

图 5.13 优化前后网架结构 IDA 曲线对比

对抗震结构网架的挠跨比进行统计，绘制分位数曲线如图 5.14 所示。根据分位数曲线可知：①在地震强度较低时，优化后结构对应的分位数曲线斜率更大；②优化后模型在同一地震动强度 PGA 下，挠跨比在数值上均呈增大趋势，且差值随 16%、50%、84%分位数依次增大，优化后模型因结构塑性损伤提前而使其整体抗震性能水平有所下降；③挠跨比的增长速率随 PGA 的增加而趋于平缓，说明结构变形响应随着地震强度的增加而提高，在分位数曲线中观察到了较为明显的软化现象。

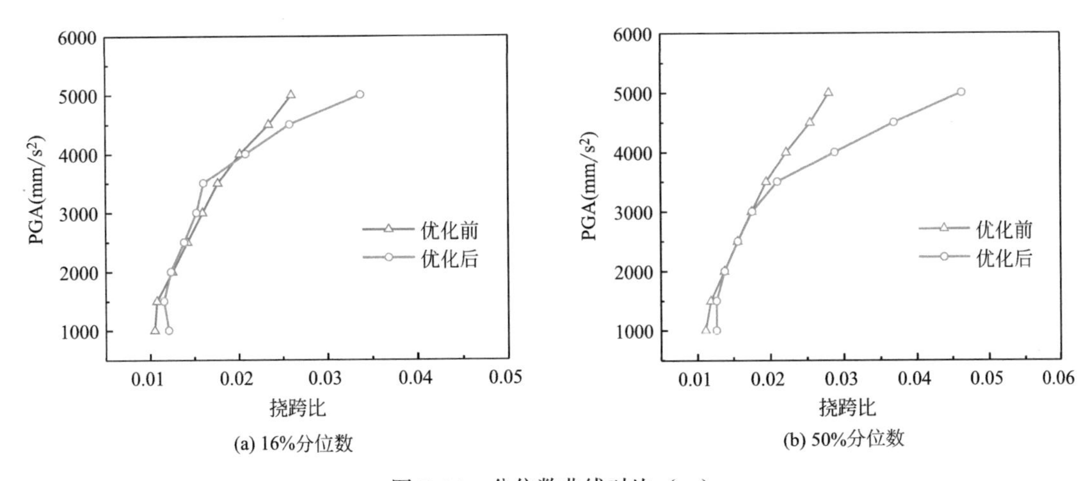

(a) 16%分位数
(b) 50%分位数

图 5.14 分位数曲线对比（一）

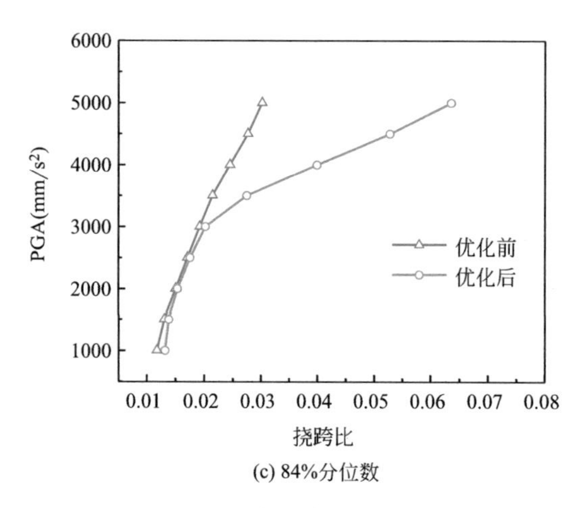

(c) 84%分位数

图 5.14　分位数曲线对比（二）

对网架结构的离散点进行线性回归，建立地震动强度和挠跨比对数值之间的线性关系模型。优化前后模型网架结构的地震需求概率模型如图 5.15 所示，由图可知，优化后模型的挠跨比线性回归曲线斜率减小，截距增大。

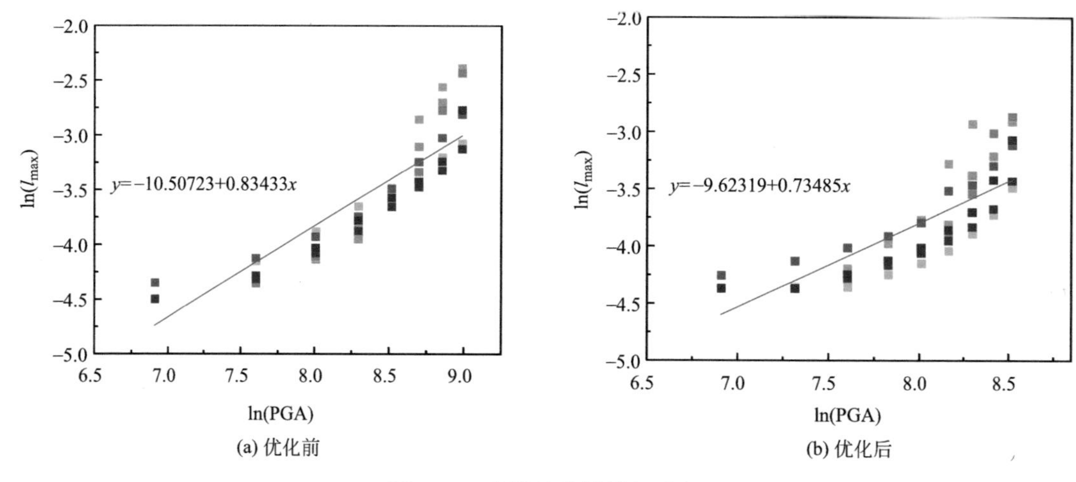

(a) 优化前　(b) 优化后

图 5.15　挠跨比线性回归对比

优化后的网架结构地震概率需求模型线性回归方程如式（5.1）所示。根据网架结构性能水准的划分，优化后结构对于立即使用 IO、生命安全 LS 和防止倒塌 CP 性能水准的挠跨比限值，在数值上分别为 0.008、0.012 和 0.046，结构在三种不同的破坏极限下的失效概率公式如表 5.13 所示。绘制优化前、后网架结构的易损性曲线以及结构抗倒塌安全储备系数，如图 5.16 所示。

$$P_{\mathrm{f}} \mid (\mathrm{DM} \geqslant dm_i \mid \mathrm{IM}=im) = \phi\left[\frac{-9.62319 + 0.73485 \times \ln(\mathrm{PGA}) - \ln(\theta_{dm_i})}{0.5}\right] \tag{5.1}$$

式中，θ_{dm_i} 为不同性能水准状态对应的结构需求参数。

优化后网架结构在不同的破坏极限下的失效概率公式　　表 5.13

极限状态	挠跨比限值	易损性曲线函数
立即使用 IO	0.008	$P_{f立即使用}=\phi\left[\frac{\ln(e^{-9.62319}(PGA)^{0.73485}/0.008)}{0.5}\right]$
生命安全 LS	0.012	$P_{f生命安全}=\phi\left[\frac{\ln(e^{-9.62319}(PGA)^{0.73485}/0.012)}{0.5}\right]$
防止倒塌 CP	0.046	$P_{f防止倒塌}=\phi\left[\frac{\ln(e^{-9.62319}(PGA)^{0.73485}/0.046)}{0.5}\right]$

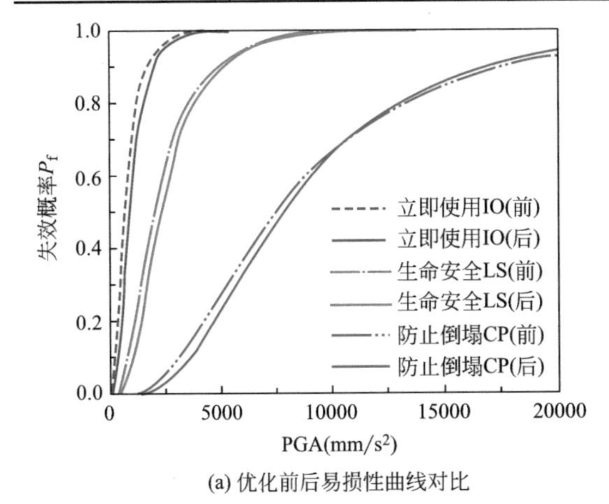

(a) 优化前后易损性曲线对比

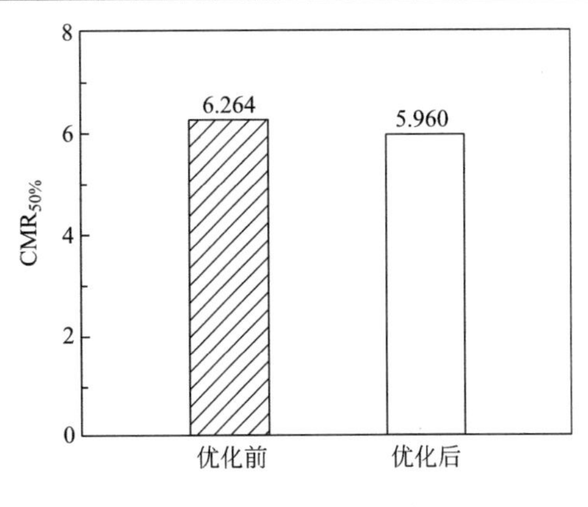

(b) $CMR_{50\%}$

图 5.16　结构倒塌指标

图 5.16（a）中虚线为优化前结构的易损性曲线，实线为优化后结构的易损性曲线，对比优化前后结构在三种极限状态下的易损性曲线可知：①在同一地震动下，优化后结构的失效概率有所增加；②优化前后结构在正常使用极限状态下曲线相差不大，均较为陡峭；在同一失效概率下，生命安全 LS 和防止倒塌 CP 的地震动强度差值比立即使用 IO 和生命安全 LS 的大；③防止倒塌两种极限状态下曲线最为平缓，当 PGA＜12000mm/s² 时，优化后的结构的失效概率比优化前的大，当 PGA≥12000mm/s² 时，优化后的结构的失效概率比优化前的小，说明优化后结构的延性在抗震方面起到了较好的作用。

结合易损性曲线，计算优化后的网架结构在 6 度设防烈度下受到多遇、设防和罕遇地震的情况下超越各性能水平的概率，并与优化前网架结构超越各性能状态的概率进行比较，见表 5.14。

6 度（0.05g）抗震设防烈度结构易损性矩阵　　表 5.14

结构	性能水准	立即使用 IO	生命安全 LS	防止倒塌 CP
优化前	多遇地震	0.355%	0.001%	0.000%
	设防地震	15.351%	0.479%	0.000%
	罕遇地震	70.582%	15.196%	0.110%
优化后	多遇地震	2.513%	0.020%	0.000%
	设防地震	31.354%	1.959%	0.003%
	罕遇地震	81.341%	24.637%	0.436%

由表 5.14 可知，优化前后结构在多遇地震下达到立即使用 IO（轻微破坏）的概率分别为 0.355%、2.513%，说明优化前后结构在多遇地震作用下几乎不会发生破坏。设防地震作

用下，优化后结构达到轻微破坏的概率约增加一倍（从15.351%增加到31.354%），同样，在遭遇罕遇地震时结构超越各性能水准的概率也有所增加（从70.582%增加到81.341%）。

遭受罕遇地震时，优化前后网架结构超越防止倒塌CP性能的概率分别为0.110%、0.436%，满足ATC-63规范要求的10%，即优化前、后结构都能够达到“大震不倒”的设防目标。此外，由图5.16（b）可知，优化前后结构的抗倒塌储备系数分别为6.264和5.960，优化后网架结构的安全储备下降幅度较小。可见，通过对大跨空间结构的地震易损性分析，明确了该大跨空间结构在优化后仍具有较好的抗倒塌能力以及抗倒塌安全储备，说明该智能优化算法可以在保证结构安全的前提下提高经济性，进而验证了智能优化算法在大跨空间结构优化中的可行性。

5.5 构件重要性量化分析

5.5.1 构件集合划分

网架结构杆件数量较多，为多次超静定结构，对结构中单一杆件进行重要性分析工作量大且参考价值有限。因此，将网架结构杆件按照空间位置划分为多个集合（如一榀径向主桁架为一个集合，包括了上下弦杆和腹杆等多根杆件），并进行逐个集合的削弱或拆除，每次仅削弱或拆除一个集合，其余集合保持不变，计算该集合的重要性系数，探究该集合在结构中的重要性程度。

网架结构构件按照空间位置分为径向主桁架、环向次桁架、交叉支撑三种类型。网架的构件集合划分如图5.17所示，集合信息见表5.15。径向主桁架自南端沿逆时针划分为96个集合（即96榀桁架），依次命名为J_SE1，J_SE2，…J_SE48，J_NW1，J_NW2，…J_NW48；环向次桁架由内到外共15道（H1～H15），每一道自南端沿逆时针分为四个区域（东南为区域A，东北为区域B，西北为区域C，西南为区域D），共划分为60个集合，命名为Hi_j，i表示第i道环向次桁架（取1～15），j表示区域（取A、B、C、D），如H1_A表示东南区域的第1道环向次桁架；径向交叉支撑自南端沿逆时针划分为16个集合，依次命名为JX1，JX2，…JX16。

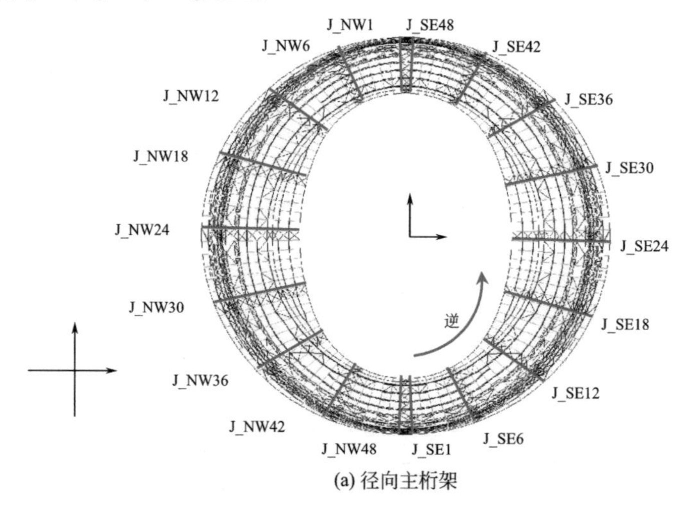

(a) 径向主桁架

图5.17 网架构件集合划分（一）

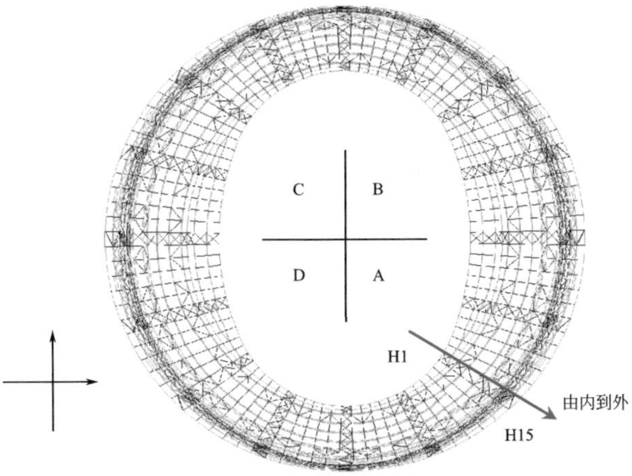

(b) 环向次桁架

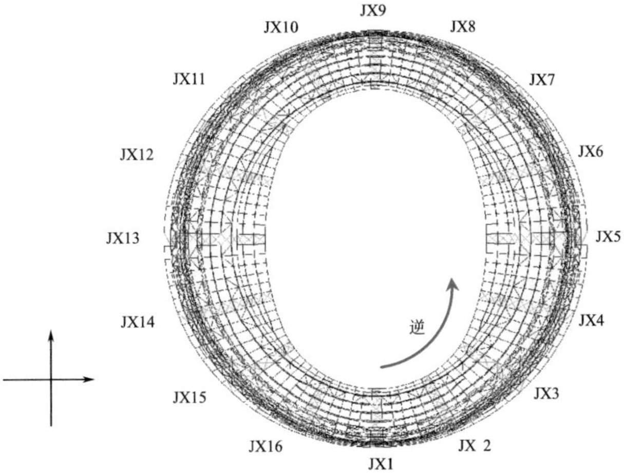

(c) 交叉支撑

图 5.17 网架构件集合划分（二）

网架集合信息 **表 5.15**

类型	集合名称	集合个数
径向主桁架	J_SE1,J_SE2,…J_SE48,J_NW1,J_NW2,…J_NW48	96
环向次桁架	H*i*_*j*(*i* 取 1～15,*j* 取 A、B、C、D)	60
交叉支撑	JX1,JX2,…JX16	16

优化前后结构应变能对比见表 5.16。由表可知，优化后结构在四个工况下的总体应变能提高，平均提升幅度在 7.2%左右。虽然杆件质量在结构优化后减小，但结构的构件应力比水平提升，从而导致总体应变能提高。

优化前后结构应变能对比 **表 5.16**

工况	应变能(kN·m)		应变能变化幅度(%)
	优化前	优化后	
重力工况	7.67×10^{8}	8.23×10^{8}	7.30
X 向工况	7.91×10^{8}	8.48×10^{8}	7.21

续表

工况	应变能(kN·m)		应变能变化幅度(%)
	优化前	优化后	
Y向工况	7.99×10^{8}	8.57×10^{8}	7.26
XY向工况	8.22×10^{8}	8.81×10^{8}	7.18

5.5.2 优化前后构件重要性对比

选择削弱系数75%、100%（拆除构件），选取径向主桁架和环向次桁架，进行优化前后结构的构件重要性对比。

(1) 削弱系数为75%

① 径向主桁架

削弱系数为75%时，优化前后径向主桁架的重要性系数最大值见表5.17。由表可知，优化前后径向主桁架的重要性系数最大值均为X向工况下最大，XY向工况次之，Y向工况最小。对应重力、X、Y和XY向四种工况，径向主桁架的重要性系数最大值分别下降了2.35%、2.05%、2.10%和1.88%，重力工况的降幅最大，说明在重力工况下，结构优化对于径向主桁架重要性的影响最大。

径向主桁架重要性系数最大值对比（削弱系数为75%） **表5.17**

构件类型	重力工况	X向工况	Y向工况	XY向工况
优化前	0.01405	0.01513	0.01381	0.01489
优化后	0.01372	0.01482	0.01352	0.01461

优化前后径向主桁架重要性系数分布情况如图5.18所示。由图可知，削弱系数为75%时，优化前后径向主桁架的重要性系数大小分布趋势相近，优化后结构径向主桁架的重要性系数在四种工况下略有降低，以重力工况为例，径向主桁架重要性系数下降的平均值为0.00026（降幅为3.08%）。

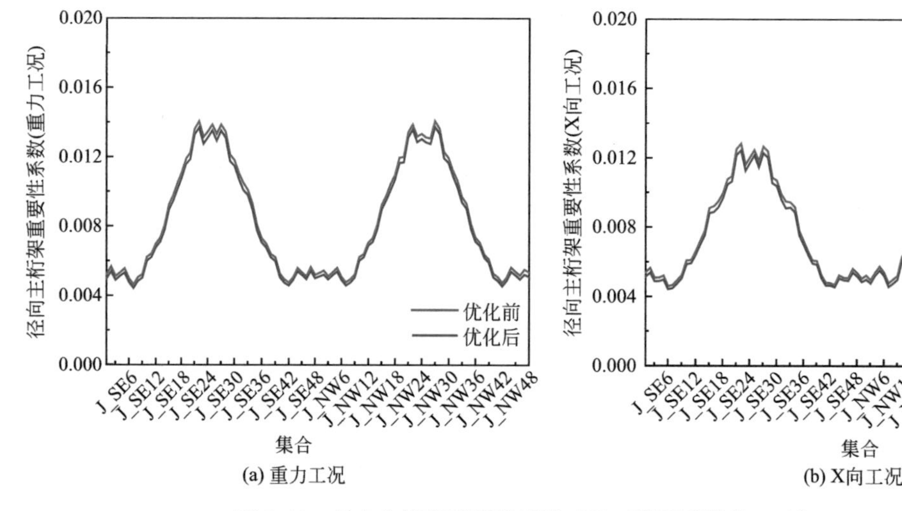

图5.18 径向主桁架重要性系数对比（削弱系数为75%）（一）

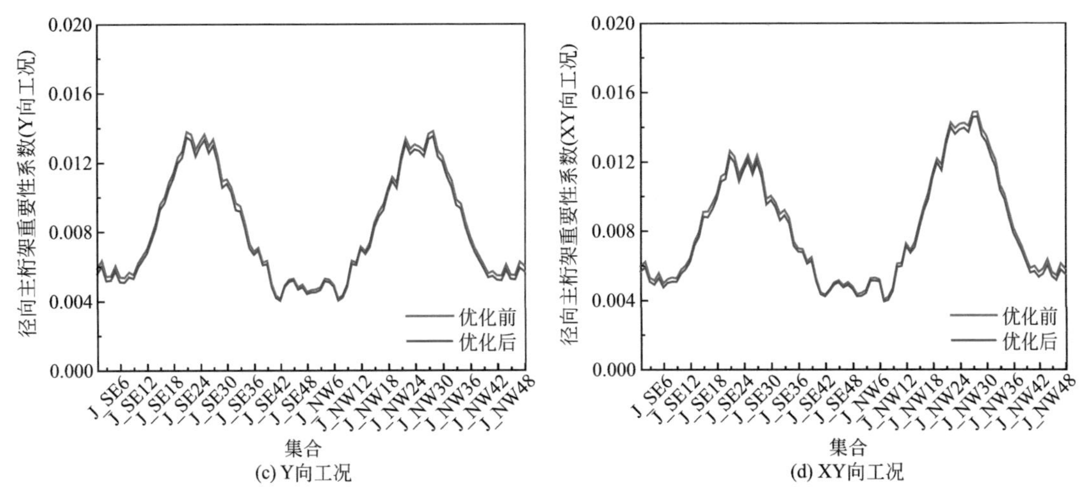

图 5.18 径向主桁架重要性系数对比（削弱系数为 75%）（二）

② 环向次桁架

削弱系数为 75%时，优化前后环向次桁架的重要性系数最大值见表 5.18。由表可知，削弱系数为 75%时，优化后环向次桁架重要性系数的最大值有所增加，对应重力、X、Y 和 XY 向四种工况，重要性系数的最大值分别增大了 6.72%、5.77%、4.97%和 3.96%；重力工况的增幅最大，说明在重力工况下，结构优化对于环向主桁架重要性的影响最大。

环向次桁架重要性系数最大值对比（削弱系数为 75%） **表 5.18**

构件类型	重力工况	X 向工况	Y 向工况	XY 向工况
优化前	0.00967	0.00953	0.01210	0.01186
优化后	0.01032	0.01008	0.01268	0.01233

优化前后环向次桁架重要性系数分布情况如图 5.19 所示。由图可知，以环向桁架 H4、H5 所在位置的网架高低屋面交界处为分界点，悬挑跨度较大的 H1～H4 重要性程度略有增大，H5～H15 的重要性系数有所降低。以重力工况为例，H1～H4 环的平均增幅为 4.60%，H5～H15 环平均降低幅度为 17.21%。

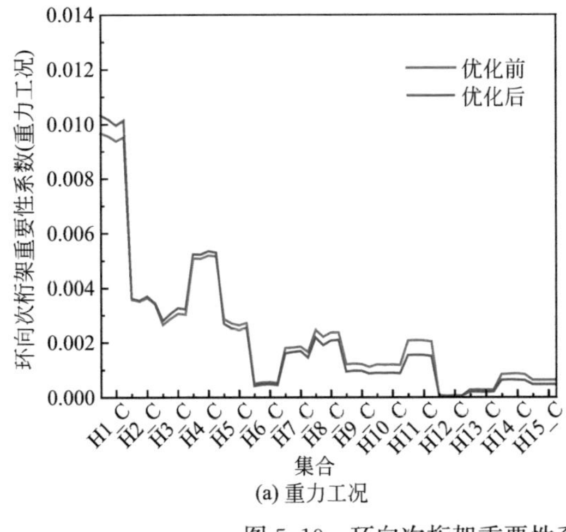

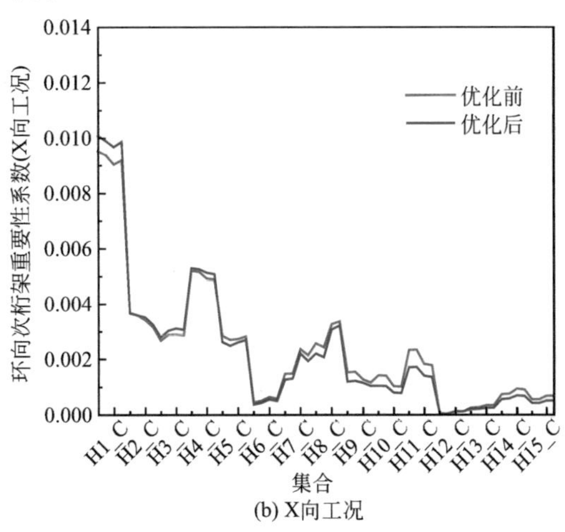

图 5.19 环向次桁架重要性系数对比（削弱系数为 75%）（一）

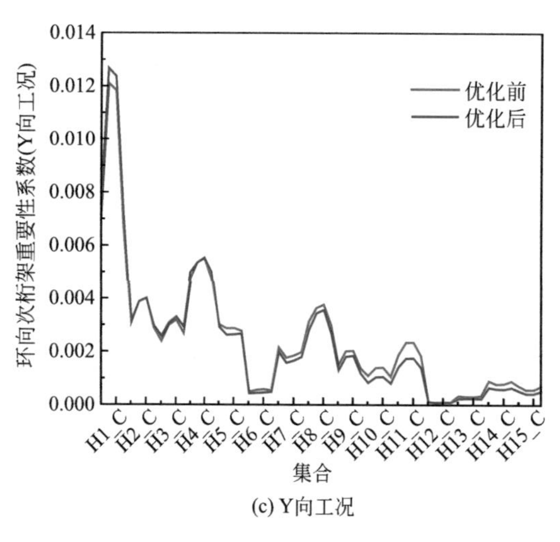

(c) Y向工况

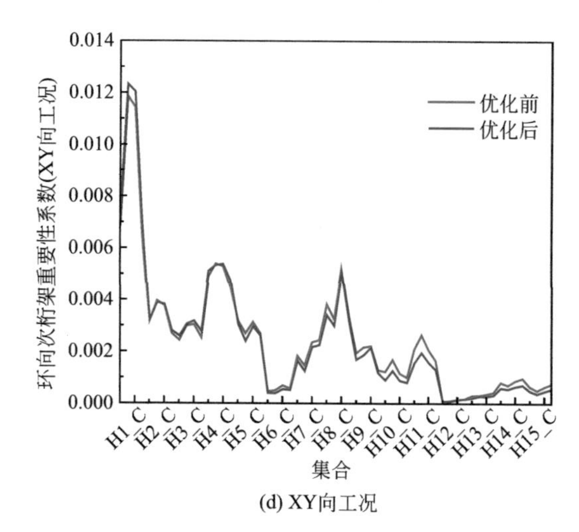

(d) XY向工况

图 5.19 环向次桁架重要性系数对比（削弱系数为 75%）（二）

（2）削弱系数为 100%（拆除构件）

① 径向主桁架

削弱系数为 100%时，优化前后径向主桁架的重要性系数最大值见表 5.19，由表可知，削弱系数为 100%时，优化后径向主桁架重要性系数的最大值总体上略微降低，对应重力、X、Y 和 XY 向四种工况，径向主桁架重要性系数的最大值分别下降了 0.024%、0.004%、0.005%和 0.004%，重力工况的降幅最大，说明在重力工况下，结构优化对于径向主桁架重要性的影响最大。

径向主桁架重要性系数最大值对比（削弱系数为 100%）　　表 5.19

构件类型	重力工况	X 向工况	Y 向工况	XY 向工况
优化前	0.99929	0.99912	0.99907	0.99910
优化后	0.99905	0.99908	0.99902	0.99906

优化前后径向主桁架重要性系数分布情况如图 5.20 所示。由图可知，削弱系数为 100%时，优化前后径向主桁架的重要性系数大小分布趋势相近，优化后结构径向主桁架的重要性系数在四种工况下略有降低。以重力工况为例，径向主桁架重要性系数下降的平均值为 0.0032（降幅为 0.34%）。

② 环向次桁架

削弱系数为 100%时，优化前后环向次桁架的重要性系数最大值见表 5.20。由表可知，削弱系数为 100%时，优化后环向次桁架重要性系数的最大值有所降低，对应重力、X、Y 和 XY 向四种工况，重要性系数的最大值分别降低了 0.003%、0.003%、0.003%和 0.002%。

优化前后环向次桁架重要性系数分布情况如图 5.21 所示。由图可知，优化后构件的重要性系数曲线仅在 H4 处能观察到降低，在其他位置大致与优化前结构吻合。

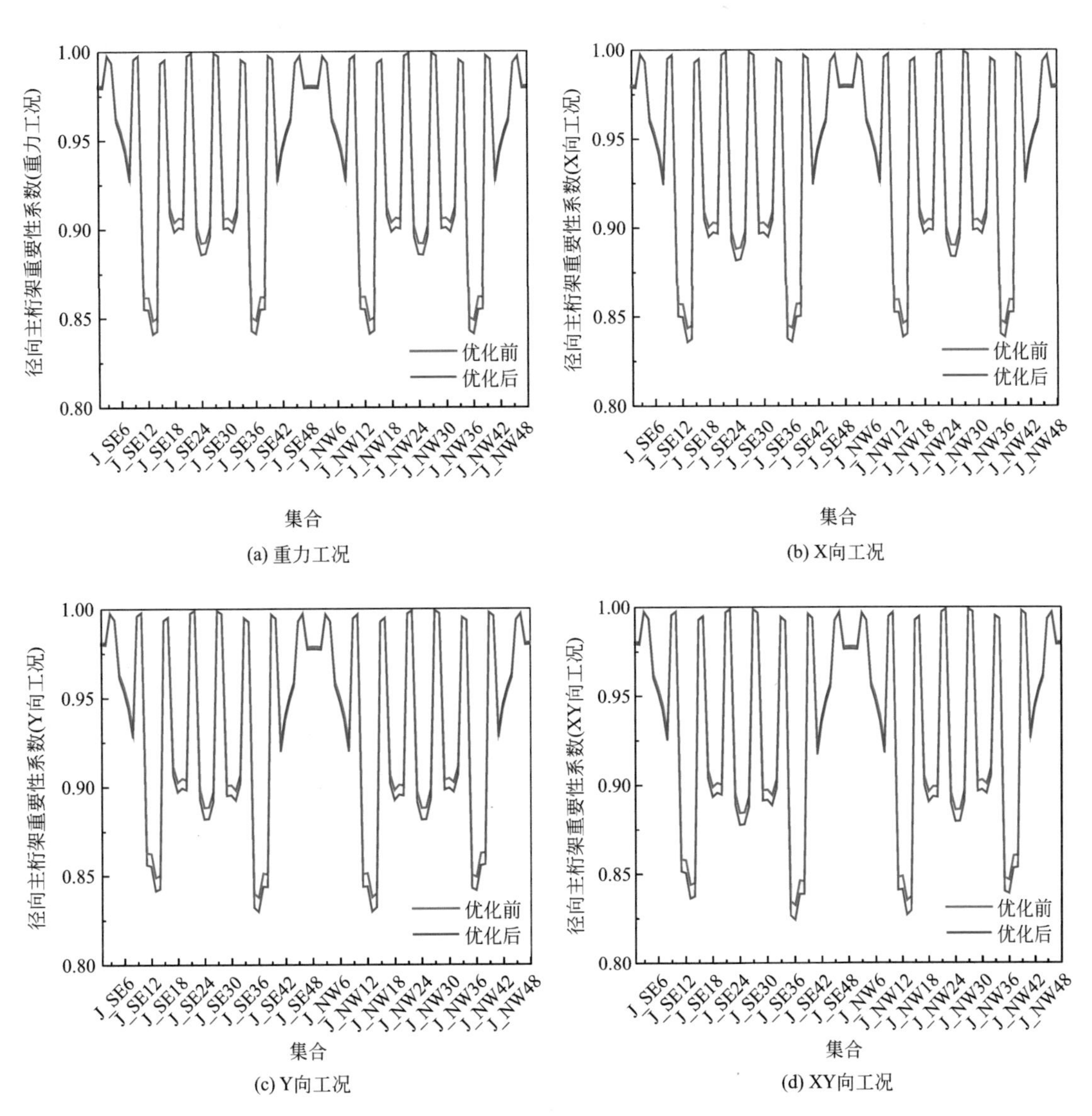

(a) 重力工况

(b) X向工况

(c) Y向工况

(d) XY向工况

图 5.20 径向主桁架重要性系数对比（削弱系数为 100%）

环向次桁架重要性系数最大值对比（削弱系数为 100%） **表 5.20**

构件类型	重力工况	X 向工况	Y 向工况	XY 向工况
优化前	0.99953	0.99961	0.99953	0.99957
优化后	0.99950	0.99958	0.99950	0.99955

可见，结构优化后，总应变能提高，径向主桁架的重要性系数在四种工况下略有降低，环向次桁架的重要性系数与优化前结构大致吻合。优化后结构的径向主桁架、环向次桁架对整个结构的刚度贡献与优化前结构相差不大，说明结构优化不会改变构件的重要性序列和整体结构传力机制。

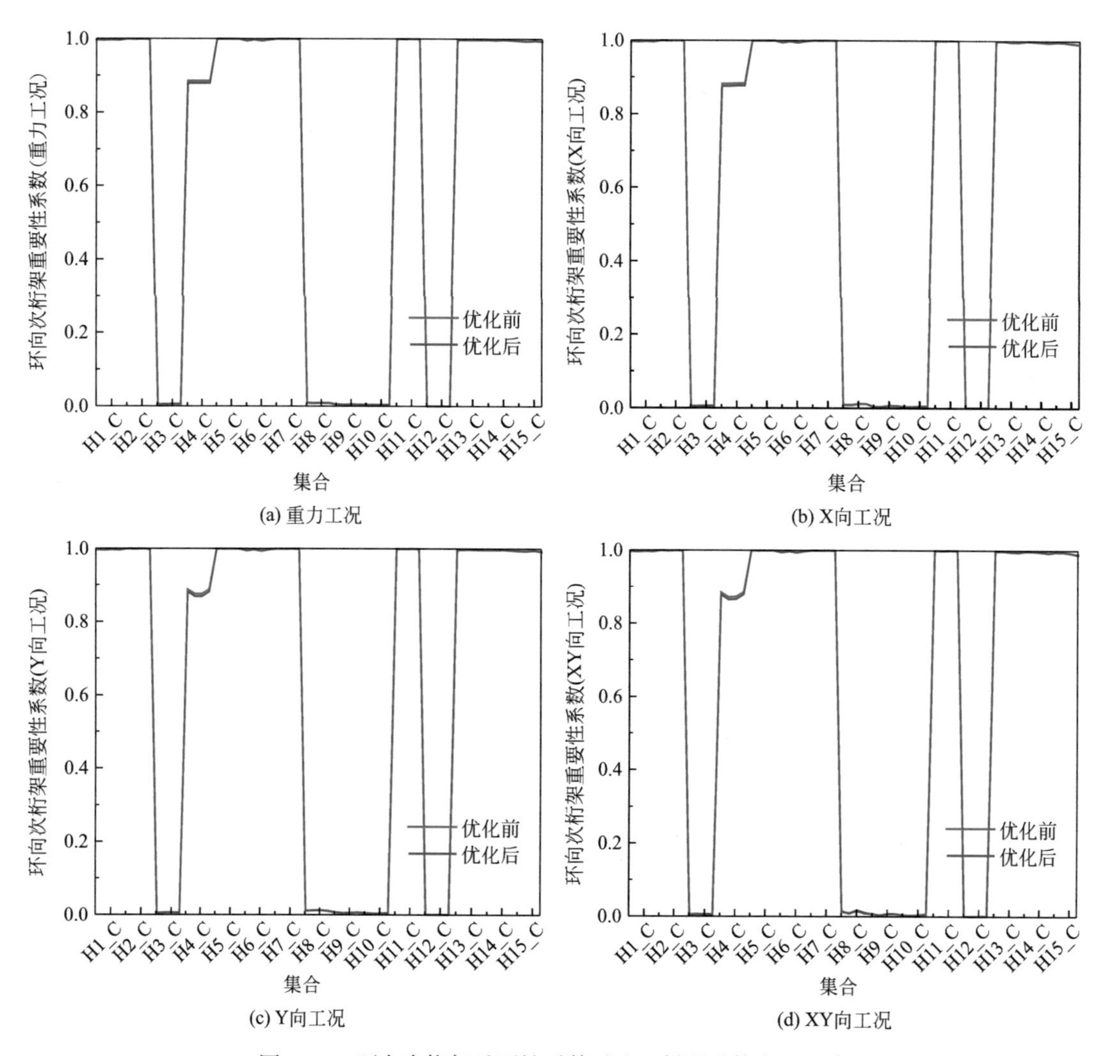

图 5.21 环向次桁架重要性系数对比（削弱系数为 100%）

5.6 优化总结

本章以刚果体育场为研究对象，首先使用基于内力状态的自动优化技术对结构进行了优化，然后以重要性系数分析了优化算法对结构受力特征的影响，最后，采用基于 IDA 的结构易损性分析方法对结构的大震安全性能进行了量化评估，确定了其大震倒塌概率和安全储备系数。主要结论如下：

（1）优化后的结构竖向挠跨比（1/138）满足规范限值要求（1/125），构件的应力比呈上升趋势，但均小于 1，结构材料成本降低约 13%。可见优化后的结构仍满足构件应力比、最大竖向位移等设计规范要求，并且结构经济性得到提高。

（2）结构经优化后，径向主桁架重要性下降，环向次桁架的重要性上升。与原结构设计方案相比较，建议加强环向次桁架，加强幅度为 3%～6%。优化后结构构件重要性系数整体增大，说明优化算法使得结构充分发挥材料性能，经济性提高。构件的重要性次序与优化前保持一致，说明了结构优化并不会改变构件的重要性次序和整体结构传力机制。

（3）优化前后网架结构的大震概率分别为 0.110%和 0.436%，满足 ATC-63 规范要求的 10%，即优化后结构能够达到“大震不倒”的设防目标。优化前后结构的抗倒塌储备系数分别为 6.264 和 5.960，优化后空间网架结构的安全储备虽有较小幅度的下降，结构仍具有良好的抗倒塌能力，说明智能优化算法可以在保证结构安全的前提下提高经济性，进而验证了智能优化算法在大跨空间结构优化中的可行性。

6 福州奥林匹克体育馆

6.1 工程概况

6.1.1 基本信息

福州奥林匹克体育馆为福州市标志性建筑（图 6.1、图 6.2），内部分为三个相对独立的区域。第一部分是北侧的入口大厅，作为整个体育馆北区的门户所在。第二部分是中心的综合比赛馆，馆内设有观众席，看台下设置了与赛场配套的功能房间。第三部分为南侧的训练馆，包含综合训练区以及健身俱乐部，赛后可作为全民健身场所。体育馆单体南北长约 211m，东西宽约 153m，占地约 1.9 公顷。体育馆平面是由多段圆弧组成的中轴对称形体，平面近似“水滴”形，与游泳馆、网球馆造型相互呼应，形成一个以“水”为概念的建筑组团。不仅能在体育竞赛功能上满足全国运动会、城运会和世界单项比赛的要求，同时还成为满足群众体育健身、休闲娱乐、餐饮、商业购物等使用要求的城市综合体。

图 6.1 体育馆鸟瞰

图 6.2 体育馆外景

福州奥林匹克体育馆由中建（北京）国际建筑设计顾问有限公司设计，福州市土地发展中心施工。本研究受中建（北京）国际建筑设计顾问有限公司委托，其中工程项目的设计条件、施工图及初始分析模型等均由中建（北京）国际建筑设计顾问有限公司提供。

（1）下部钢筋混凝土框架结构

体育馆混凝土结构采用框架剪力墙结构，利用卫生间、更衣室布置混凝土墙体，增加抗侧力刚度，使整体结构形成“上柔下刚”的抗震体系。北侧的比赛大厅混凝土结构看台最高点标高为 21.97m。比赛大厅近似椭圆形，北侧为四层，局部五层，南侧三层。南侧的训练馆部分为两层混凝土结构，首层为观众平台，局部有二层观众连廊。其整体三维模型图及其剪力墙布置图如图 6.3、图 6.4 所示。

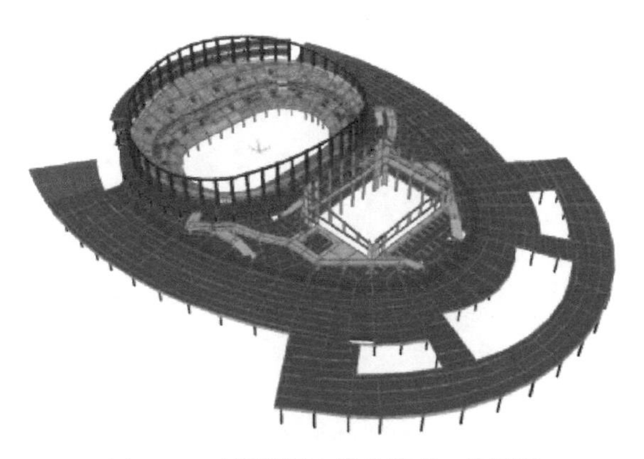

图 6.3 下部混凝土结构模型三维视图

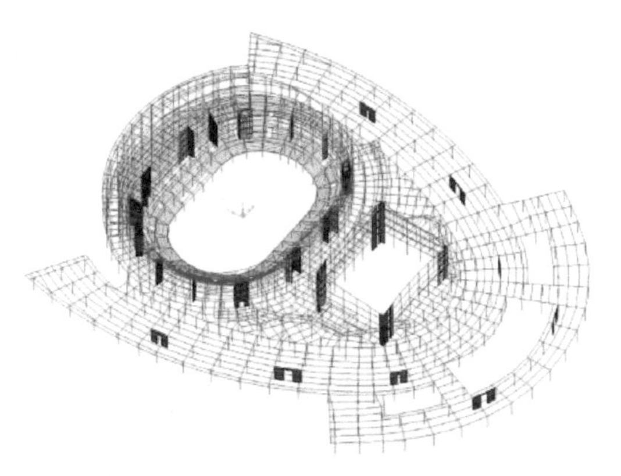

图 6.4 下部混凝土结构剪力墙布置图

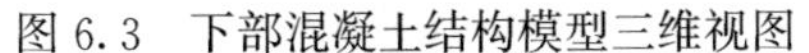

(2) 上部钢结构屋盖

上部钢结构屋盖平面似水滴形，南北长约 298m，东西约 152m。屋盖北高南低，北侧结构杆件中心线最高点标高为 39.67m，正南侧端部结构杆件中心线标高为 18.67m；沿东西方向为中间高，两端低，屋盖最低点标高约为 16.2m。

整个屋盖利用下部混凝土结构的框架柱作为支座，分为三个区域：观众大厅、比赛区、训练区；其中比赛区屋面为近椭圆形，长边 116m，短边 97.5m，北侧最高点标高 39.68m（结构中心线标高），向南及东西两侧逐渐降低，南侧最低点标高 31.42m，东西最低点标高 21.65m；训练区平面为矩形，长边 50.4m，短边 36m；其余部分为观众大厅。墙面采用单层矩形钢管交叉网格结构，交叉柱柱底连接于混凝土框架柱顶或基础。在墙面及屋面结构交界处设置立体过渡环桁架，则屋盖结构支承于内部混凝土柱以及周圈立体环桁架上。钢结构屋盖模型三维图、支座布置示意图、平面视图及其平面尺寸示意图如图 6.5～图 6.8 所示。

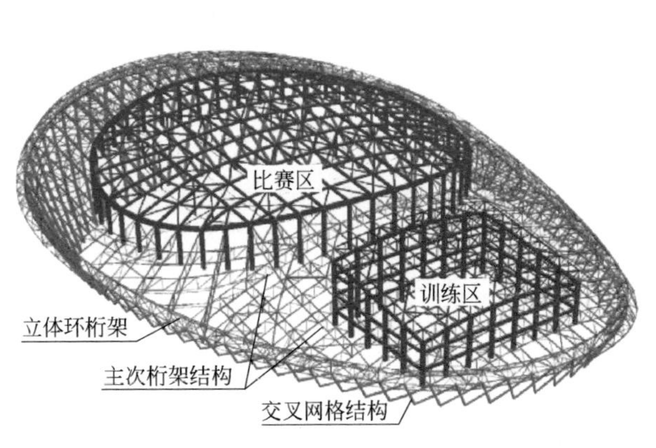

图 6.5 屋盖钢结构模型三维图

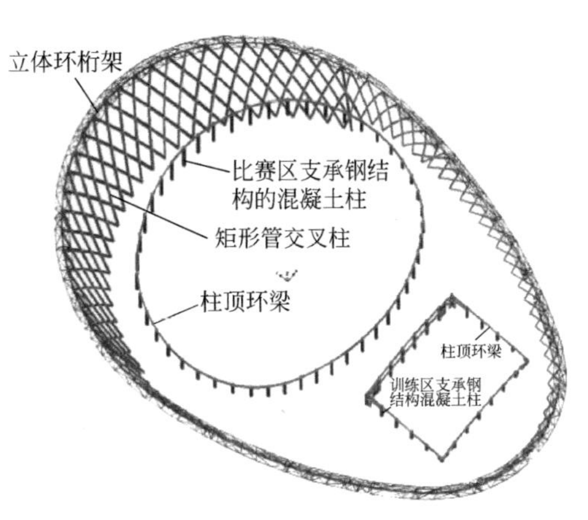

图 6.6 钢屋盖支座布置示意图

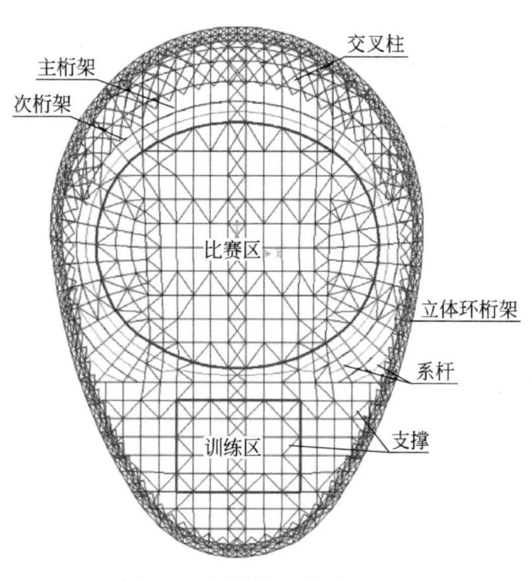

图 6.7　钢结构屋盖平面视图

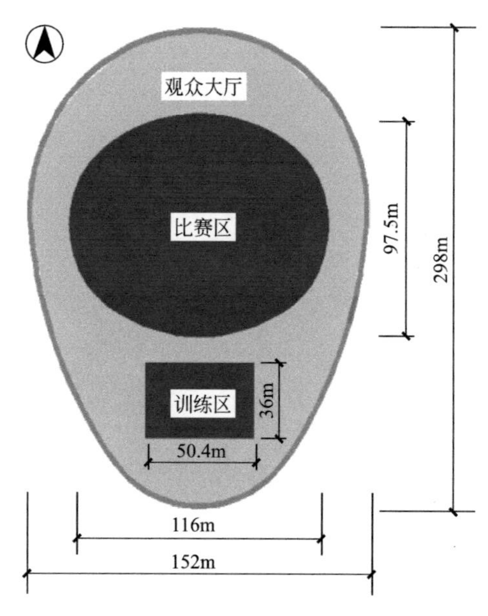

图 6.8　屋盖钢结构平面尺寸示意图

(3) 结构主要设计参数

结构的设计信息见表 6.1。下部混凝土结构为框架-剪力墙结构；上部钢结构为四边形环索弦支-张弦结构、空间平面桁架结构和单层交叉网格结构。结构的设计使用年限为 50 年，抗震设防烈度为 7 度（设计基本加速度值为 0.1g），场地类别为Ⅲ类，特征周期为 0.55s。整体总装模型的阻尼比为 0.035，其中上部钢结构为 0.02，下部混凝土结构为 0.035。基本风压混凝土结构为 0.70kN/m^2，钢结构为 0.85kN/m^2。

结构设计信息　　**表 6.1**

设计内容	设计信息
结构类别	下部混凝土结构:框架-剪力墙结构 上部钢结构:四边形环索弦支-张弦结构、空间平面桁架结构和单层交叉网格结构
设计使用年限	50 年
结构设计基准期	50 年
抗震设防烈度	7 度(0.1g)
场地特征周期	T_g=0.55s
设计地震分组	第二组
场地类别	Ⅲ类
阻尼比	0.02(钢结构单体模型) 0.035(钢筋混凝土结构单体模型) 0.035(整体总装分析模型)
基本风压	0.70kN/m^2(混凝土结构) 0.85kN/m^2(钢结构)

结构主要材料信息见表 6.2。框架梁、次梁、板、承台、基础梁采用 C30 混凝土；框

架柱、剪力墙采用 C40 混凝土；梁、板、柱、墙的纵筋和箍筋等钢筋采用 HRB400 级；仅受配筋率控制的分布筋、梁墙的拉结筋采用 HPB235 级和 HRB335 级；钢结构主要杆件选用 Q345B 钢材，马道、上马道钢梯等附属结构材质选用 Q235B 钢材；成品索选用 $f_{yk}=1670$MPa。

材料信息 **表 6.2**

材料	等级
混凝土	C30、C40
钢材	Q235B、Q345B
钢筋	HPB235、HRB335、HRB400
索	$f_{yk}=1670$MPa

结构构件设计信息见表 6.3。其中，比赛区支撑柱尺寸为圆柱 1200mm，训练区支撑柱尺寸为 800mm×800mm 和 800mm×1000mm，外围平台柱尺寸为圆柱 700mm，内部看台柱为 600mm×600mm～800mm×800mm；剪力墙外围筒体厚度 400mm；环向框架梁的截面尺寸为 400mm×600mm～400mm×800mm，径向为 400mm×700mm～400mm×1000mm；次梁截面尺寸为 300mm×600mm 和 300mm×800mm，看台板厚度 100mm；矩形钢管（网格梁）尺寸以 B400×700×18×20 为例，400 为钢管宽度，700 为钢管高度，18 为腹板厚度，20 为翼缘厚度，单位均为 mm；矩形钢管（外墙交叉柱）以 F350-500-14-16 为例，350 为钢管宽度，500 为钢管高度，14 为钢管宽度方向厚度，16 为钢管高度方向厚度，单位均为 mm；索结构尺寸以 5×91 为例，其钢丝束的截面积为 1787mm^2，折算直径为 47.7mm；网架圆钢管尺寸以 P133×5 为例，133 为钢管外径（$D=133$mm），6 为壁厚（$t=6$mm）。

构件设计信息 **表 6.3**

构件名称	尺寸参数
混凝土柱	比赛区支撑柱：圆柱 1200mm 训练区支撑柱：800mm×1000mm、800mm×800mm 外围平台柱：圆柱 700mm 内部看台柱：600mm×600mm～800mm×800mm
剪力墙筒体	厚度 400mm
框架梁	环向 400mm×600mm、400mm×700mm、400mm×800mm 径向 400mm×700mm、400mm×800mm、400mm×1000mm
次梁	300mm×600mm、300mm×800mm
看台板	厚度 100mm
矩形钢管(网格梁)	B400×700×18×20、B400×700×20×25、B400×700×25×35、B400×800×30×35、B350×500×14×16、B300×400×12×12
矩形钢管(外墙交叉柱)	F300-400-12、F350-500-14-16、F400-800-20-25、F600-1000-35、F1000-700-35
索结构(四边形弦支结构及张弦梁)	5×91、5×139、5×253、5×409、7×337
圆钢管(桁架、撑杆及屋面支撑)	P133×5、P168×6、P180×8、P219×10、P245×10、P273×10、P299×12、P325×12、P351×14、P351×25、P377×20、P600×30

6.1.2 抗震设计策略

6.1.2.1 结构体系

1）下部混凝土结构采用框架-剪力墙结构，利用卫生间、更衣室布置混凝土墙体，增加抗侧力刚度，使整体结构形成“上柔下刚”的抗震体系；

2）体育馆比赛区屋盖采用四边形环索弦支-张弦组合结构，多重四边形环索弦支结构在本工程此规模的椭圆形屋盖中应用属首创，具有线条简单明快、用钢节约、传力明确的特点。

6.1.2.2 结构布置措施

1）底部加强区剪力墙两端设置约束边缘构件，约束边缘构件延伸至斜看台底部；

2）为增强屋盖整体性，在屋盖周圈设置水平支撑，并沿屋盖纵向及横向分别设置水平支撑；

3）比赛区柱顶环梁设置受拉型钢，比赛区支承柱内亦设置型钢给予加强。

6.1.2.3 增强结构抗震延性和承载力措施

1）从严控制屋盖钢结构支座及其相连构件的长细比和杆件应力比；

2）剪力墙的竖向、水平分布钢筋的含钢率适当提高。

6.1.2.4 其他相关措施

1）对比赛区屋盖进行考虑施工分步张拉的全过程施工模拟分析；

2）对比赛区屋面进行考虑双非线性的竖向极限承载力分析，对交叉网格墙面进行竖向、水平极限承载力分析；

3）考虑混凝土支承柱及环梁在长期荷载以及徐变作用下刚度退化，考察该退化对周围结构的影响；

4）对拉索进行断索分析，在突发事件发生时结构具有一定的抗连续倒塌能力，保证生命财产安全；

5）考察拉索出现安装、加工误差时，对屋盖结构受力、变形情况的影响；

6）配合钢结构施工单位，进行钢结构吊装、拆撑的施工全过程计算；

7）关键钢结构节点局部有限元分析计算。

6.1.2.5 抗震性能目标

1）上部钢结构及支座：安评谱小震弹性；规范谱中震弹性；

2）下部混凝土结构：安评谱小震弹性；支承钢结构屋盖的混凝土柱及柱顶环梁规范谱中震弹性；其他下部混凝土框架柱、剪力墙（不包含连梁）、看台斜梁及局部转换梁规范谱中震不屈服。

6.1.3 整体经济性指标

6.1.3.1 钢结构的理论用量

整个钢结构总理论用钢量 3329.5t，按整体屋盖、墙面展开面积 27683m^2，计 120.3kg/m^2，具体如下：

1）比赛区屋盖四边形环索弦支结构理论用钢量见表 6.4：

理论用钢量 表 6.4

构件类型	用钢量(t)	型钢用钢量(t)	索用量(t)
网格梁	742.0	890.4	—
撑杆	29.7		
屋面支撑	118.9		
斜索	10.2	—	41.3
四边形环索	21.3		
张弦结构拉索	9.8		

比赛区屋盖展开面积 9120m^2，钢管理论用钢量 97.6kg/m^2，索理论用量 4.52kg/m^2。考虑节点加劲肋以及夹节点重量，实际用量较理论用量约放大 10%。

2）其他区域理论用钢量：

外墙矩形钢管柱 1513.8t，按展开面积 9640m^2，计 157.0kg/m^2；训练区及观众大厅屋盖 651.5t，按其展开面积 14840m^2，计 43.9kg/m^2；立体环桁架 303.3t。

6.1.3.2 混凝土的理论用量（表 6.5）

混凝土的折算重量 表 6.5

结构面积 S(m^2)	结构总重力荷载 G(kN)	结构总自重 G_1(kN)	G/S (kN/m^2)	G_1/S (kN/m^2)	折算厚度 (m)
43694	800141	471230	18.3	10.78	0.422

6.2 结构有限元模型

6.2.1 边界条件

如图 6.9 所示，框架柱和剪力墙的底部节点按完全固定（Fixed Displacement）施加约束，节点处 UX=UY=UX=0 且 URX=URY=URZ=0，限制三个平动自由度和三个转动自由度。

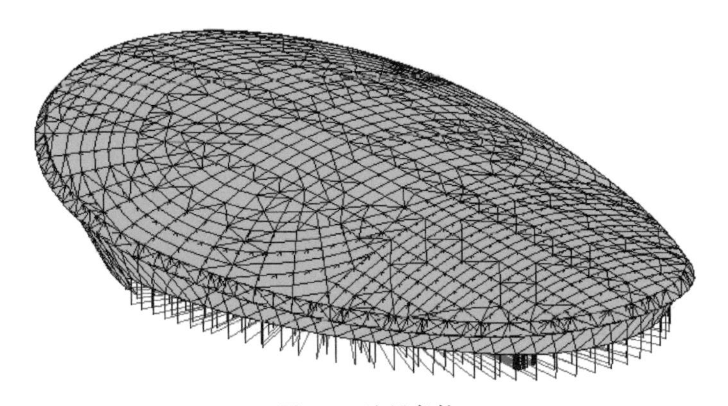

图 6.9 边界条件

6.2.2 结构质量、网架最大位移、模态对比

对 MSC. Marc 和 SAP2000 模型进行模态分析，并在重力工况下，对模型的质量、网架最大位移进行对比验证。重力作用下，SAP2000 和 MSC. Marc 模型的质量、最大竖向位移对比结果在表 6.6 中列出，两个模型的质量和最大竖向位移分别相差 3.4% 和 4.6%。

结构质量、网架最大位移对比 **表 6.6**

	SAP2000	MSC. Marc	相对误差
质量(结构自重)	646198kN	624000kN	3.4%
网架最大竖向位移	183mm	192mm	4.6%

结构的振型和频谱特性是每个结构体系的固有属性。对于大跨空间结构而言，动力响应规律不仅与地震加速度的大小有关，还与结构本身的特性相关，如自振周期、频率、振型等。表 6.7 列出了 MSC. Marc 和 SAP2000 模态分析的前五阶自振频率，两个模型的自振频率相对误差大部分能控制在 8%以内。

SAP2000 和 MSC. Marc 模态分析的前五阶自振频率 **表 6.7**

模态阶数	SAP2000 自振频率(Hz)	MSC. Marc 自振频率(Hz)	相对误差(%)
1	1.129	1.211	7.3
2	1.475	1.444	2.1
3	1.588	1.659	4.5
4	1.917	2.190	14.2
5	2.117	2.235	5.6

MSC. Marc 软件和 SAP2000 软件模态分析的前五阶振型见图 6.10。由图可知，两个模型的第一阶振型为网架的竖向振型，第二、三阶振型为网架 X 向平动振型，第四阶振型为网架结构的 Y 向平动振型，第五阶振型为网架带动下部混凝土看台的扭动振型。两模态吻合程度较高，说明采用 MSC. Marc 建立的模型能够较为准确地对结构进行模拟。

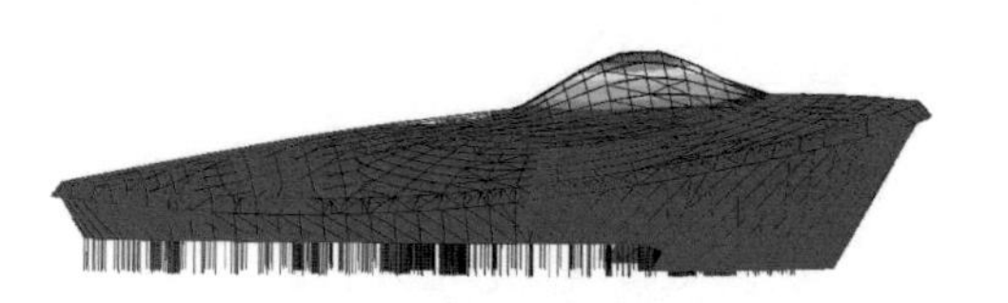

(a) MSC.Marc第一阶振型

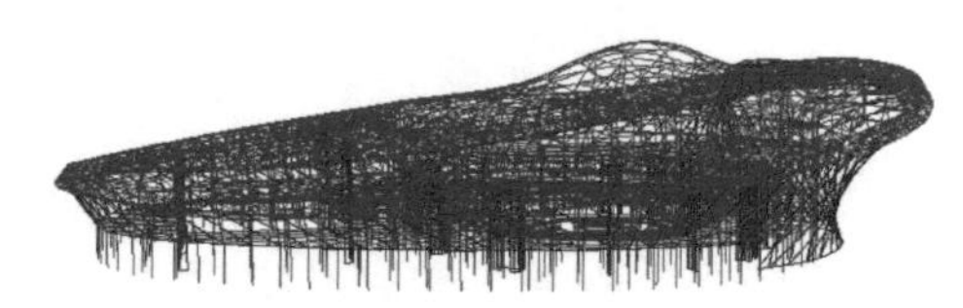

(b) SAP2000第一阶振型

图 6.10 结构前五阶振型对比（一）

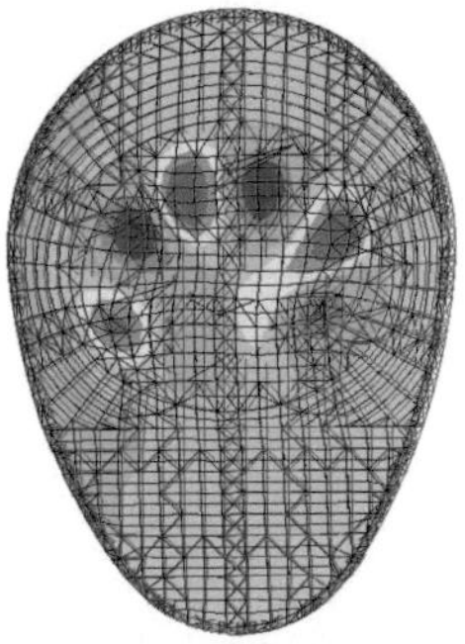

(c) MSC.Marc第二阶振型

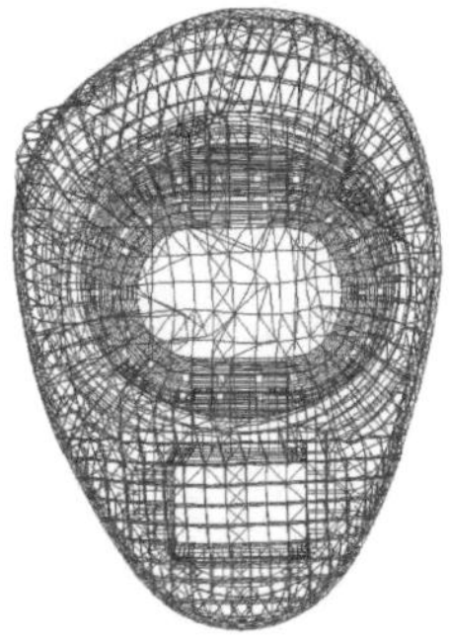

(d) SAP2000第二阶振型

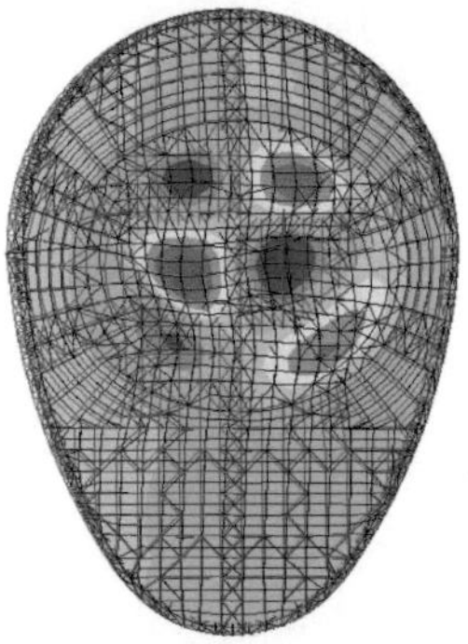

(e) MSC.Marc第三阶振型

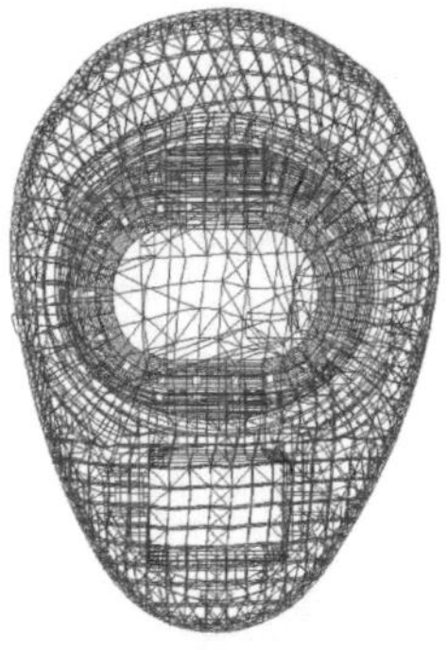

(f) SAP2000第三阶振型

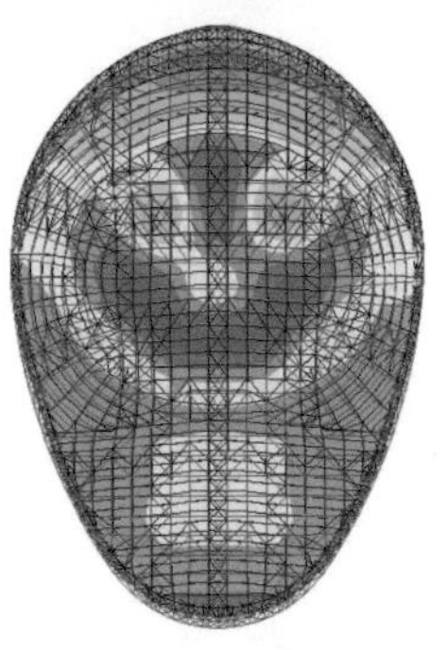

(g) MSC.Marc第四阶振型

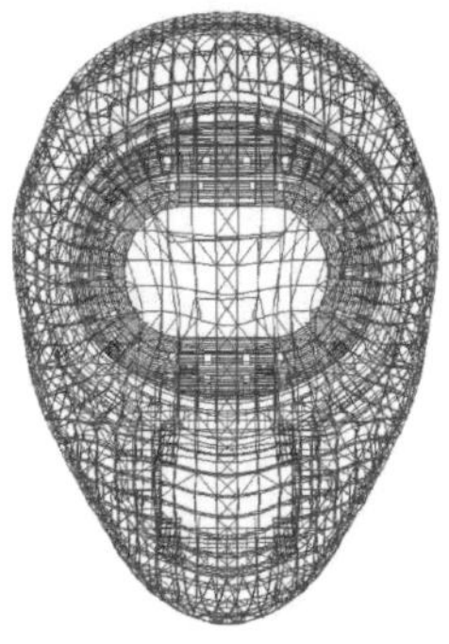

(h) SAP2000第四阶振型

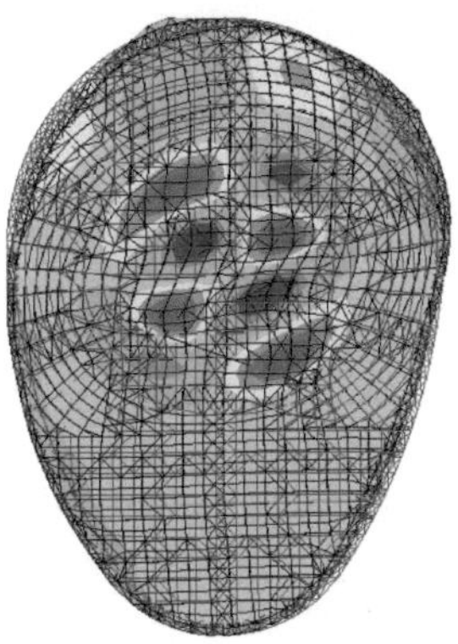

(i) MSC.Marc第五阶振型

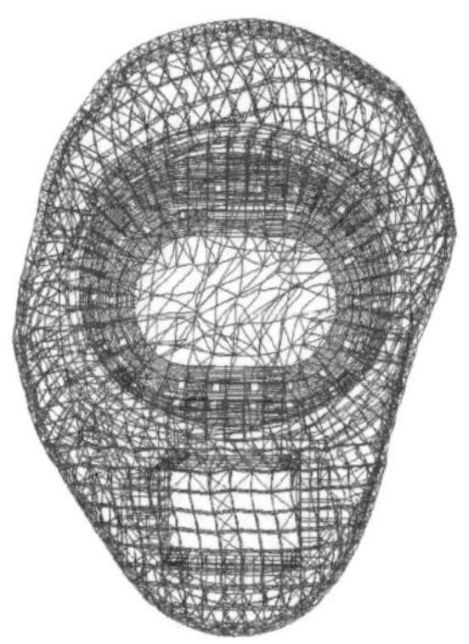

(j) SAP2000第五阶振型

图 6.10 结构前五阶振型对比（二）

6.3 自动优化结果

6.3.1 结构材料成本

为研究规模和迭代次数对最终结构材料成本优化的影响，迭代次数 *Iter* 取 100 和 50。当迭代次数 *Iter*＝100 时，种群规模取 25、50、75、100；当迭代次数 *Iter*＝50 时，种群规模取 5、15、25、50。

结构材料成本优化曲线如图 6.11 所示。随着优化代数的增加，模型材料成本呈现出阶梯式下降的趋势，优化曲线平台段长，下降幅度陡峭。优化平台段长是由于随机参数生成的构件新截面因不满足约束条件，材料成本被设置的罚函数放大，从而出现新迭代中模型材料成本无法降低的状况。下降段陡峭说明了模型的优化下降空间大，存在多个局部优解。最终材料成本降低约 13％。

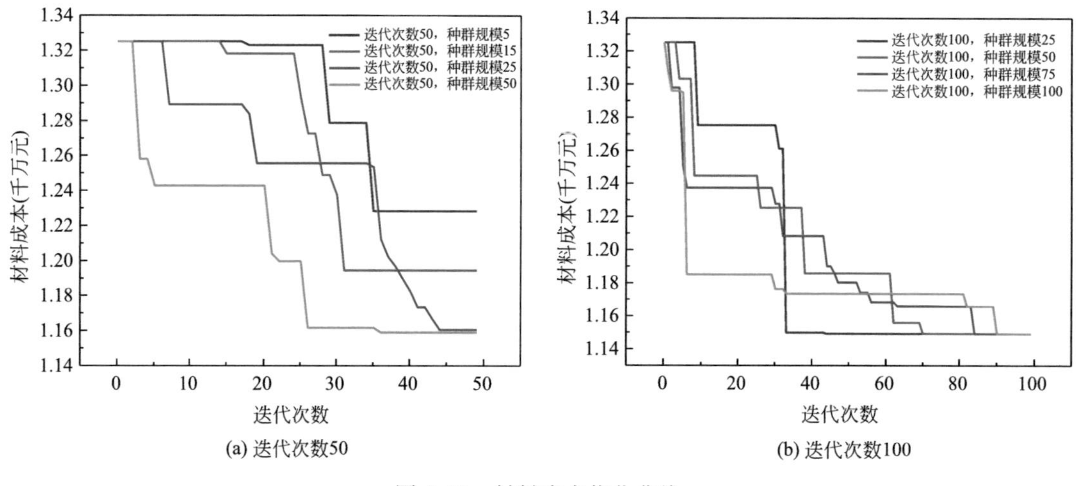

图 6.11 材料成本优化曲线

当迭代次数为 50 时，由于其迭代次数较少，随着种群规模的增加，其收敛速度不断增加，最终优化材料成本价格不断降低，其最优材料成本价格为 1159 万元；当迭代次数为 100 时，随着种群规模的增加，最终优化材料成本价格不变，其最优材料成本价格为 1149 万元，变化幅度有限。

6.3.2 网架最大竖向位移变化

以迭代次数为 100，种群规模取 25 为例。网架最大竖向位移随迭代次数的变化如图 6.12 所示。由图可知，位移曲线随迭代过程上下波动，优化前期（前 40 代）波动幅度较大，后期逐渐平稳。在第 44 代，最大竖向位移从初始的 260mm 经优化后达到 272mm，优化结束时的最大位移符合限值要求。

6.3.3 构件应力比

以迭代次数为 100，种群规模取 25 为例。优化前后应力比见表 6.8。由表可知，B350×

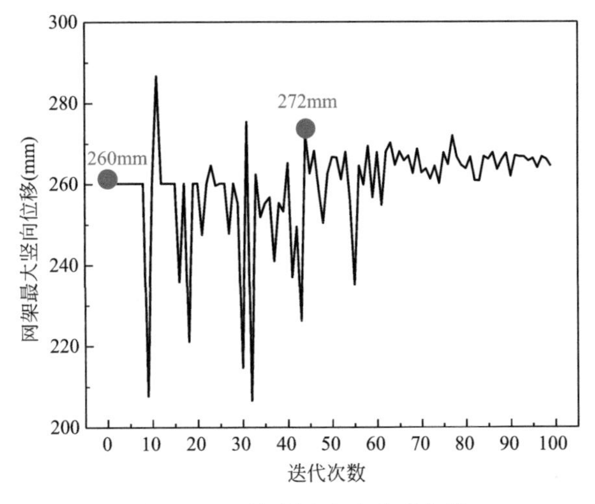

图 6.12　网架最大竖向位移曲线

500×14×16、B400×800×30×35、P133×5、P180×8、P325×12、P351×14、P351×25 构件的应力比下降，其余构件的应力比上升，其中构件 B400×700×18×20、B400×700×20×25、B400×700×25×35、F400-800-20-25、F1000-700-35 优化后的应力比接近于 1。总体看来，大部分构件的应力比在数值上都呈增加的趋势，优化结束后的构件应力比满足规范要求（均小于 1）。

优化前后网架构件应力比　　**表 6.8**

构件名	应力比	
	优化前	优化后
B300×400×12×12	0.361	0.506
B350×500×14×16	0.668	0.593
B400×700×18×20	0.776	0.953
B400×700×20×25	0.818	0.917
B400×700×25×35	0.614	0.920
B400×800×30×35	0.632	0.413
P133×5	0.869	0.776
P180×8	0.675	0.585
P219×10	0.706	0.814
P245×10	0.593	0.673
P273×10	0.636	0.697
P299×12	0.494	0.517
P325×12	0.738	0.563
P351×14	0.604	0.413
P351×25	0.915	0.810
P500×20	0.379	0.475

续表

构件名	应力比	
	优化前	优化后
P600×30	0.521	0.526
F300-400-12	0.442	0.681
F350-500-14-16	0.383	0.445
F400-800-20-25	0.523	0.941
F600-1000-35	0.526	0.785
F1000-700-35	0.614	0.964

6.3.4 构件截面尺寸

在优化过程中，控制圆钢管的壁厚 t 不变，决策变量设置为圆钢管截面外径；控制矩形钢管宽厚比及其壁厚不变，决策变量设置为矩形钢管的高。以实现杆件截面积的变化。优化前后网架构件截面尺寸对比见表 6.9，由表可知，大部分构件的截面尺寸均有不同程度的降低，其中杆件 B300×400×12×12 和 P500×20 的面积优化率可达 34%。

优化前后网架构件截面 **表 6.9**

杆件名	截面类型	优化前截面尺寸(mm)	优化后截面大小(mm)	面积优化率
B300×400×12×12	矩形钢管	300×400×12×12	199×265×12×12	34%
B350×500×14×16	矩形钢管	350×500×14×16	448×640×14×16	−28%
B400×700×18×20	矩形钢管	400×700×18×20	363×635×18×20	9%
B400×700×20×25	矩形钢管	400×700×20×25	348×610×20×25	13%
B400×700×25×35	矩形钢管	400×700×25×35	305×535×25×35	24%
B400×800×30×35	矩形钢管	400×800×30×35	538×1076×30×35	−35%
P133×5	圆钢管	133×5	130×5	2%
P180×8	圆钢管	180×8	188×8	−5%
P219×10	圆钢管	219×10	212×10	3%
P245×10	圆钢管	245×10	228×10	7%
P273×10	圆钢管	273×10	264×10	3%
P299×12	圆钢管	299×12	278×12	7%
P325×12	圆钢管	325×12	398×12	−23%
P351×14	圆钢管	351×14	429×14	−23%
P351×25	圆钢管	351×25	381×25	−9%
P500×20	圆钢管	500×20	335×20	34%
P600×30	圆钢管	600×30	682×30	−14%
F300-400-12	矩形钢管	400×300×12×12	336×252×12×12	16%
F350-500-14-16	矩形钢管	500×350×16×14	458×320×16×14	11%
F400-800-20-25	矩形钢管	800×400×25×20	642×321×25×20	26%
F600-1000-35	矩形钢管	1000×600×35×35	700×420×35×35	31%
F1000-700-35	矩形钢管	700×1000×35×35	618×882×35×35	12%

注：面积优化率＝（优化前截面积－优化后截面积）/优化前截面积×100%。

6.4 结构大震安全性能评估

6.4.1 地震动选取

为验证优化后结构的大震安全性能，本部分采用基于 IDA 的结构抗震易损性分析方法开展结构安全性能评估。首先，通过双频段选波法，从美国太平洋地震工程研究中心（PEER）地震动数据库中选取了 8 条地震动用于 IDA 分析。选波参数取值如下：结构抗震设防烈度为 7 度 0.1g，水平地震影响系数取 0.5；结构所处场地为Ⅲ类场地，特征周期为 0.55s；上偏量取 0.5s，下偏量取 0.2s；平台段和基本周期的容许偏差百分比取 10%。地震动的基本信息见表 6.10，选取的完整地震动时程曲线如图 6.13 所示。其中，有效持时的起始时间为首次达到时程曲线最大峰值 10%对应的时刻，终止时间为最后一次达到最大峰值 10%对应的时刻。

地震动信息 **表 6.10**

序号	地震动名称	记录点时间间隔(s)	有效持时(s)
1	RSN4972_CHUETSU_FKS003UD	0.01	50.92
2	RSN5091_CHUETSU_IBR007UD	0.01	50.20
3	RSN5208_CHUETSU_NGN016UD	0.01	35.61
4	RSN5510_IWATE_AOM015UD	0.01	87.99
5	RSN5611_IWATE_IWT002UD	0.01	47.51
6	RSN6147_TOTTORI. 1_EHM010UD	0.01	33.35
7	RSN6615_NIIGATA_ISK006UD	0.01	73.35
8	RSN6818_NIIGATA_TYM007UD	0.01	71.74

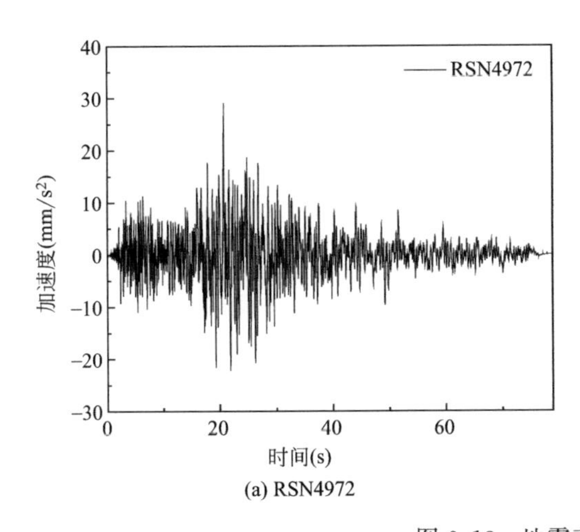

(a) RSN4972

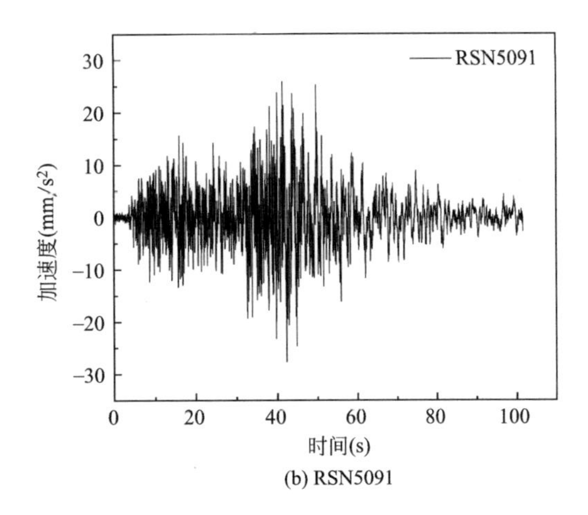

(b) RSN5091

图 6.13 地震动时程曲线（一）

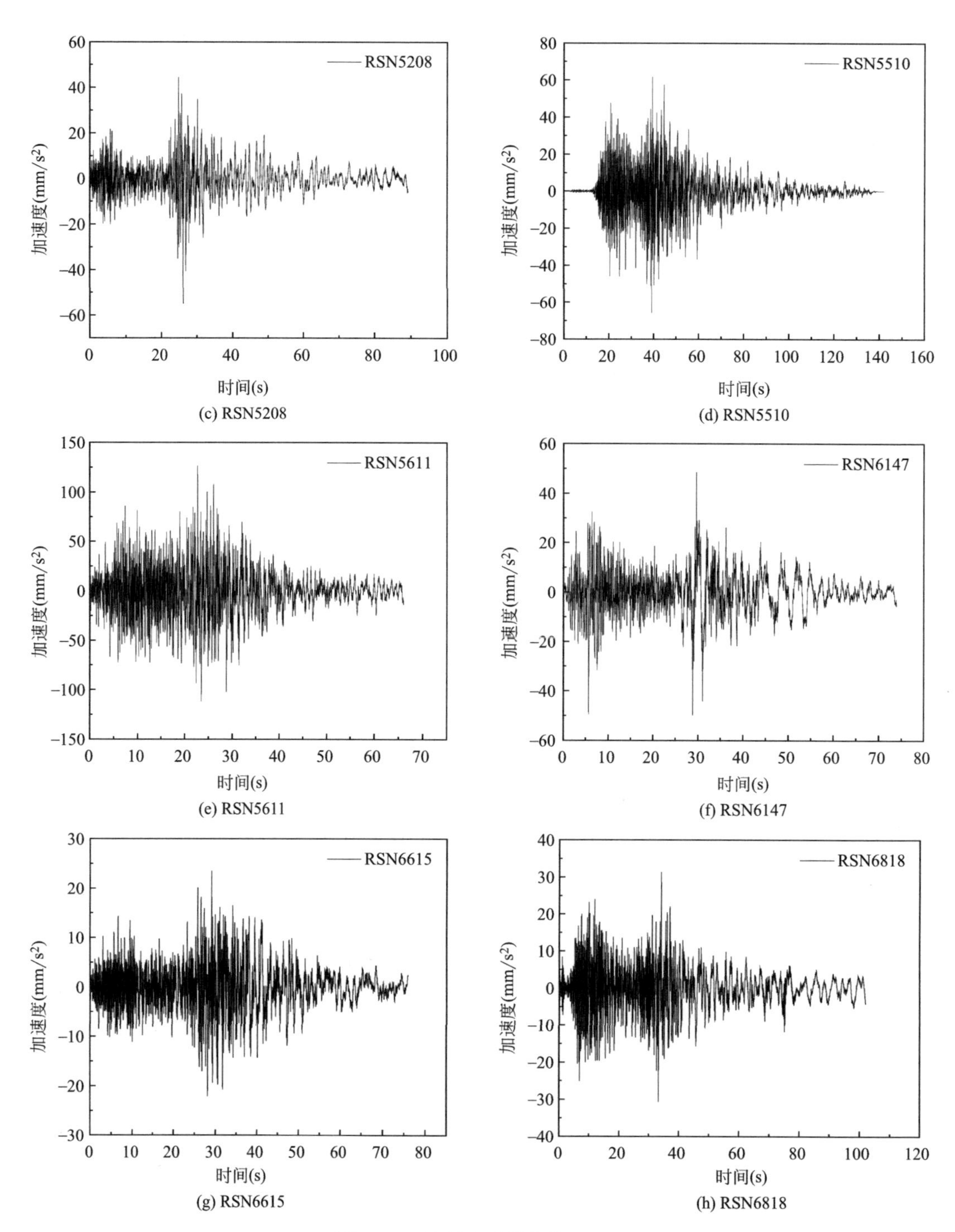

(c) RSN5208
(d) RSN5510
(e) RSN5611
(f) RSN6147
(g) RSN6615
(h) RSN6818

图 6.13　地震动时程曲线（二）

采用 PRISM 软件，输入选定的 8 条地震波并进行起点归一化处理，所选地震波的加速度谱和规范反应谱的对比结果见图 6.14。由图可知，平台段的所选波形平均反应谱与规范谱吻合程度较高，并且在结构的基本自振周期 T_1 处，平均反应谱与规范反应谱的差值为 8.87%，小于双频段选波法的容许偏差百分比，验证了所选地震动的可靠性。

优化前、后结构第一周期分别为 0.823s 和 0.834s，所选用的地震波在两个频段依然

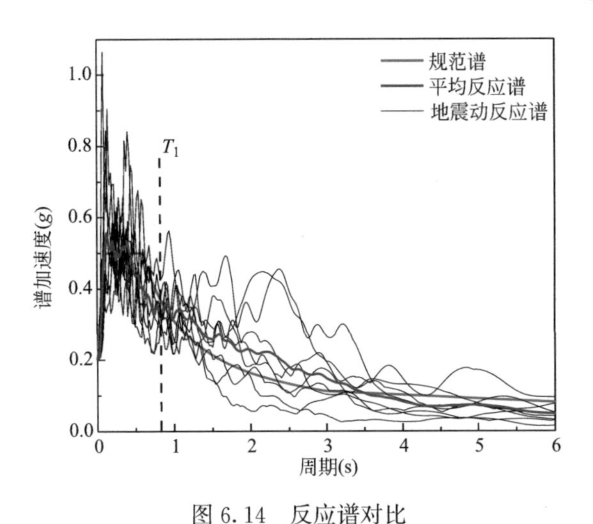

图 6.14 反应谱对比

满足选波要求。故结构进行动力时程分析时采用相同地震波，保证了结构承受地震动作用具有相似特性，避免了地震波动特性引起结构响应的改变。

6.4.2 地震动强度指标和结构损伤指标

IDA 曲线反映了地震动响应参数（Damage Measure，DM）与地震动强度指标（Intensity Measure，IM）之间的关系。地震动强度指标 IM 是表征地震动强度的物理指标，在 IDA 方法中，通过 IM 指标来调整地震动的幅度。常用的地震动强度指标 IM 包括峰值加速度、峰值速度、响应谱加速度、持时、能量指数等。峰值加速度（PGA）是最直观、最易于理解的地震动强度参数，能够较好地模拟结构周期较短的结构，使结果具有一定的稳定性，因此选择 PGA 作为地震动强度指标。

结构损伤指标 DM 是表征结构损伤情况的物理指标，用来描述结构在受到外界荷载或其他影响时所发生的损伤程度，在 IDA 分析过程中，该指标的选择应与具体研究内容和分析目的相关。常用的 DM 参数有层间位移、最大层间位移角、滞回耗能、结构顶点位移等。福州奥林匹克体育馆由下部混凝土框架和上部网架组成。最大层间位移角具有敏感性高、计算简单、实用性强等优势，能够反映梁、柱、节点等综合变形破坏以及结构层间或整体的位移延性，因此对于混凝土框架结构，采用最大层间位移角 θ_{max} 作为框架结构的损伤指标。针对网架结构，构件层面的重要性分析中可以了解到，环索、撑杆及横向网格梁重要性程度最高，应关注四边形环索弦支-张弦空间的结构环索、撑杆及横向网格梁的竖向位移，所以将挠跨比 l_{max}（网架结构竖向位移与短边跨度的比值）作为网架结构的损伤指标。

综上，选择峰值加速度 PGA 作为地震动强度指标，分别选择最大层间位移角 θ_{max} 和挠跨比 l_{max} 作为混凝土框架结构和网架结构的损伤指标。

6.4.3 基于 IDA 的大跨空间结构地震易损性分析

6.4.3.1 结构抗震性能水准划分

（1）网架结构

为评估网架结构体系的抗震性能，参考《空间网格结构技术规程》JGJ 7—2010 和

《建筑结构抗倒塌设计标准》T/CECS 392—2021，定义网架结构的2个结构性态点：立即使用（Immediate Occupancy，IO）和防止倒塌（Collapse Prevention，CP），并对以上两个极限状态做出如下定义，见表6.11。

网架结构性能水准 **表6.11**

性能水准	破坏状态描述与最低极限状态
立即使用(IO)	结构破坏轻微，基本保持结构震前设计强度和刚度，功能基本不受扰或轻度受扰，影响居住安全的结构破坏较轻，不需要加固便能继续使用
防止倒塌(CP)	建筑物已经达到了无法修复的严重状况，处于局部或整体倒塌边缘

针对网架结构，根据《空间网格结构技术规程》JGJ 7—2010，选择挠跨比为1/250时IDA曲线所对应的点作为立即使用（IO）性态点。根据《建筑结构抗倒塌设计标准》T/CECS 392—2021，选择挠跨比为1/120时IDA曲线所对应的点作为防止倒塌（CP）性态点。

（2）混凝土框架结构

我国《建筑抗震设计规范》GB 50011—2010（2016年版）将建筑结构的抗震设防要求划分为三个水平，即“小震不坏、中震可修、大震不倒”，其中不同性能水准下钢筋混凝土框架结构对应的结构层间位移角如表6.12所示，各性能水准及量化指标如表6.13所示。本部分采用表6.12中钢筋混凝土框架结构地震易损性中的性能水准量化指标来评估钢筋混凝土框架结构的极限状态。

不同性能水准下混凝土框架结构对应的层间位移角 **表6.12**

破坏状态	基本完好	轻微破坏	中等破坏	严重破坏	倒塌
层间位移角	<1/500	1/500～1/300	1/300～1/150	1/150～1/50	>1/50

钢筋混凝土框架结构的性能水准及量化指标 **表6.13**

性能水准	OP	IO	LS	CP
层间位移角	1/500	1/300	1/150	1/50

6.4.3.2 优化前结构的地震易损性分析

对于大跨空间结构，共选取了8条地震动，将地震动的峰值加速度（PGA）逐一进行等步调幅，可方便地比较不同地震动之间的结果，利于统计分析和程序化。地震动沿XYZ三向输入，以第一平动周期选出的竖向地震波为主并归一化，X向和Y向地震波按照同样比例进行放缩。每条地震动按照0.1g的增量进行调幅，共计64个（8条地震动×8次调幅）计算样本。下面分别对网架结构和混凝土框架结构进行地震易损性分析。

（1）网架结构易损性分析

网架结构的IDA曲线簇如图6.15（a）所示。在不同特性的地震动作用下，结构的非线性变形响应差异较大。根据不同的变化趋势，IDA曲线的响应可以分为软化型、过渡软化型和硬化型。IDA曲线的初始部分均呈线性增长，说明结构未出现明显损伤，整体仍处于弹性阶段。随着峰值加速度PGA增大到4000mm/s^{2}时，挠跨比的增长速率趋于平缓，网架结构出现刚度退化，当峰值加速度PGA继续增大到5000mm/s^{2}时，随着地震强度的提高曲线斜率反而增大，表明地震动作用下，结构的塑性损伤积累位置发生变化导致结构的塑性耗能能力提高，进一步增强网架结构抵抗地震作用的能力。

为降低 IDA 曲线簇的离散性，绘制网架挠跨比 l_{max} 的分位值曲线，如图 6.15（b）所示。根据 IDA 分位值曲线可知：①在地震强度较低时，IDA 曲线簇较为集中，分位值曲线斜率基本相同，随着地震强度的增大，地震动频谱特性导致曲线离散性增大，分位值差异逐渐明显；②对于 50%分位数曲线，结构变形响应（挠跨比）随着地震强度 PGA 的增加而提高，且随着地震强度 PGA 的增加，结构呈现较为显著的硬化现象。

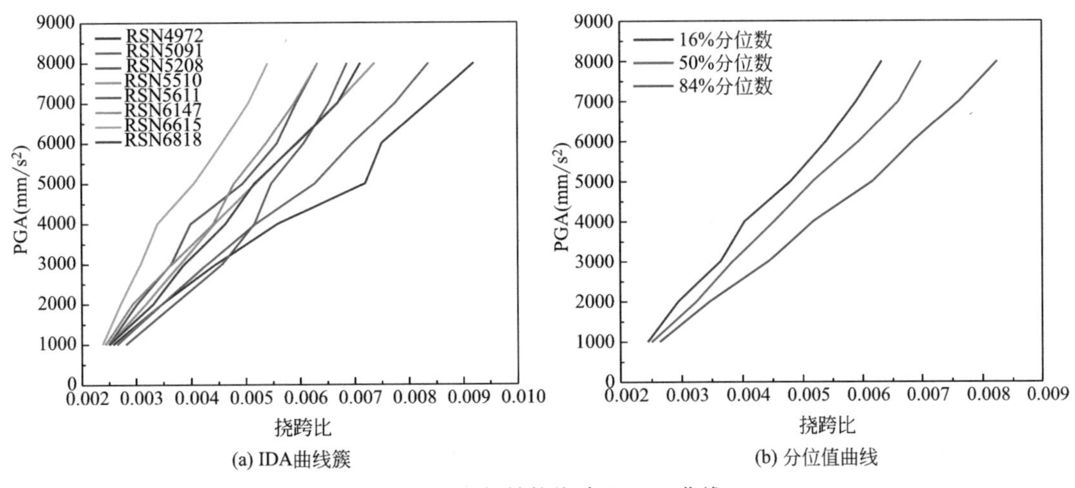

图 6.15 网架结构挠跨比 IDA 曲线

假定网架结构性能指标挠跨比 l_{max} 对地震动强度参数 PGA 的条件概率分布符合对数正态分布，建立 PGA 和 l_{max} 的对数值之间的线性关系模型并得出网架结构的易损性曲线如图 6.16 所示。

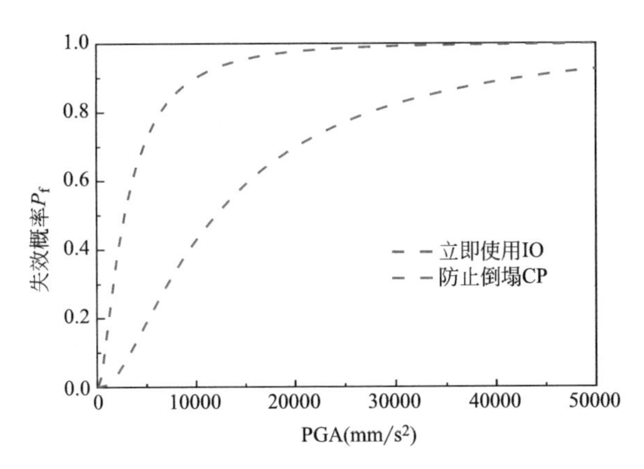

图 6.16 网架结构易损性曲线

由网架结构在两种极限状态下的易损性曲线可知：①立即使用（IO）极限状态下的曲线较为陡峭，说明结构在地震作用下容易达到或者超越该极限状态；②在防止倒塌（CP）极限状态下，曲线较为平缓，表明网架结构在此状态下能够保持相对稳定，其延性性能在抗震方面发挥了较好的作用。易损性曲线提供了结构在抗震设防烈度区域内承受不同地震强度下超越各性能水准的概率信息。通过易损性曲线，可计算出网架结构在 7 度设防烈度下，遭遇多遇、设防和罕遇地震作用时超越各性能水准的概率，见表 6.14。

网架结构超越各性能水准的概率 **表 6.14**

性能水准	立即使用 IO	防止倒塌 CP
多遇地震	1.768%	0.018%
设防地震	14.86%	0.603%
罕遇地震	40.32%	4.335%

由表可知，在多遇地震作用下，网架结构达到立即使用（IO）性能水准的概率为 1.768%，表明结构在此时发生轻微破坏的概率极低。当遭受罕见地震时，网架结构超过防止倒塌（CP）性能的概率仅为 4.335%，远低于 ATC-63 指南建议的 10%。此外，网架的最小结构抗倒塌安全储备系数 $CMR_{10\%}=1.59$，满足“大震不倒”的设计性能要求。以上均表明，根据目前的抗震规范设计（优化前）的网架结构，在遭遇罕遇地震作用时，能够达到“大震不倒”的设防目标。

（2）混凝土框架结构易损性分析

混凝土框架结构最大层间位移角的 IDA 曲线簇如图 6.17（a）所示。由图可知，在大多数地震作用下，混凝土框架结构只出现了较小的刚度退化现象，在地震动 RSN4972、RSN5091 下，随着地震动强度的提高，曲线斜率反而有所增加。原因是混凝土框架结构和网架结构作为整体结构进行弹塑性时程分析时，结构倒塌指标由上部网架控制，即使网架倒塌，混凝土框架结构的最大层间位移角仍低于限值。统计混凝土框架结构的最大层间位移角 θ_{max}，绘制最大层间位移角的分位值曲线如图 6.17（b）所示。

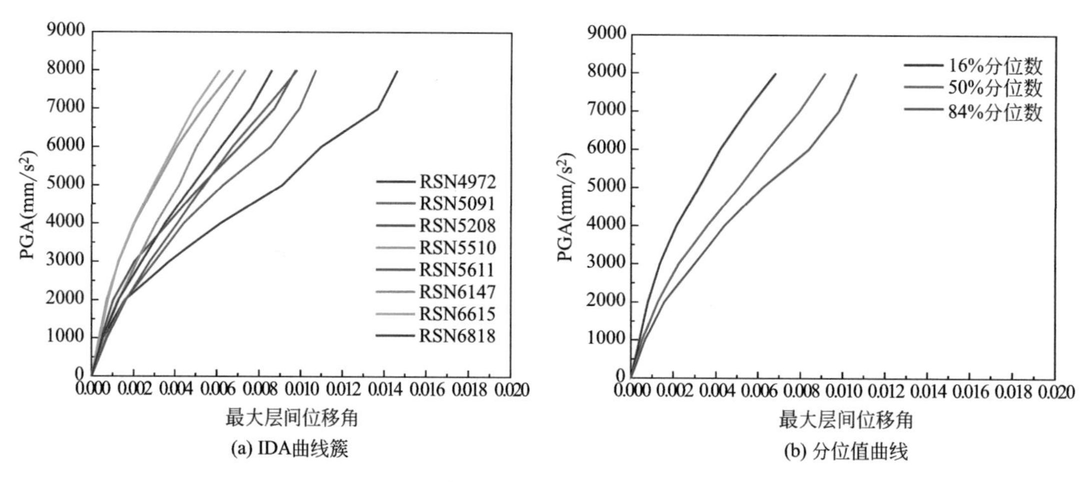

图 6.17 混凝土框架结构最大层间位移角 IDA 曲线

对最大层间位移角 IDA 分析的数据进行统计回归，建立地震动强度和最大层间位移角的对数值之间的线性关系模型并得出易损性曲线如图 6.18 所示。

由混凝土框架结构在四种极限状态下的易损性曲线可知：①结构超越基本完好（OP）、立即使用（IO）性能水准的趋势较为陡峭，超越生命安全（LS）和防止倒塌

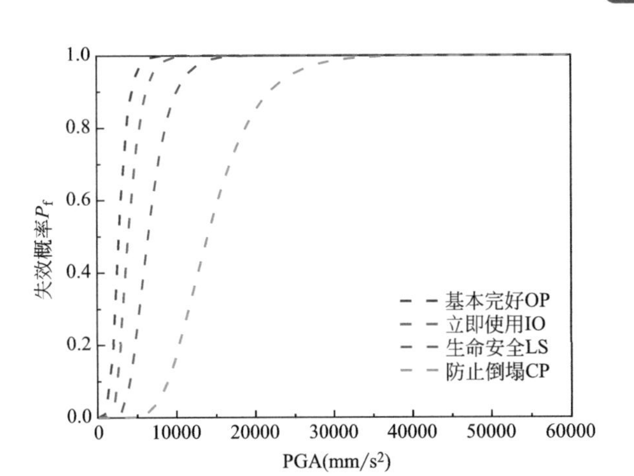

图 6.18 混凝土框架结构易损性曲线

(CP) 性能水准的趋势较为平缓，表明在地震作用下，框架结构更容易达到或超越 OP、IO 极限状态，而更不易超越 LS、CP 极限状态；②在防止倒塌（CP）极限状态下，曲线最为平缓，表明混凝土框架结构在此状态下能够保持相对稳定，其延性性能在抗震方面发挥了较好的作用。

在易损性曲线的基础上，计算在 7 度设防烈度下，混凝土框架结构遭遇多遇、设防和罕遇地震时超越各性能水准的概率，见表 6.15。

混凝土框架结构超越各性能水准的概率 **表 6.15**

性能水准	基本完好 OP	立即使用 IO	生命安全 LS	防止倒塌 CP
多遇地震	0.000%	0.000%	0.000%	0.000%
设防地震	0.201%	0.005%	0.000%	0.000%
罕遇地震	26.103%	4.827%	0.115%	0.000%

由表 6.15 可知，在多遇地震情况下，混凝土框架结构达到立即使用 IO（轻微破坏）性能水准的概率为 0，这表明结构在多遇地震作用下几乎不会发生轻微破坏。当遭受罕见地震时，混凝土框架结构超过 CP 性能的概率为 0，且经计算，框架结构的最小结构抗倒塌安全储备系数 $CMR_{10\%}=4.09$，满足“大震不倒”的设计性能要求。表明钢筋混凝土框架结构能够达到“大震不倒”设防目标，满足我国抗震设防要求的定量验证指标。

6.4.3.3 优化前后结构的地震易损性分析对比

根据结构优化设计对网架截面的优化结果，采用 MSC. Marc 软件建立优化后的结构弹塑性模型。经计算，优化后结构的第一自振频率与优化前仅相差 1.33%，且优化后结构的规范设计反应谱平台段和结构基本自振周期段与优化前结构基本吻合，故仍然使用优化前结构所选的地震动，且地震动输入方式与优化前结构保持一致。采用相同的方法，对优化后结构进行 IDA 和易损性分析，并进行优化前后结构的对比分析。

由于整体结构倒塌指标由上部网架控制，故仅对网架结构进行优化前后对比。优化前后结构的挠跨比 IDA 曲线对比如图 6.19 所示。由图可知，相比于优化前结构，优化后结构在同一地震动 PGA 下的挠跨比更大，刚度退化更快，比优化前结构提前进入软化段。说明优化后结构塑性损伤增加，结构整体抗震性能有所降低。

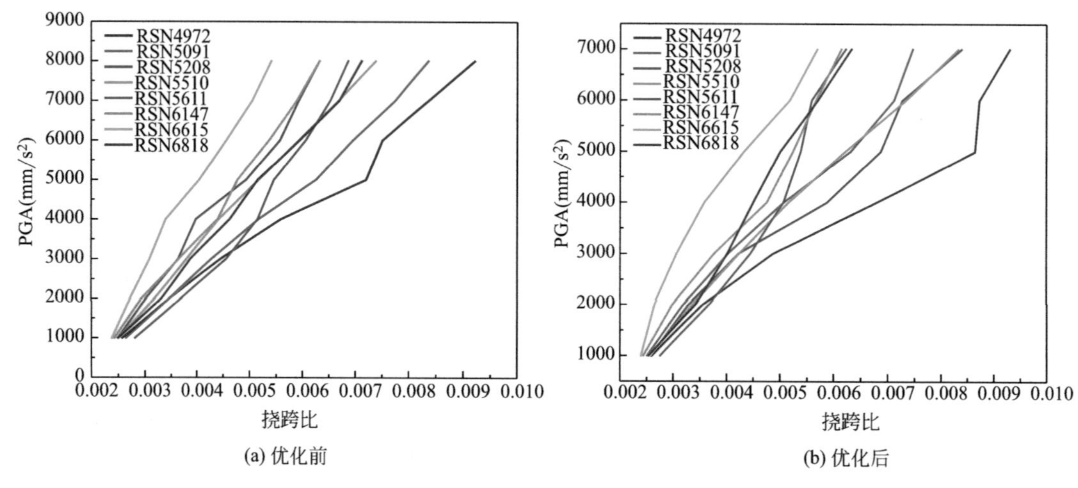

(a) 优化前　　(b) 优化后

图 6.19　优化前后网架结构挠跨比 IDA 曲线对比

对抗震结构网架的挠跨比 l_{max} 进行统计，绘制分位数曲线如图 6.20 所示。根据分位数曲线可知：①在地震强度较低时，优化后结构对应的分位数曲线斜率相比于优化前相差不大，说明结构抗震性能水平初期基本不变；②当 PGA 大于 3000mm/s^2 时，优化后模型在同一地震动强度 PGA 下，挠跨比在数值上均呈增大趋势，且差值随 16%、50%、84%分位数依次增大，优化后模型因结构塑性损伤提前而使其整体抗震性能水平有所下降。

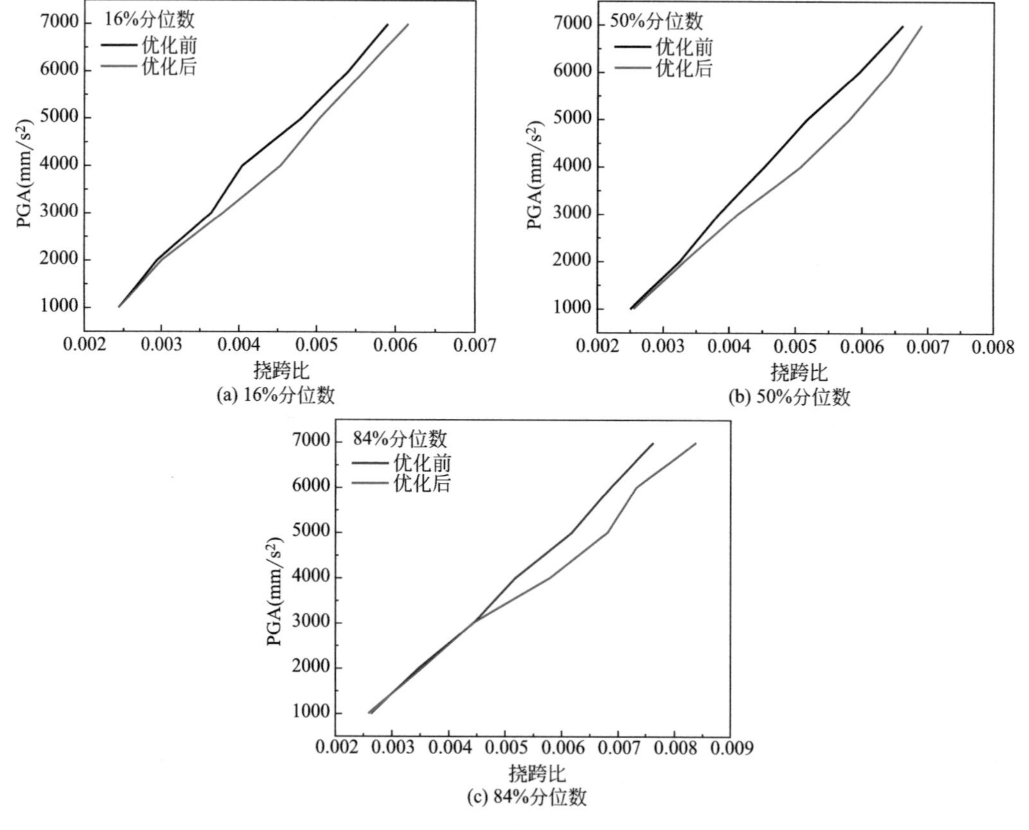

(a) 16%分位数　　(b) 50%分位数　　(c) 84%分位数

图 6.20　分位数曲线对比

对网架结构的离散点进行线性回归，建立地震动强度和挠跨比对数值之间的线性关系模型。优化前后模型网架结构的地震需求概率模型如图 6.21 所示。

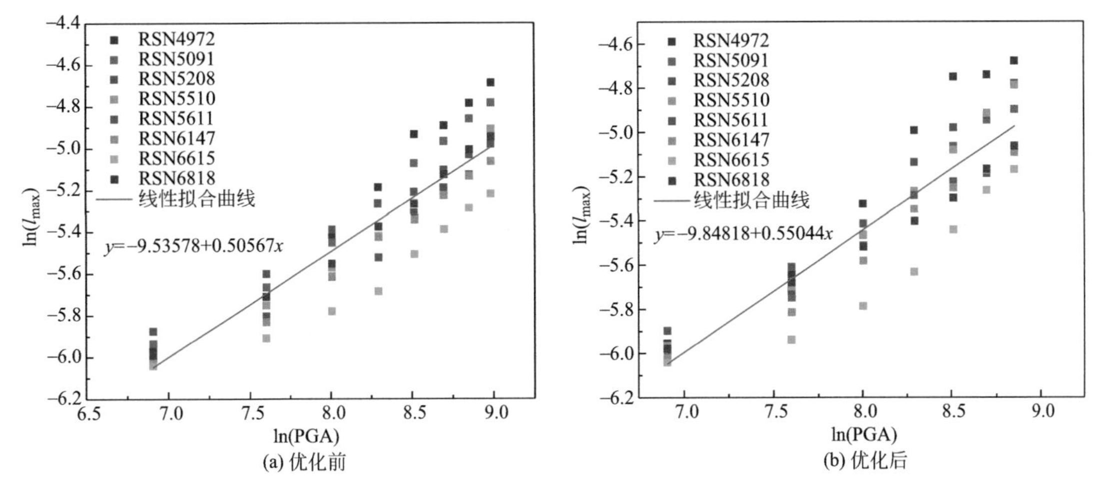

图 6.21　挠跨比线性回归对比

绘制优化前、后网架结构的易损性曲线以及结构抗倒塌安全储备系数，如图 6.22 所示。计算优化后的网架结构在 7 度设防烈度下受到多遇、设防和罕遇地震的情况下超越各性能水准的概率，并与优化前网架结构超越各性能状态的概率进行比较，见表 6.16。

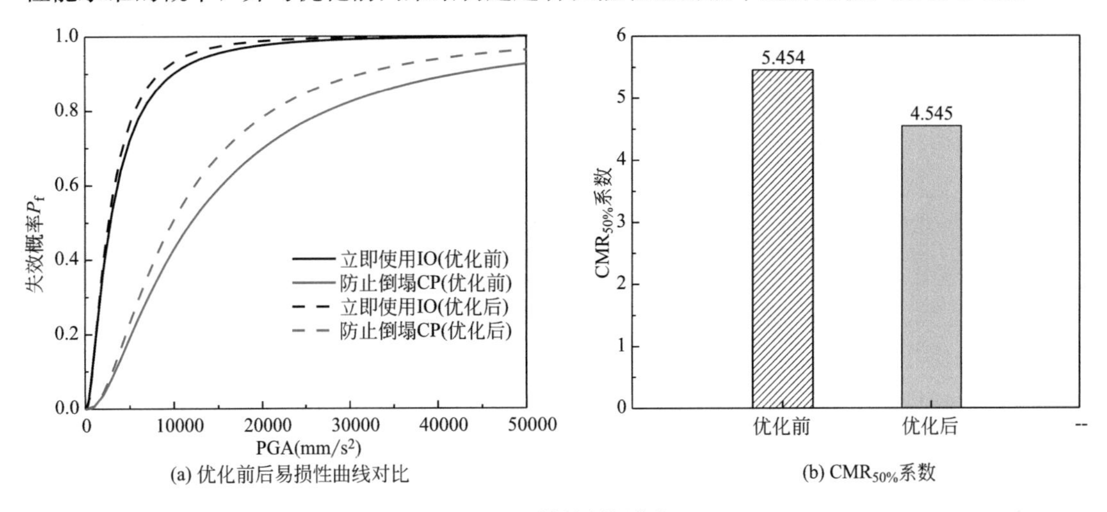

图 6.22　结构倒塌指标

7 度（0.1g）抗震设防烈度结构易损性矩阵　　**表 6.16**

结构	性能水准	立即使用 IO	防止倒塌 CP
优化前	多遇地震	1.77%	0.02%
	设防地震	14.86%	0.60%
	罕遇地震	40.32%	4.33%
优化后	多遇地震	1.374%	0.01%
	设防地震	14.71%	0.59%
	罕遇地震	42.82%	4.96%

由图 6.22（a）和表 6.16 可知，在多遇地震和设防地震下，优化后结构达到立即使用 IO 性态点和防止倒塌 CP 性态点的概率比优化前结构低，说明优化后结构在多遇地震和设防地震下抗震能力有所提升；罕遇地震下，优化后结构超越各性能水准的概率有所增加（立即使用 IO 概率从 40.32% 增加到 42.82%，防止倒塌 CP 概率从 4.33% 增加到 4.96%），说明优化后结构在遭遇罕遇地震时抗震能力有所下降。

遭受罕遇地震时，优化前后网架结构超越防止倒塌（CP）性能的概率分别为 4.33%、4.96%，满足 ATC-63 规范要求的 10%，即优化前、后结构都能够达到“大震不倒”的设防目标。此外，由图 6.22（b）可知，优化前后结构的抗倒塌储备系数分别为 5.454 和 4.545，优化后网架结构的安全储备下降幅度较小。可见，通过对大跨空间结构的地震易损性分析，明确了该大跨空间结构在优化后仍具有较好的抗倒塌能力以及抗倒塌安全储备，说明该智能优化算法可以在保证结构安全的前提下提高经济性，进而验证了智能优化算法在大跨空间结构优化中的可行性。

6.5 构件重要性量化分析

6.5.1 弹性模型建立

由于构件重要性分析需要削弱或拆除结构中多个构件，计算量大。在前后处理（参数化建模、读取结构应变能等）方面，SAP2000 软件的便捷性不如 MSC. Marc 通用有限元软件。因此本研究采用 MSC. Marc 有限元分析软件，以福州奥林匹克体育馆实际工程为研究对象，利用该软件提供的建模、网格划分、边界条件定义等多个模块建立大跨空间结构的弹性数值模型。

（1）材料本构及单元

钢材强度等级为 Q235B、Q345B，其本构模型采用双折线模型，弹性模量取 $E=2.06\times10^{11}$Pa，泊松比 $\mu=0.3$，质量密度为 7850kg/m^3。网架构件选用有限元软件 MSC. Marc 中的三维梁（52 号单元）模拟。

（2）构件几何尺寸

上部钢结构的圆钢管构件及索结构涵盖了 17 种截面规格，截面尺寸及材料强度见表 6.17、表 6.18。

圆钢管截面规格及材料强度 **表 6.17**

序号	桁架命名	材料强度	外径 D(mm)	壁厚 t(mm)
1	P133×5	Q345B	133	5
2	P168×6	Q345B	168	6
3	P180×8	Q345B	180	8
4	P219×10	Q345B	219	10
5	P245×10	Q345B	245	10
6	P245×12	Q345B	245	10
7	P273×10	Q345B	273	12
8	P299×12	Q345B	299	12
9	P325×12	Q345B	325	12

续表

序号	桁架命名	材料强度	外径 D(mm)	壁厚 t(mm)
10	P351×14	Q345B	351	14
11	P377×20	Q345B	377	20
12	P600×30	Q345B	600	30

索结构截面规格及材料强度 **表 6.18**

序号	桁架命名	钢丝束截面积(mm^2)	折算直径(mm)	破断荷载(kN)
1	5×91	1787	47.7	2984
2	5×139	2729	58.9	4557
3	5×253	4968	79.5	8297
4	5×409	8031	101.1	13412
5	7×337	12969	128.5	21658

(3) 连接及边界条件

钢结构网架构件间采用刚性连接，上、下支座节点按完全固定（Fixed Displacement）施加约束，即该节点处 UX=UY=UX=0 且 URX=URY=URZ=0，限制其三个平动自由度和三个转动自由度。

6.5.2 子结构划分

网架结构杆件数量较多，为多次超静定结构，对结构中单一杆件进行重要性分析工作量大且参考价值有限。因此，将网架结构杆件按照空间位置划分为多个集合（如一榀径向主桁架为一个集合，包括了上下弦杆和腹杆等多根杆件），并进行逐个集合的削弱或拆除，每次仅削弱或拆除一个集合，其余集合保持不变，计算该集合的重要性系数，探究该集合在结构中的重要性程度。

网架结构构件按照结构类型位置分为平面主次桁架结构和四边形环索弦支-张弦空间结构。平面主次桁架结构分为径向主桁架、横向次桁架两种类型，四边形环索弦支-张弦空间结构分为径向网格梁、横向网格梁、环索、撑杆四种类型。

网架的集合信息见表 6.19、具体划分细节见图 6.23。径向主桁架自南端沿逆时针划分为 54 个集合，依次命名为 J_1，J_2，…J_54；环向次桁架由上到下共 13 道（H_1～H_13）；径向网格梁自左到右依次命名为 JW_1，JW_2，…JW_16；横向网格梁自上到下依次命名为 HW_1，HW_2，…HW_9；环索整体命名为 suo；撑杆自外向内命名为 C-1，C-2，C-3。

网架集合信息 **表 6.19**

类型	集合名称	集合个数
径向主桁架	J_1,J_2,…J_54	54
横向次桁架	H_i(i 取 1～13)	13
径向网格梁	JW_1,JW_2,…JW_16	16
横向网格梁	HW_1,HW_2,…HW_9	9
环索	suo	1
撑杆	C-1,C-2,C-3	3

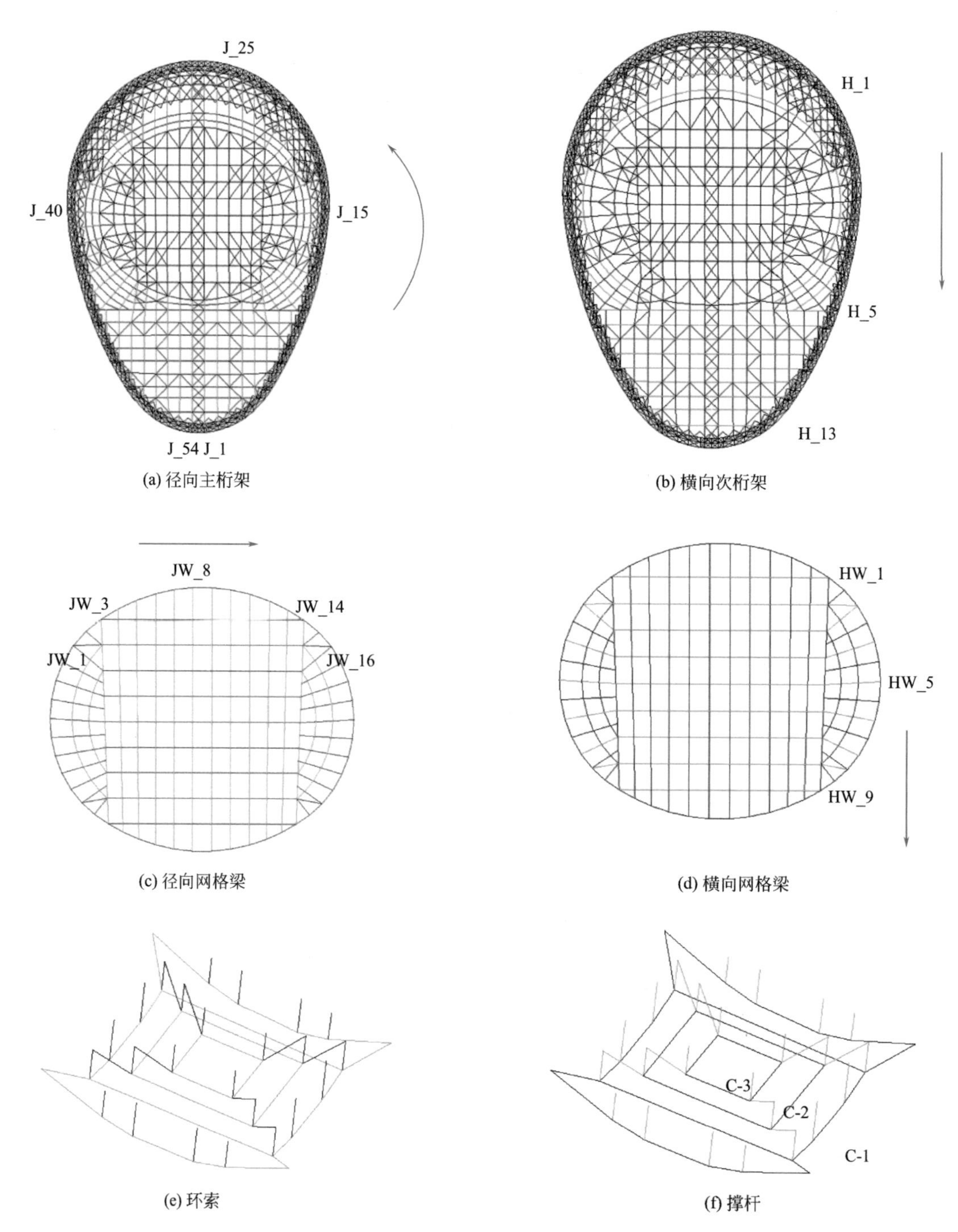

图 6.23　网架区域划分

6.5.3　作用工况及削弱系数的影响

以网架区域划分的构件类型为研究对象，取同一构件类型处构件的重要性系数最大值作为衡量指标，分析构件重要性与荷载作用的变化规律。

为探究优化前结构的构件重要性分布规律，削弱系数分别取 50%和 100%。分析工况详细信息见表 6.20，重力工况下仅对网架施加竖向重力荷载；XY 向工况下除施加重力荷载外，还沿结构的 X 向和 Y 向分别施加均布水平荷载。

重要性分析工况信息 **表 6.20**

工况	荷载组合
重力工况	重力荷载
XY 向工况	重力荷载+水平 XY 向荷载

注：水平 XY 荷载大小取 0.035g（7 度小震）水平均布力，沿 XY 方向输入。

6.5.3.1 四边形环索弦支-张弦空间结构

四边形环索弦支-张弦空间结构分为环索、撑杆、径向网格梁和横向网格梁四种构件类型。50%和 100%削弱系数下构件重要性系数最大值见表 6.21～表 6.24，50%和 100%削弱系数下构件重要性系数分布情况见图 6.24。图例表示为“工况_削弱系数”，例如“gra_0.5”代表重力工况下 50%削弱系数对应的构件重要性。

环索在不同工况下的重要性系数最大值 **表 6.21**

工况	削弱系数 50%	削弱系数 100%
重力工况	0.12	0.339
XY 向工况	0.152	0.535

撑杆在不同工况下的重要性系数最大值 **表 6.22**

工况	削弱系数 50%	削弱系数 100%
重力工况	0.012	0.439
XY 向工况	0.017	0.611

径向网格梁在不同工况下的重要性系数最大值 **表 6.23**

工况	削弱系数 50%	削弱系数 100%
重力工况	0.005	0.018
XY 向工况	0.006	0.021

横向网格梁在不同工况下的重要性系数最大值 **表 6.24**

工况	削弱系数 50%	削弱系数 100%
重力工况	0.017	0.039
XY 向工况	0.021	0.046

环索及撑杆在 XY 向工况对应的重要性系数最大，重力工况下最小；在不同削弱系数，相同工况下的重要性系数呈现出不同的规律，在 50%削弱系数下时，环索重要性系数远大于撑杆 C-1、C-2 及 C-3；在 100%削弱系数下时，撑杆 C-1、C-2 及环索重要性系数大幅增加，且撑杆 C-1 重要性系数反超环索。

径向网格梁在不同削弱系数下，重力工况下和 XY 向工况的重要性系数均接近 0；横向网格梁在不同削弱系数下，除横向网格梁 HW_4、HW_5 及 HW_6 外，其余横向网格

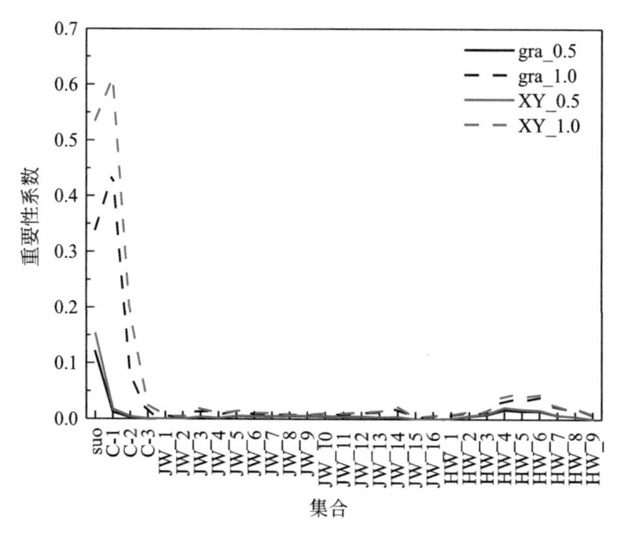

图 6.24 四边形环索弦支-张弦空间结构构件重要性系数最大值

梁在重力工况和 XY 向工况下的重要性系数均接近 0；横向网格梁 HW_4、HW_5 及 HW_6 在 XY 向工况对应的重要性系数最大，重力工况下最小；当削弱系数从 50%增大到 100%时，对应重力工况，横向网格梁 HW_4、HW_5 及 HW_6 重要性系数的最大值分别增大 217%、227%、266%，对应 XY 向工况，横向网格梁 HW_4、HW_5 及 HW_6 重要性系数的最大值分别增大 222%、227%、271%；说明对于横向网格梁 HW_4、HW_5 及 HW_6，XY 向工况对其削弱系数的影响最大。

6.5.3.2 平面主次桁架结构

平面主次桁架结构分为径向主桁架和横向次桁架两种结构类型。50%和 100%削弱系数下构件重要性系数最大值见表 6.25、表 6.26，50%和 100%削弱系数下构件重要性系数分布情况见图 6.25。

径向主桁架在不同工况下的重要性系数最大值　　表 6.25

工况	削弱系数 50%	削弱系数 100%
重力工况	0.0024	0.0137
XY 向工况	0.0023	0.0125

横向次桁架在不同工况下的重要性系数最大值　　表 6.26

工况	削弱系数 50%	削弱系数 100%
重力工况	0.0035	0.0233
XY 向工况	0.003	0.0198

削弱系数为 50%时，径向主桁架和横向次桁架在重力工况的重要性系数和在 XY 向工况下基本相同，在径向主桁架中 J_21～J_34 重要性系数相对较大，在横向次桁架中 H_6 重要性系数相对最大；削弱系数为 100%时，虽然径向主桁架和横向次桁架在重力工况的重要性系数和在 XY 向工况下基本相同，但径向主桁架 J_4、J_51 的重要性系数大幅增加并反超 J_21～J_34，同时横向次桁架 H_11 的重要性系数大幅增加。

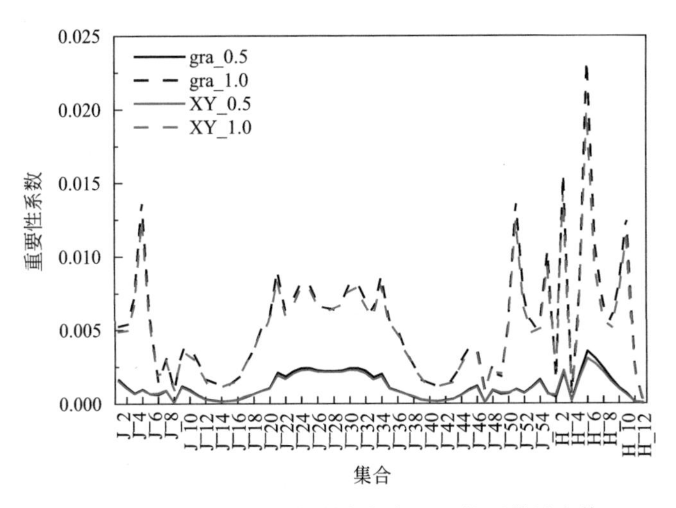

图 6.25 平面主次桁架结构构件重要性系数最大值

6.5.4 不同类型构件重要性对比

以构件重要性系数平均值研究相同削弱系数下不同类型构件的重要性差异。重力工况下不同削弱系数对应的构件重要性系数平均值见表 6.27 和图 6.26，XY 向工况下不同削弱系数对应的构件重要性系数平均值见表 6.28 和图 6.27。

重力工况下的构件重要性系数平均值 **表 6.27**

工况	削弱系数 50%	削弱系数 100%
环索	0.120	0.339
撑杆	0.005	0.176
径向网格梁	0.003	0.009
横向网格梁	0.008	0.020
径向主桁架	0.001	0.005
横向次桁架	0.001	0.008

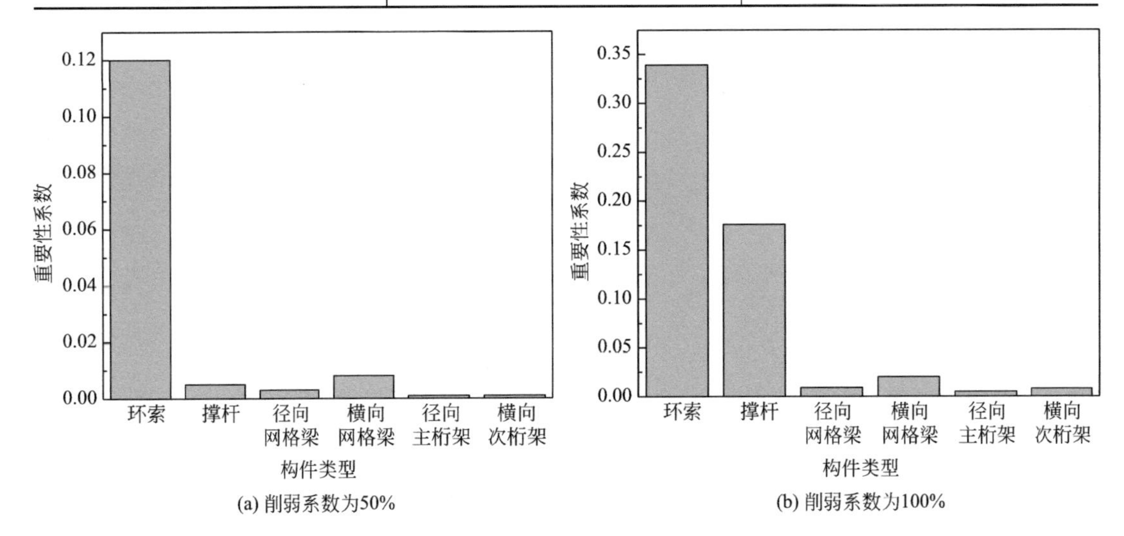

图 6.26 重力工况下构件重要性系数平均值

XY 向工况下的构件重要性系数平均值 表 6.28

工况	削弱系数 50%	削弱系数 100%
环索	0.152	0.535
撑杆	0.007	0.273
径向网格梁	0.003	0.010
横向网格梁	0.009	0.023
径向主桁架	0.001	0.004
横向次桁架	0.001	0.007

6.5.4.1 重力工况

从图 6.26 可以看出，削弱系数 50%下的构件重要性系数排序为：环索>横向网格梁>撑杆>径向网格梁>径向主桁架=横向次桁架，削弱系数 100%下的构件重要性系数排序为：环索>撑杆>横向网格梁>径向网格梁>横向次桁架>径向主桁架。从图 6.26 可以看出，随着削弱系数增大到构件完全失效时（100%削弱系数），撑杆的重要性逐渐增大并超过横向网格梁；环索的重要性在所有构件类型中最大；径向主桁架和横向次桁架的重要性系数基本相同且重要性较低。

6.5.4.2 XY 向工况

XY 向工况下构件重要性差异与重力工况下构件重要性差异相似，但 XY 向工况下四边形环索弦支-张弦空间结构的重要性系数较重力工况大幅增加，以削弱系数 100%为例，XY 向工况下的构件环索、撑杆、径向网格梁、横向网格梁的重要性系数较重力工况分别增加了 58%、55%、14%、15%；从图 6.27 可以看出，随着削弱系数增大到构件完全失效时（削弱系数 100%），撑杆的重要性逐渐增大并超过横向网格梁；环索的重要性在所有构件类型中最大；径向主桁架和横向次桁架的重要性系数基本相同且重要性较低。

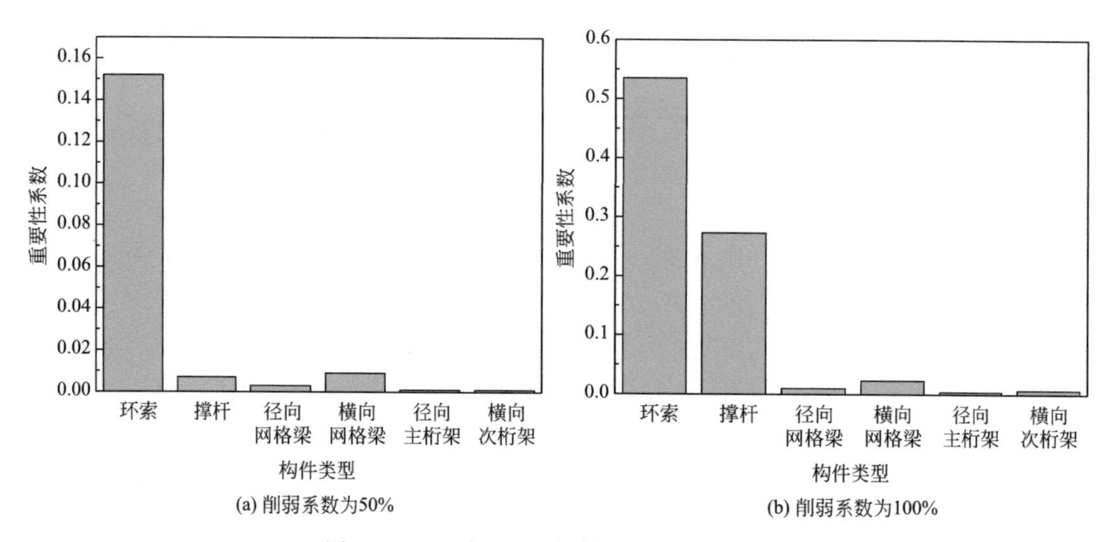

图 6.27 XY 向工况下构件重要性系数平均值

综上所述，对于四边形环索弦支-张弦空间结构，削弱系数 50%时，重力工况和 XY 向工况下环索的重要性系数最大，横向网格梁次之；削弱系数 100%时，重力工况和 XY

向工况下环索的重要性系数最大，撑杆次之。对于平面主次桁架结构，径向主桁架和横向次桁架的重要性系数基本相同且重要性较低。

6.5.5 优化前后结构构件重要性分析对比

根据结构优化设计对网架截面的优化结果，采用 MSC. Marc 软件建立优化后的结构模型。按照相同方法进行优化后结构的构件重要性分析，取 50%和 100%削弱系数下的构件重要性系数最大值作为比较指标，将优化前后结构的应变能以及重要性系数进行对比。

优化前后结构应变能对比见表 6.29。由表可知，优化后结构在两个工况下的总体应变能基本不变。这是由于杆件质量在结构优化后减小，但结构的构件应力比水平提升，两个影响因素相互作用，导致总体应变能基本不变。

优化前后结构应变能对比 **表 6.29**

工况	应变能(kN·m)		应变能变化幅度(%)
	优化前	优化后	
重力工况	1.149×10^{9}	1.145×10^{9}	0.35
XY 向工况	1.137×10^{10}	1.135×10^{10}	0.18

6.5.5.1 四边形环索弦支-张弦空间结构

(1) 削弱系数为 50%

削弱系数为 50%时，优化前后环索、撑杆、径向网格梁和横向网格梁的重要性系数最大值见表 6.30～表 6.33，重要性系数分布对比如图 6.28 所示。由表可以看出，在所有工况下优化后构件的重要性系数大于或等于优化前结构。相较于优化前，对应重力和 XY 向两种工况，优化后的环索重要性系数最大值分别增大了 5.00%和 6.58%，优化后的撑杆重要性系数最大值分别增大了 8.33%和 5.88%，优化后的径向网格梁重要性系数最大值保持不变，优化后的横向网格梁重要性系数最大值保持不变。由图及表可以看出，削弱系数为 50%时，优化前后四边形环索弦支-张弦空间结构的重要性系数大小分布趋势相近，优化后环索和撑杆的重要性系数在两种工况下略有增大，说明优化后的环索和撑杆对结构的刚度贡献增大。

环索重要性系数最大值对比（削弱系数为 50%） **表 6.30**

构件类型	重力工况	XY 向工况
优化前	0.120	0.152
优化后	0.126	0.162

撑杆重要性系数最大值对比（削弱系数为 50%） **表 6.31**

构件类型	重力工况	XY 向工况
优化前	0.012	0.017
优化后	0.013	0.018

径向网格梁重要性系数最大值对比（削弱系数为50%）　　表6.32

构件类型	重力工况	XY向工况
优化前	0.005	0.006
优化后	0.005	0.006

横向网格梁重要性系数最大值对比（削弱系数为50%）　　表6.33

构件类型	重力工况	XY向工况
优化前	0.017	0.021
优化后	0.017	0.021

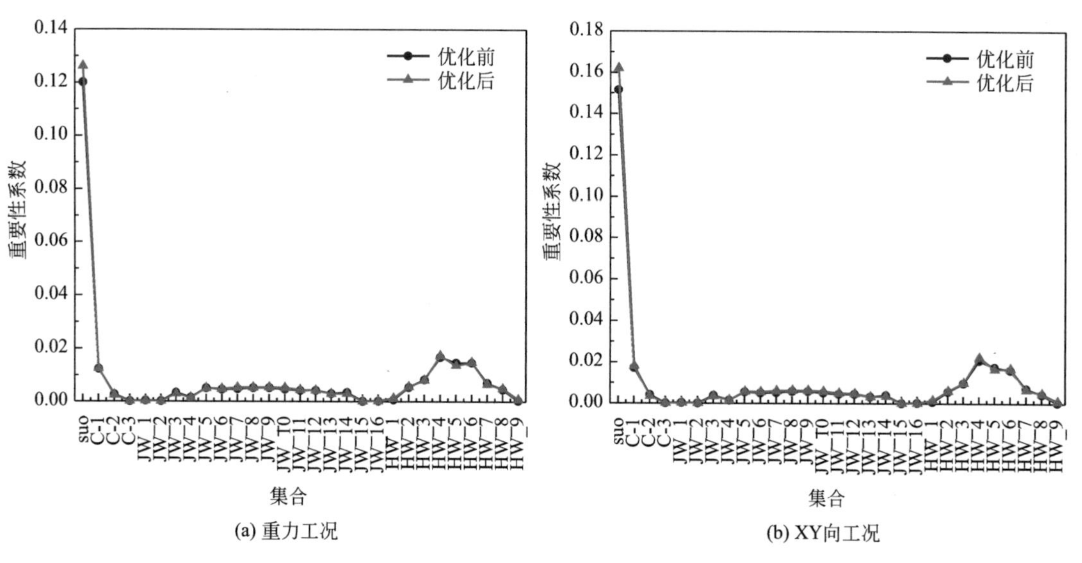

图6.28　四边形环索弦支-张弦空间结构重要性系数对比（削弱系数为50%）

(2) 削弱系数为100%

削弱系数为100%时，优化前后环索、撑杆、径向网格梁和横向网格梁的重要性系数最大值见表6.34～表6.37，重要性系数分布情况如图6.29所示。由表可以看出，在所有工况下，优化后的环索、撑杆和横向网格梁的重要性系数最大值大于优化前结构，径向网格梁的重要性系数最大值小于优化前结构。对应重力和XY向两种工况，优化后的环索重要性系数最大值分别增大了8.26%和6.92%，优化后的撑杆重要性系数最大值分别增大了5.47%和5.73%，优化后的横向网格梁重要性系数最大值分别增大了10.26%和23.91%，优化后的径向网格梁重要性系数最大值分别降低了5.56%和4.76%。由图和表可以看出，削弱系数为100%时，优化前后四边形环索弦支-张弦空间结构的重要性系数大小分布趋势相近，优化后环索、撑杆和横向网格梁的重要性系数在两种工况下增大，径向网格梁的重要性系数在两种工况下略有减小，说明优化后的环索、撑杆和横向网格梁对结构的刚度贡献增大，径向网格梁对结构的刚度贡献并未明显减小。

环索重要性系数最大值对比（削弱系数为 100%） 表 6.34

构件类型	重力工况	XY 向工况
优化前	0.339	0.535
优化后	0.367	0.572

撑杆重要性系数最大值对比（削弱系数为 100%） 表 6.35

构件类型	重力工况	XY 向工况
优化前	0.439	0.611
优化后	0.463	0.646

径向网格梁重要性系数最大值对比（削弱系数为 100%） 表 6.36

构件类型	重力工况	XY 向工况
优化前	0.018	0.021
优化后	0.017	0.020

横向网格梁重要性系数最大值对比（削弱系数为 100%） 表 6.37

构件类型	重力工况	XY 向工况
优化前	0.039	0.046
优化后	0.043	0.057

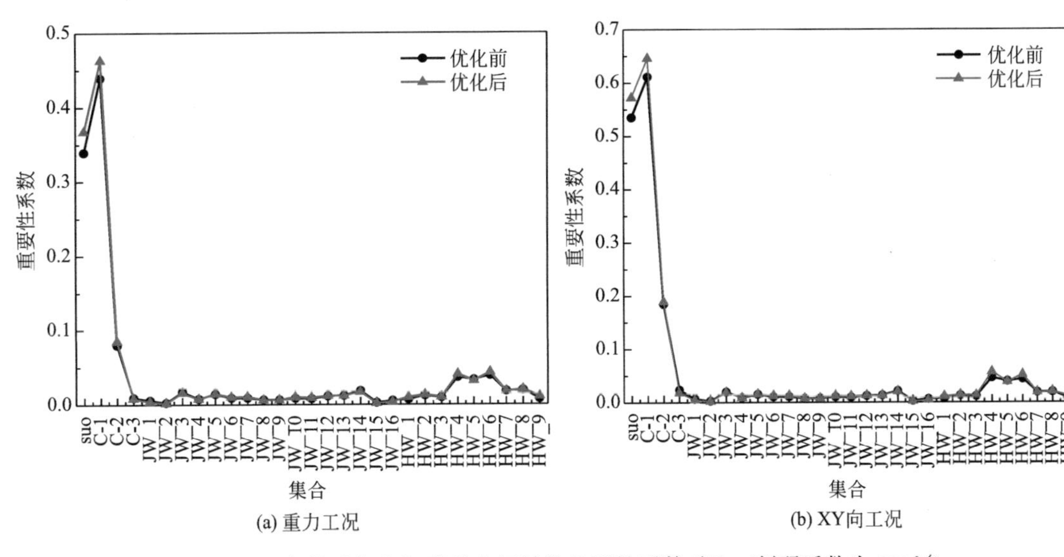

图 6.29 四边形环索弦支-张弦空间结构重要性系数对比（削弱系数为 100%）

6.5.5.2 平面主次桁架结构

（1）削弱系数为 50%

削弱系数为 50%时，优化前后径向主桁架和横向次桁架的重要性系数最大值见表 6.38、表 6.39，重要性系数对比如图 6.30 所示。由表可以看出，在所有工况下，优化后径向主桁架的重要性系数最大值小于优化前结构，横向次桁架的重要性系数最大值大于优化前结构。相较于优化前，对应重力和XY向两种工况，优化后的径向主桁架的环索重要性系数最大值分别减小了4.17%和4.35%，优化后的横向次桁架重要性系数最大值分别增大了5.71%和3.33%。由图和表可以看出，削弱系数为50%时，优化前后平面主次桁架结构的重要性系数大小分布趋势相近，优化后径向主桁架的重要性系数在两种工况下略有减小，横向次桁架的重要性系数在两种工况下略有增加。说明优化后的径向主桁架对结构的刚度贡献并未明显减少，优化后的横向次桁架对结构的刚度贡献增大。

径向主桁架重要性系数最大值对比（削弱系数为50%）　　表6.38

构件类型	重力工况	XY向工况
优化前	0.0024	0.0023
优化后	0.0023	0.0022

横向次桁架重要性系数最大值对比（削弱系数为50%）　　表6.39

构件类型	重力工况	XY向工况
优化前	0.0035	0.0030
优化后	0.0037	0.0031

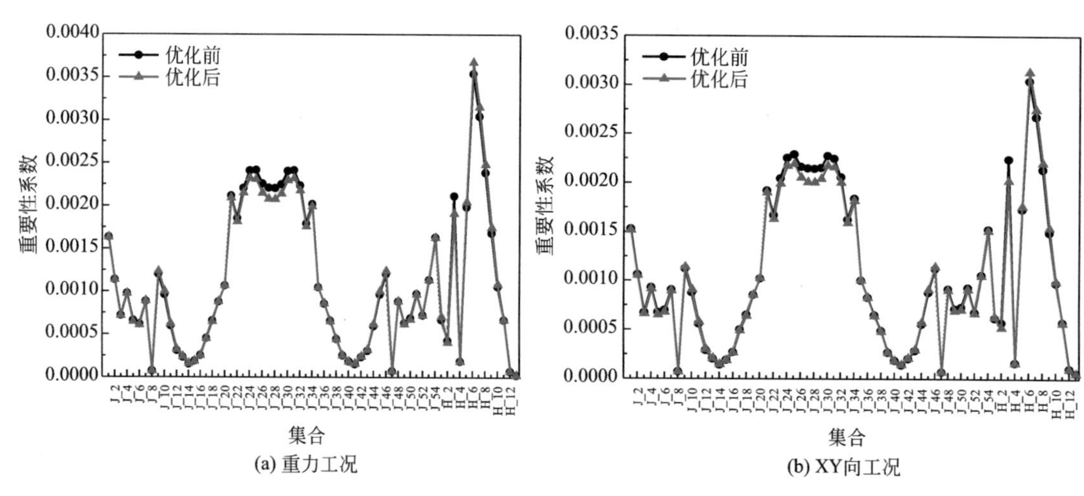

(a) 重力工况　　(b) XY向工况

图6.30　平面主次桁架结构重要性系数对比（削弱系数为50%）

（2）削弱系数为100%

削弱系数为100%时，优化前后径向主桁架和横向次桁架的重要性系数最大值见表6.40、表6.41，重要性系数对比如图6.31所示。由表可以看出，在所有工况下，优化后径向主桁架和横向次桁架的重要性系数最大值均大于优化前结构。相较于优化前，对应重力和XY向两种工况，优化后的径向主桁架重要性系数最大值分别增大了5.84%和4.80%，优化后的横向次桁架重要性系数最大值分别增大了7.30%和7.07%。由图和表可以看出，削弱系数为100%时，优化前后平面主次桁架结构的重要性系数大小分布趋势相近，优化后径向主桁架和横向次桁架的重要性系数在两种工况下均增大。说明优化后的径向主桁架和横向次桁架对结构的刚度贡献增大。

径向主桁架重要性系数最大值对比（削弱系数为100%）　　表6.40

构件类型	重力工况	XY向工况
优化前	0.0137	0.0125
优化后	0.0145	0.0131

横向次桁架重要性系数最大值对比（削弱系数为100%）　　表6.41

构件类型	重力工况	XY向工况
优化前	0.0233	0.0198
优化后	0.0250	0.0212

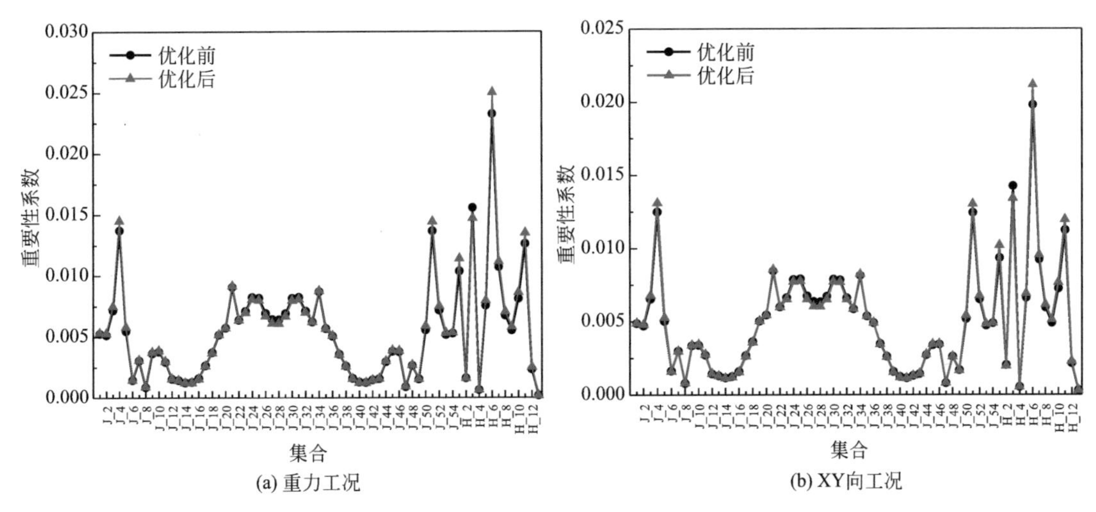

图6.31　平面主次桁架结构重要性系数对比（削弱系数为100%）

6.6　优化总结

本章以福州奥林匹克体育馆为研究对象，首先使用基于内力状态的自动优化技术对结构进行了优化，然后以重要性系数分析了优化算法对结构受力特征的影响，最后，采用基于IDA的结构易损性分析方法对结构的大震安全性能进行了量化评估，确定了其大震倒塌概率和安全储备系数。主要结论如下：

（1）对福州奥林匹克体育馆上部网架结构根据小震弹性设计结果进行了结构智能优化。优化后上部网架结构材料费下降约13%、质量下降2.99%、周期增加1.33%、挠跨比增加4.6%。

（2）采用结构广义刚度损失率作为构件重要性评价指标，对优化前结构进行了构件重要性分析。对于四边形环索弦支-张弦空间结构，重力工况和双向地震工况下环索的重要性系数最大。对于平面主次桁架结构，径向主桁架和横向次桁架的重要性系数基本相同且重要性较低。与原结构设计方案相比较，建议加强环索、撑杆和横向网格梁部位。优化后结构构件重要性系数整体增大，构件的重要性次序与优化前保持一致，说明了结构优化并不会改变构件的重要性次序和整体结构传力机制。

（3）采用动力时程分析方法，对优化前、后结构进行了基于增量动力分析的易损性分析。优化后结构在罕遇地震作用下倒塌概率为4.96%，未超过“大震不倒”性能要求对应的倒塌概率（10%），满足“大震不倒”抗震设防目标。优化后结构的倒塌储备系数CMR从5.454下降到4.545，下降16.7%；最小安全储备从1.59下降到1.36，下降14.4%，仍大于限值要求（1.00），说明该智能优化算法可以在保证结构安全的前提下提高经济性，进而验证了智能优化算法在超高层结构优化中的可行性。

7 杭州奥体中心体育场

7.1 工程概况

7.1.1 建筑信息

杭州奥体中心体育场由中建国际（深圳）设计顾问有限公司设计，因其外形似莲花，又称“大莲花”，整体效果图如图 7.1 所示。杭州奥体中心主体育场位于浙江省杭州市滨江区，于 2009 年奠基开工，2019 年竣工投入使用，作为第 19 届亚运会主会场举办开闭幕式。

图 7.1 杭州奥体中心体育场

杭州奥体中心体育场占地面积 430 亩（28.67 万 m^2），总建筑面积 210110m^2，共有地上六层和地下一层。其中地上六层主楼建筑高度 42.463m，建筑面积 150927m^2，地下室层高 7m，建筑面积 59183m^2。观众席共计 3 层，可容纳观众 8 万余位。

杭州奥体中心体育场以富有表现力的花瓣外形为表现形式，造型动感飘逸，隐喻本工程所在地理位置处钱塘江水的动态特征和杭州丝绸文化。出于特殊的莲花造型的影响，看台斜度根据人体视线标准进行了调整和优化，以达到观看赛事的最佳体验。

7.1.2 结构信息

杭州奥体中心体育场由上部钢结构和下部混凝土结构两部分构成。下面对这两部分进行详细介绍。

（1）上部钢结构

上部钢结构采用桁架与弦支网壳组合结构（图 7.2），为完整的环状莲花造型，由 28 片大花瓣和 27 片小花瓣组成，每片花瓣上覆盖的材料为穿孔金属板。每个花瓣组（两片

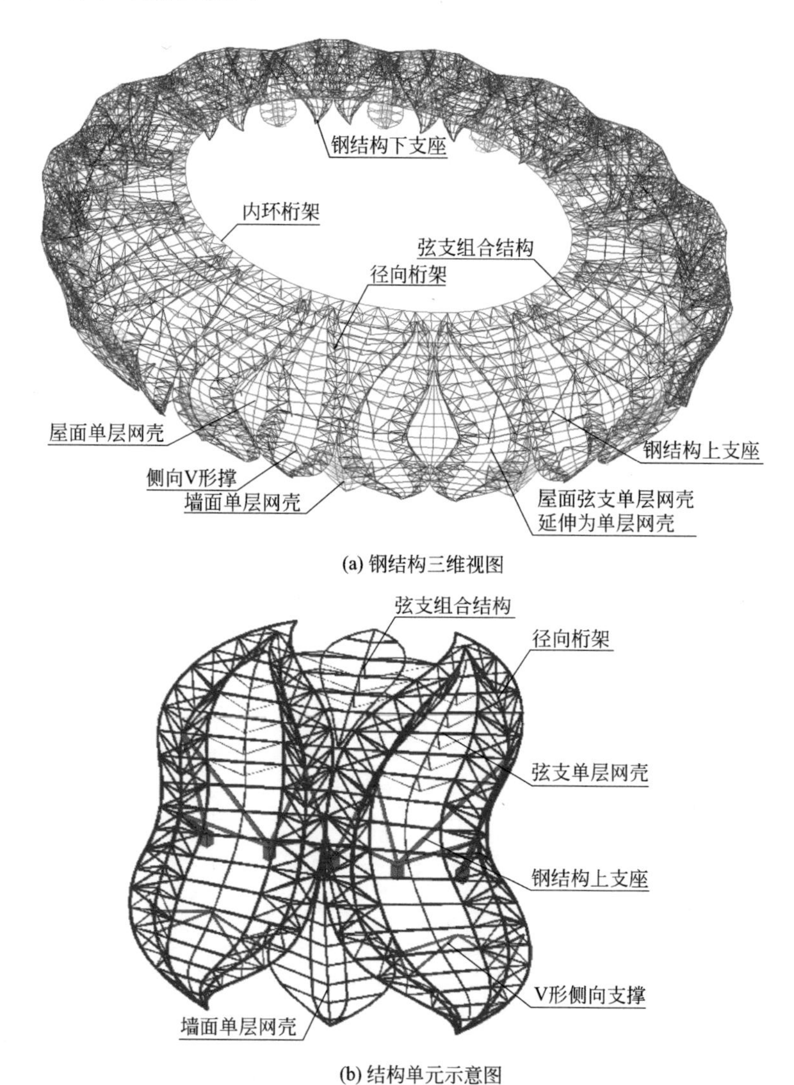

(a) 钢结构三维视图

(b) 结构单元示意图

图 7.2　钢结构构成图

大花瓣、一片屋面小花瓣和一片墙面小花瓣）为一个结构单元，环向阵列生成 14 个花瓣组。钢结构外边缘南北向长约 333m，东西向宽约 285m，高约 53m，钢结构最大宽度 68m，悬挑长度 52.5m，最高点相对标高为 60.740m。

大花瓣由径向主桁架和弦支单层网壳构成，径向主桁架采用组合三角形空间圆管桁架，两榀径向主桁架形成一个大花瓣，通过下端支座支承于下部型钢混凝土柱顶。径向主桁架之间采用弦支单层网壳支承于径向主桁架上弦，延伸至墙面时演变为单层网壳结构。屋面小花瓣采用弦支组合结构，支承于大花瓣径向桁架上弦。墙面小花瓣采用单层网壳结构体系，上、下端各汇交成一点，上端支承于大花瓣径向桁架上弦，下端支承于混凝土柱顶，面外通过钢楼梯与下部混凝土结构连成整体，增强其平面外稳定性。按上述形成的一个结构单元沿环向阵列，同时在悬挑最前端设置内环桁架（三角形空间圆管桁架），用单层网壳结构填充各结构单元之间的间隙，形成结构整体。钢结构整体结构通过 V 形组合钢管支撑及 V 形侧向支撑与下部混凝土结构相连接。

在钢结构北面，由于建筑视觉效果的需要，开有 40～60m 宽洞口。开口处的钢结构单元构成基本同上述单元，区别在于取消了墙面小花瓣、V 形组合钢管支撑及侧向 V 形撑，该处径向主桁架支承于环向桁架上，下端支承于混凝土柱顶，侧面通过径向主桁架上弦与两边的基本单元连接。开口处内环桁架、自身结构单元及其两边的基本单元的构件均予以加强处理。

(2) 下部混凝土结构

下部混凝土结构外轮廓平面近似椭圆形（图 7.3），东西长约 302m，南北宽约 253m，看台最高点标高为 42.463m。下部混凝土结构地上六层（图 7.4），首层层高层 7.8m，其余均为 4.5m。下部混凝土结构利用四周基本对称分布的电梯间和设备管井布置刚度及延性均较好的混凝土剪力墙，形成框架-剪力墙结构体系，以增加下部结构的抗侧刚度和抗扭刚度。楼面为现浇混凝土主、次梁结构体系，在看台区利用建筑踏步布置成密肋楼盖。

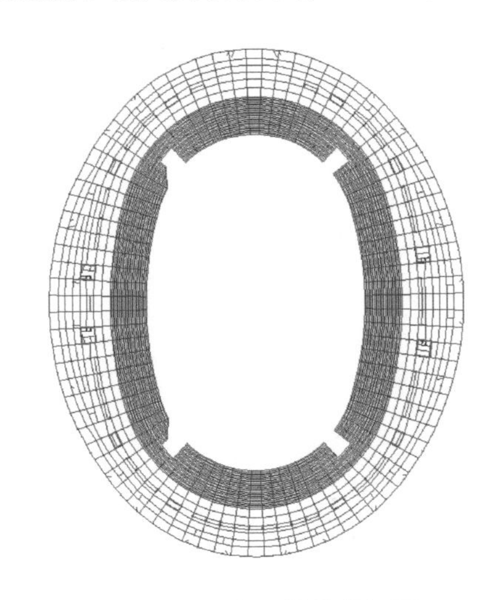

图 7.3 混凝土结构俯视图

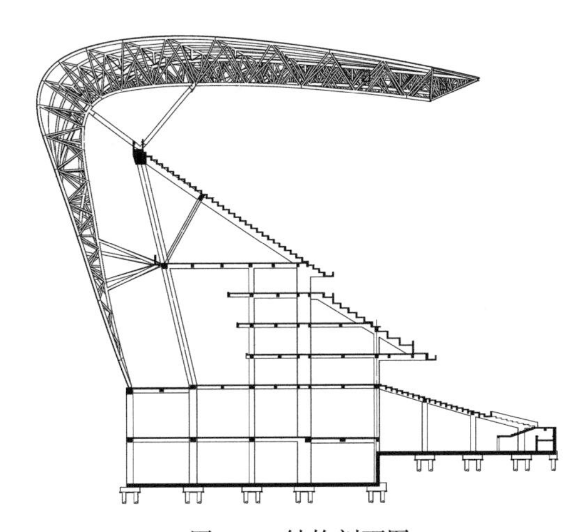

图 7.4 结构剖面图

框架柱及 V 形柱：上部钢结构上支座支承于 800mm×1200mm 的型钢混凝土 V 形柱，该支撑汇交至下层楼面时变为 1200mm×1200mm 的型钢混凝土方柱，钢结构下支座支承于 ϕ1000mm 型钢混凝土柱。其他框架柱的截面尺寸主要为 ϕ800mm 和 800mm×800mm。

剪力墙厚度：看台北侧开口附近两个筒体剪力墙的厚度均为 600mm，北侧开口处剪力墙厚度为 500mm，其余筒体剪力墙的外墙厚度均为 400mm，内墙厚度为 200mm。

框架梁：径向框架梁尺寸为 600mm×800mm～800mm×1200mm，环向框架梁尺寸为 400mm×600mm～800mm×1000mm；看台顶部的环梁为变截面 1500mm×900mm/2200mm；看台环向密肋梁截面尺寸为 180mm×600mm。

板厚：楼板厚 120mm、140mm、160mm、200mm，斜看台板厚度 100mm。

7.1.3 设计参数

杭州奥体中心体育场分为上部钢结构——桁架与弦支网壳组合结构和下部混凝土结构——框架-剪力墙结构，建筑结构安全等级为一级，设计使用年限为 100 年，抗震设防分类为乙类。场地抗震设防烈度为 6 度，设计基本地震加速度为 0.05g，设计地震分组为第一组，场地类别为Ⅲ类。详细参数见表7.1和表7.2。

结构设计参数 **表7.1**

设计内容	设计参数	设计内容	设计参数
结构类型	桁架与弦支网壳组合结构（上部钢结构）	结构类型	框架-剪力墙结构（下部混凝土结构）
建筑结构安全等级	一级	场地类别	Ⅲ类
建筑重要性系数	1.1	场地特征周期	T_g=0.6s
结构设计使用年限	100年	阻尼比	0.02(钢结构) 0.05(混凝土结构) 0.035(总装结构)
建筑抗震设防分类	乙类	设计基本地震加速度值	0.05g
设计地震分组	第一组	抗震设防烈度	6度

抗震设计基本参数 **表7.2**

设防水准	场地特征周期 T_g(s)	水平地震影响系数最大值	A_{max}
63%(小震)	0.4	0.054	22gal
10%(中震)	0.5	0.185	78gal
2%(大震)	0.6	0.347	153gal

钢结构中杆件类型共计37种，主要为圆钢管，以及少量的实心钢棒和H型钢。钢筋混凝土梁的截面尺寸共计21种。框架柱有圆柱和方柱两种，其中圆柱2种，方柱8种。剪力墙外墙厚度为400mm、500mm和600mm，内墙厚度200mm。楼板厚120mm、140mm、160mm和200mm，斜看台板厚200mm。各构件的截面尺寸见表7.3。

构件设计参数 **表7.3**

构件名称	尺寸参数(mm)
钢结构杆件	CG245×8、CHENGGAN245×8、FGP180×8、FGP210×8、FGP273×12、FGP273×8、FGP299×12、FGP325×10、FGP325×14、P210×10、P210×101、P210×8、P245×81、P273×10、P351×12、P377×10、P377×16、P399×12、P402×16、P450×16、P550×25、SP450×20、SP550×25、SP600×20、SXP500×20、SXP500×20a、XXP500×20a、XXP550×25、XXP700×30、ZZP550×25、ZZP600×30、ZZP700×30(圆钢管) ϕ30、ϕ40、gangbi1500×1500(实心钢棒) H600×300×12×17、H450×200×8×12(H型钢)
梁	B150×700、B180×600、B200×300、B200×450、B300×600、B300×700、B300×800、B300×850、B400×600、B400×700、B500×600、B600×600、B600×800、B800×1000、B800×1100、B800×550、B800×600、B800×700、B800×800、B800×1200、B1500×900/2200
柱	C800、C1000(圆柱) C400×400、C400×800、C500×800、C600×600、C800×800、C800×1000、C800×1200、C1200×1200(方柱)
剪力墙	400、500、600(外墙) 200(内墙)
板	120、140、160、200(楼板) 100(斜看台板)

结构选用材料信息见表7.4。钢结构主要采用Q345级钢材，附属杆件选用Q460、Q390GJ、1670级钢材。混凝土结构中，框架梁和楼板采用C30混凝土，框架柱、剪力墙和连梁采用C50混凝土；框架柱、剪力墙和框架梁纵向受力钢筋采用HRB400级，其箍筋和板筋采用HPB235级或HRB335级。

材料信息 **表7.4**

材料名称	强度等级
钢材	Q345、Q460、Q390GJ、1670级
混凝土	C30、C50
钢筋	HRB400、HPB235、HRB335

7.1.4 抗震设计对策

7.1.4.1 结构布置措施

1）下部混凝土结构采用框架-剪力墙结构体系，变形特性互补、合理且传力途径相对简洁、明确；

2）上部钢结构采用空间悬臂钢桁架结构体系；

3）建立多道抗震防线，控制结构地震作用下的计算框剪比，使外框为整个结构的抗震二道防线；合理设计连梁，满足正常使用状态要求，且为剪力墙的抗震二道防线。

7.1.4.2 结构布置措施

1）下部混凝土结构利用看台建筑四周基本对称均匀分布的电梯间、设备管井布置刚度、延性均较好的混凝土剪力墙，形成框架-剪力墙体系，提高下部混凝土结构抗震性能的同时，增加下部混凝土结构刚度，减少支承于其上的上部钢结构的地震作用放大效应；

2）剪力墙的布置考虑斜看台较大的面内抗剪刚度带来的不利影响，力求刚度、质量分布较均匀，且有良好的抗扭刚度；

3）利用沿环向布置的交叉支撑支承顶层看台，且与斜看台面内斜梁形成空间结构，增强下部结构抗扭刚度的同时，加强上部钢结构落点支承结构的刚度和承载力；

4）25.600m标高处在混凝土看台和落地钢结构之间沿环向设置面内的水平支撑，减少落地钢结构面外的计算长度，提高其抗风、抗震承载力；

5）增大北侧开口附近剪力墙筒体截面厚度，并在暗柱内设置型钢；加大开口侧看台斜梁、看台前排墙肢、V形柱内型钢、钢筋含钢率；

6）加大钢结构北侧支座构件截面及内环桁架、主桁架弦杆截面，提高北侧结构抗震承载力及抗侧刚度。

7.1.4.3 增强剪力墙抗震延性及承载力措施

1）底部加强区剪力墙两端设置约束边缘构件，约束边缘构件内埋置型钢，且延伸至斜看台底部；

2）适当提高剪力墙的竖向、水平分布钢筋的含钢率。

7.1.4.4 增强框架抗震延性及承载力措施

1）支承上部钢结构的V形柱、框架柱采用型钢混凝土框架柱，提高其承载力及延性；

2）标高25.600m以上的斜看台径向主梁、环向主梁采用型钢混凝土梁，提高其承载力及延性。

7.1.4.5 其他相关措施

1）考虑基础有限刚度以及混凝土收缩徐变效应，根据施工进度确定合理温差取值，对超长混凝土结构进行温度分析计算，并根据计算结果合理配置温度筋；

2）针对超长混凝土结构，采用多点地震输入反应分析，考虑地震行波效应对结构的不利影响；

3）采用全壳元模型模拟看台板，分析看台板对结构的刚度贡献及看台板内力；

4）考虑重力荷载作用下混凝土受拉构件产生一定的刚度退化，校核上部钢结构及其支承构件承载力；

5）对结构进行抗连续倒塌分析，在突发事件发生时结构具有一定的抗连续倒塌能力，保证生命财产安全。

7.1.4.6 抗震性能目标

1）上部钢结构：安评谱小震弹性；规范谱中震弹性；支座构件规范谱大震弹性；

2）下部混凝土结构：安评谱小震弹性；竖向构件规范谱正截面、斜截面中震弹性；支承上部钢结构的竖向构件规范谱大震斜截面弹性、正截面不屈服。

7.1.5 整体经济性指标

7.1.5.1 钢材的理论用量

1）钢结构罩棚用钢量14400t，按照罩棚展开面积97000m^2，计148.5kg/m^2；

2）型钢混凝土中型钢用量3600t，按照地面以上建筑面积158800m^2，计22.67kg/m^2。

7.1.5.2 混凝土的理论用量（表7.5）

混凝土的折算重量　　表7.5

地上混凝土结构建筑面积S(m^2)	结构重力荷载代表值G(kN)	结构总自重G_1(kN)	G/S(kN/m^2)	G_1/S(kN/m^2)	混凝土折算厚度(m)
158803	3532467	1824726	22.24	11.49	0.46

7.2 结构有限元模型

7.2.1 重力荷载分析

本研究使用了SAP2000和MSC.Marc有限元分析软件，对建立的有限元模型在重力工况下的质量和节点竖向位移进行对比分析。节点选取北侧钢结构悬挑端部节点A及西侧钢结构悬挑端部节点B，如图7.5所示。

SAP2000和MSC.Marc有限元模型的质量和钢结构节点竖向位移结果见表7.6。重力荷载作用下，两个软件建立的有限元模型的质量和钢结构节点竖向位移分别相差2.48%、0.59%和2.14%，其中SAP2000模型质量略大于MSC.Marc模型质量，SAP2000模型的

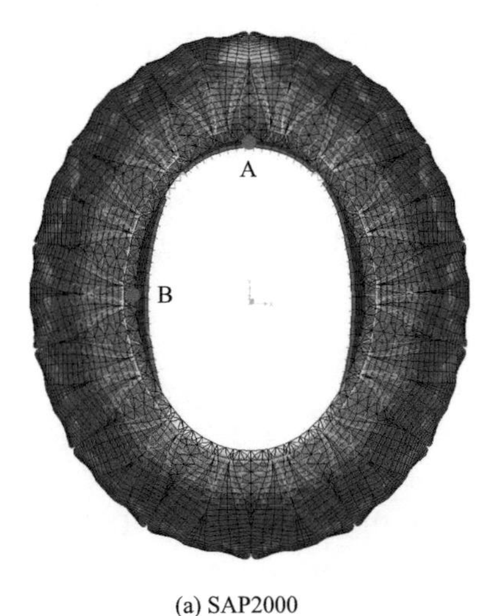

(a) SAP2000

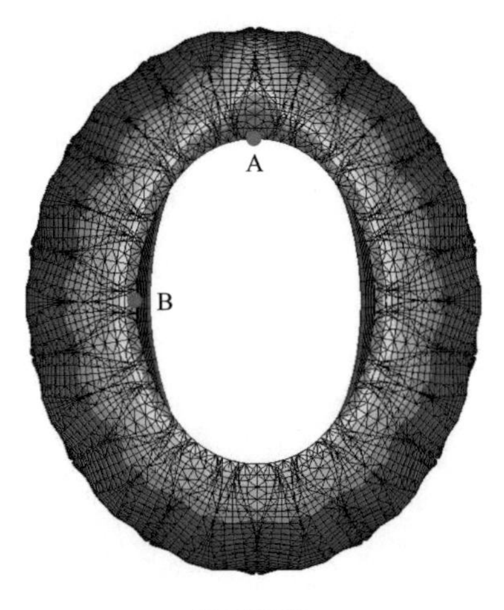

(b) MSC.Marc

图 7.5　重力工况下位移云图

钢结构 A 点竖向位移略小于 MSC. Marc 模型，SAP2000 模型的钢结构 B 点竖向位移略大于 MSC. Marc 模型。

结构质量、节点竖向位移对比　　表 7.6

结构对比项	SAP2000	MSC. Marc	相对误差(%)
质量(结构自重)	3794430.05kN	3700264.40kN	2.48
A 点位移	324.32mm	326.22mm	0.59
B 点位移	264.55mm	258.88mm	2.14

7.2.2　模态分析

采用 Lanczos 方法对 SAP2000 和 MSC. Marc 有限元模型进行模态分析。SAP2000 和 MSC. Marc 有限元模型的前五阶周期对比结果见表 7.7，结构的前五阶周期均在 1s 以内，说明该结构属于短周期结构。两个模型的自振周期相对误差较小，均在 7%以内，其中第一周期相对误差最小，仅为 2.35%。

SAP2000 和 MSC. Marc 模态分析的前五阶自振周期　　表 7.7

模态阶数	SAP2000(s)	MSC. Marc(s)	相对误差(%)
1	0.902594	0.881352	2.35
2	0.888971	0.847472	4.67
3	0.836412	0.810925	3.05
4	0.824276	0.777019	5.73
5	0.809184	0.757673	6.37

SAP2000 和 MSC. Marc 有限元模型的前五阶振型如图 7.6 所示。两个模型的前五阶振型主要为钢结构振型，第一阶振型均为看台开口部位钢结构竖向局部振动，第二阶振型均为钢结构 X 向水平振动，第三阶振型均为钢结构 Z 向竖向振动，第四、五阶振型均为钢结构反对称竖向振动。结构整体无明显的扭转振型，表明钢结构罩棚具有较好的抗扭刚度。两个模型的振型模态吻合良好，说明采用的 SAP2000 和 MSC. Marc 有限元软件建立的有限元模型均能够较为准确地对结构进行数值模拟，可以进行后续的研究分析。

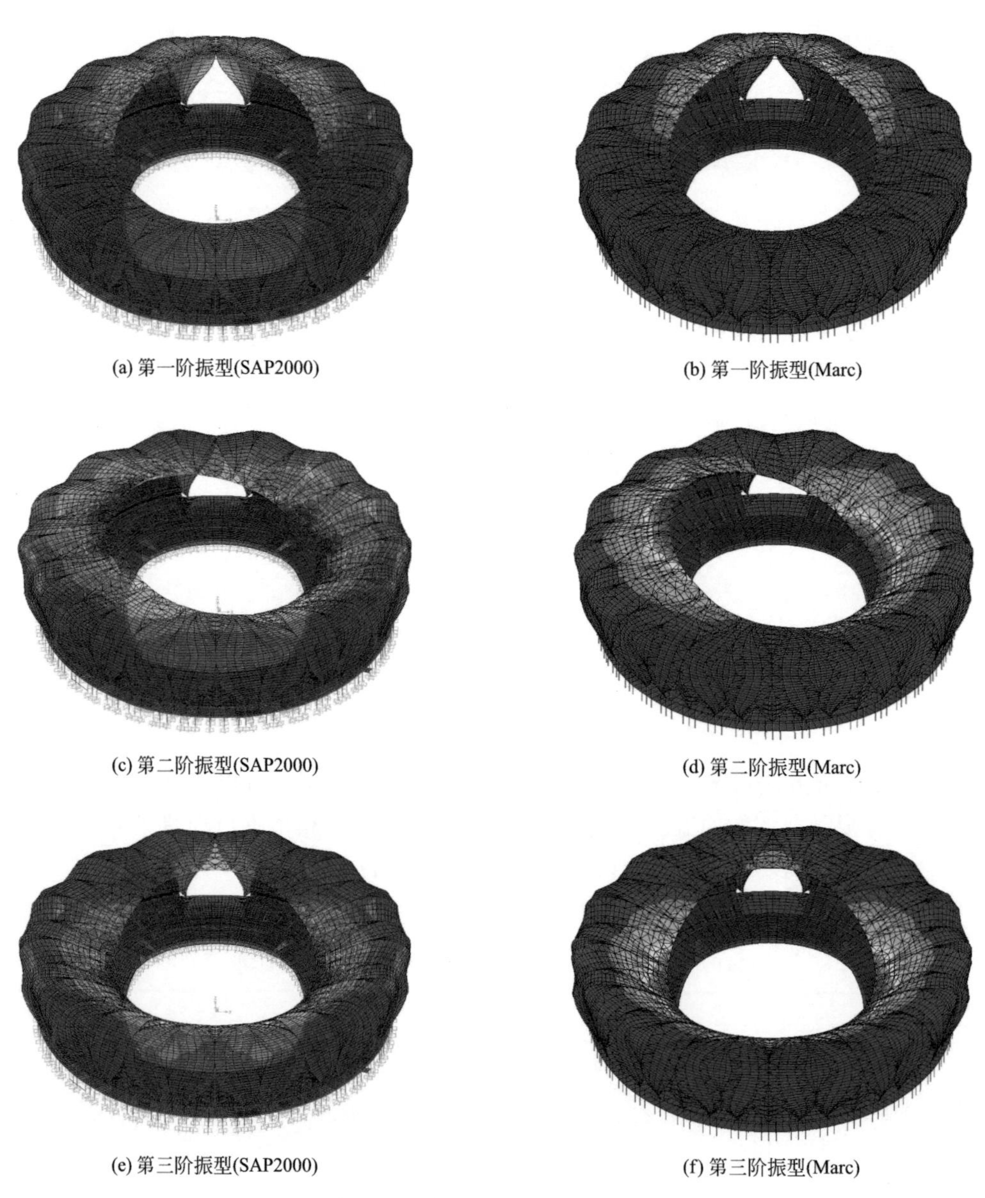

图 7.6 结构振型对比图（一）

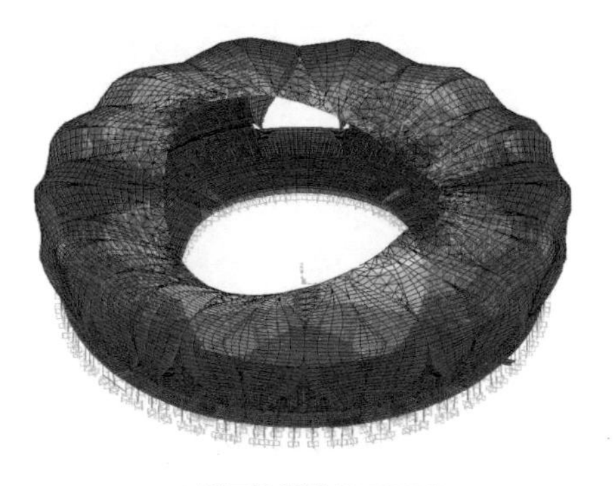

(g) 第四阶振型(SAP2000)

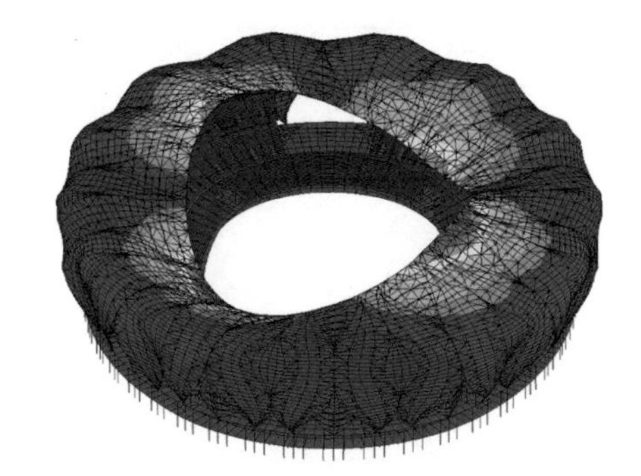

(h) 第四阶振型(Marc)

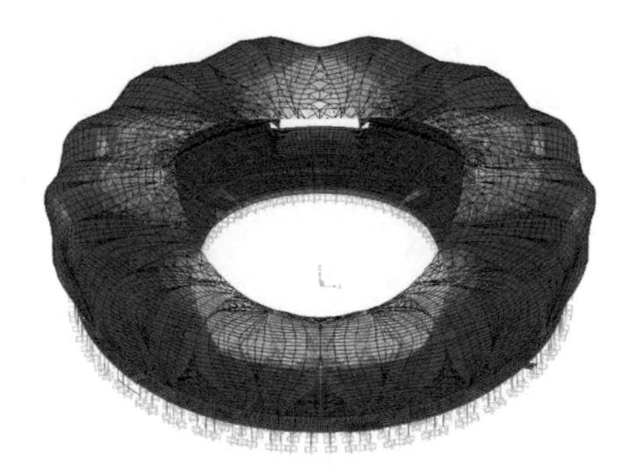

(i) 第五阶振型(SAP2000)

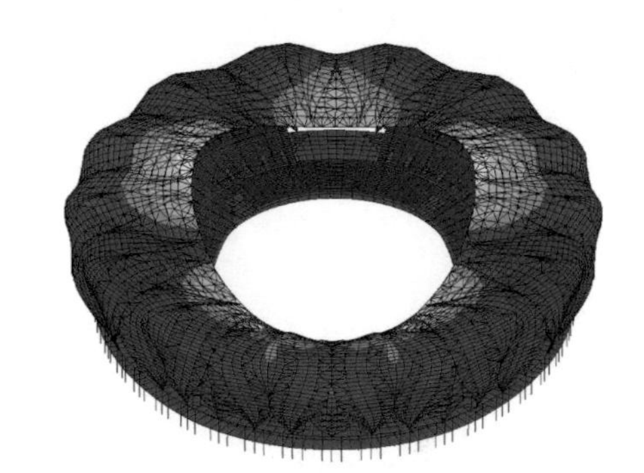

(j) 第五阶振型(Marc)

图 7.6 结构振型对比图（二）

7.3 自动优化结果

基于 SAP2000 有限元软件建立的有限元模型，以钢结构的构件截面尺寸为优化变量，以构件应力比和钢结构最大竖向位移为约束条件，以结构材料成本造价为目标函数，在整体结构的基础上对钢结构进行结构优化。根据《空间网格结构技术规程》JGJ 7—2010 和《建筑抗震设计规范》GB 50011—2010（2016 年版），本研究中大跨空间结构考虑的工况为恒荷载与活荷载标准值组合以及重力荷载代表值和多遇三向地震作用标准值组合的荷载组合工况，优化结果取各规范限值的包络值。

7.3.1 结构模态

优化后结构的周期和振型未产生显著变化（表 7.8）。优化后结构各阶周期均增大，结构变柔。其中，优化前后结构第一阶自振周期相差 6.35%，第三阶自振周期相差最大，为 7.17%，第五阶自振周期相差最小，为 3.80%。优化前后结构的前五阶振型保持一致，第一振型均为看台开口部位钢结构竖向局部振动，第二振型均为钢结构 X 向水平振动，第三振型均为钢结构 Z 向竖向振动，第四、五振型均为钢结构反对称竖向振动。

优化前后结构的前五阶自振周期　　表 7.8

模态阶数	优化前(s)	优化后(s)	相对误差(%)
1	0.902594	0.959952	6.35
2	0.888971	0.948083	6.65
3	0.836412	0.896421	7.17
4	0.824276	0.865823	5.04
5	0.809184	0.839939	3.80

7.3.2 结构材料成本

结构材料成本为上部钢结构全部钢构件的费用，其中钢材单价设置为 4000 元/t。针对本结构，通过对算法种群规模（$N=5$，10，15）以及迭代次数（$Iter=50$，100）的试算，最终确定既能保证计算时间成本相对较低又能保证良好优化效果的种群规模和迭代次数，为种群规模 $N=10$，迭代次数 $Iter=50$，经 50 次优化迭代，结构材料成本优化曲线如图 7.7 所示。

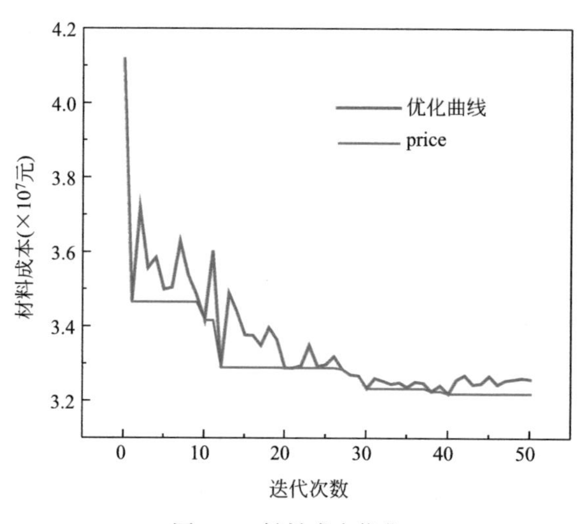

图 7.7　材料成本优化

由图可知，随着优化代数的增加，模型材料成本呈现出阶梯式下降的趋势，优化曲线平台段长，下降幅度陡峭。优化平台段长一方面是由于种群数（一次迭代中模型的计算个数）较少；另一方面，随机参数生成的构件新截面因不满足约束条件，材料成本被设置的罚函数放大，从而出现新迭代中模型材料成本无法降低的状况。图中有 5 个明显的平台段（1～9 代，12～19 代，21～26 代，30～37 代，40～50 代），材料成本分别在第 1 次、第 12 次、第 21 次、第 30 次、第 40 次迭代下降，优化初期第 1 次迭代下降幅度最大，降幅为 15.85%，下降段陡峭说明了模型的优化下降空间大，存在多个局部优解。在曲线在优化后期下降幅度有所降低，材料成本分别在第 10 次、第 12 次、第 20 次、第 27 次、第 28 次、第 29 次、第 30 次和第 38 次迭代降低 1.19%、3.07%、0.02%、0.08%、0.37%、0.05%、0.84%和 0.09%。随着钢结构材料成本不断得到优化，材料成本在 40 次迭代降低 0.15%后不再下降，结构材料成本从初始的 412 万元下降到 322 万元，材料成本降低约 21.8%。

7.3.3 构件截面尺寸

在优化过程中，针对圆钢棒，优化变量设置为圆钢棒外径 D；针对圆钢管，控制圆钢管的壁厚 t 不变，优化变量设置为圆钢管截面外径 D。优化前后钢构件截面尺寸见表 7.9。

由表 7.9 可知，针对 29 种构件，构件 ϕ40、FGP273×8、P210×101、P351×12 和 SP600×20 的截面尺寸均增大，增长率分别为 44.00%、0.38%、9.00%、6.78% 和 10.52%，其余构件的截面尺寸均有不同程度的降低，其中杆件 ϕ30、CHENGGAN245×8 和 SXP500×20 的面积优化率相对较高，分别降低 51.00%、42.27%和 58.75%。

优化前后构件截面尺寸 **表 7.9**

构件名	构件类型	构件截面尺寸(mm)				面积优化率
		优化前		优化后		
		外径 D	壁厚 t	外径 D	壁厚 t	
ϕ30	圆钢棒	30	—	21	—	51.00%
ϕ40	圆钢棒	40	—	48	—	−44.00%
CG245×8	圆钢管	245	8	226	8	8.02%
CHENGGAN245×8	圆钢管	202	8	120	8	42.27%
FGP180×8	圆钢管	180	8	169	8	6.40%
FGP210×8	圆钢管	210	8	191	8	9.41%
FGP273×12	圆钢管	273	12	233	12	15.33%
FGP273×8	圆钢管	273	8	274	8	−0.38%
FGP299×12	圆钢管	299	12	257	12	14.63%
FGP325×10	圆钢管	325	10	263	10	19.68%
FGP325×14	圆钢管	325	14	272	14	17.04%
P210×10	圆钢管	210	10	201	10	4.50%
P210×101	圆钢管	210	10	228	10	−9.00%
P210×8	圆钢管	210	8	185	8	12.38%
P245×81	圆钢管	245	8	167	8	32.91%
P273×10	圆钢管	273	10	209	10	24.33%
P351×12	圆钢管	351	12	374	12	−6.78%
P377×16	圆钢管	377	16	307	16	19.39%
P399×12	圆钢管	399	12	354	12	11.63%
P402×16	圆钢管	402	16	331	16	18.39%
P550×25	圆钢管	550	25	479	25	13.52%
SP450×20	圆钢管	450	20	370	20	18.60%
SP550×25	圆钢管	550	25	408	25	27.05%
SP600×20	圆钢管	600	20	661	20	−10.52%
SXP500×20	圆钢管	500	20	218	20	58.75%
SXP500×20a	圆钢管	500	20	345	20	32.29%
XXP500×20a	圆钢管	500	20	372	20	26.67%
XXP550×25	圆钢管	550	20	428	20	23.02%
XXP700×30	圆钢管	700	30	508	30	28.66%

注：面积优化率=（优化前截面积−优化后截面积）/优化前截面积×100%。

7.3.4 构件应力比

优化前后钢构件应力比见表 7.10。由表可知，针对 29 种构件，构件 ϕ40、P210×10、

P210×101、P351×12 和 SP600×20 的构件应力比均下降，降低率分别为 0.026942、0.007864、0.026951、0.003541 和 0.060194，其余构件的应力比均有不同程度的升高，且均小于 1。其中，优化后构件 FGP180×8 的应力比最大，为 0.810757。总体来看，大部分构件的应力比在数值上都呈增加的趋势，优化结束后的构件应力比满足规范要求（均小于 1）。

优化前后构件应力比 **表 7.10**

构件名	应力比	
	优化前	优化后
ϕ30	0.057792	0.093676
ϕ40	0.129546	0.102604
CG245×8	0.103075	0.144200
CHENGGAN245×8	0.088663	0.197932
FGP180×8	0.701215	0.810757
FGP210×8	0.507067	0.580175
FGP273×12	0.668406	0.756069
FGP273×8	0.521105	0.597093
FGP299×12	0.637595	0.692666
FGP325×10	0.477069	0.742438
FGP325×14	0.450442	0.644608
P210×10	0.460942	0.453078
P210×101	0.221426	0.194475
P210×8	0.293366	0.580721
P245×81	0.279518	0.484145
P273×10	0.153401	0.228989
P351×12	0.275418	0.271877
P377×16	0.192317	0.278136
P399×12	0.570262	0.661914
P402×16	0.559142	0.705273
P550×25	0.414921	0.464983
SP450×20	0.497434	0.590561
SP550×25	0.403958	0.539657
SP600×20	0.320380	0.260186
SXP500×20	0.087807	0.183214
SXP500×20a	0.348515	0.457017
XXP500×20a	0.383709	0.560401
XXP550×25	0.415207	0.504403
XXP700×30	0.369852	0.486906

7.3.5 钢结构最大竖向挠度

钢结构最大竖向挠度的优化曲线如图 7.8 所示。由图可知，位移曲线随迭代过程上下波动，优化前期（前 15 次迭代）波动幅度较大，呈上升趋势，最高达到 406.34mm，后期逐渐平稳。在第 40 次迭代，最大竖向挠度（对应悬挑结构的跨度为 52.5m）从初始的 360.48mm 经优化后达到 399.72mm，优化结束时的最大位移符合限值要求（竖向挠跨比 1/131<容许挠跨比 1/125）。

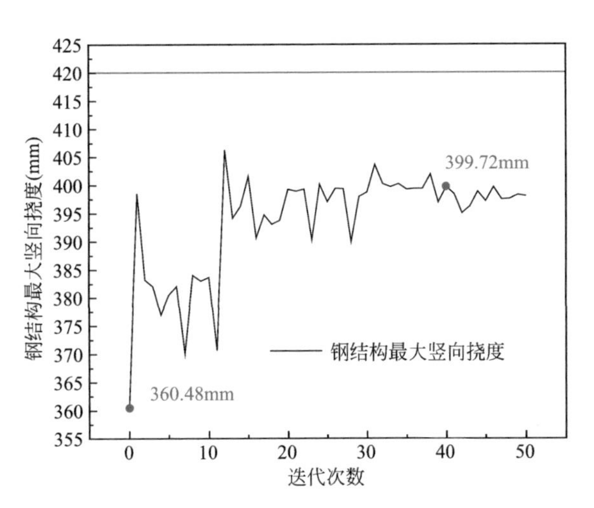

图 7.8 钢结构最大竖向挠度

7.4 结构大震安全性能评估

7.4.1 增量动力分析

7.4.1.1 地震波选取

选波参数如下：杭州奥体中心体育场所在场地抗震设防烈度为 6 度，设计基本地震加速度为 0.05g，水平地震影响系数最大值为 0.347；场地类别为Ⅲ类，特征周期 T_g 为 0.6s；结构第一平动周期 T_1 为 0.847472。

采用双频段选波法，在美国太平洋地震工程研究中心（FEER）地震动数据库中选取了 10 条地震波，并根据所选地震波选出该地震波另外两个方向的地震波，组成 10 组地震波（每组地震波包括 X、Y 和 Z 三个方向），采用三向地震波输入进行 IDA 分析。选出的地震波信息见表 7.11，地震波加速度时程曲线如图 7.9～图 7.18 所示。

地震波信息 **表 7.11**

编号	地震波名称	分量	输入方向	峰值加速度（g）	有效持时（s）	记录点时间间隔（s）
1	RSN163_IMPVALL. H	H-CAL315	X	0.079	15	0.005
		H-CAL225	Y	0.129		
		H-CAL-UP	Z	0.056		
2	RSN185_IMPVALL. H	H-HVP225	X	0.258	15	0.005
		H-HVP315	Y	0.221		
		H-HVP-UP	Z	0.257		
3	RSN368_COALINGA. H	H-PVY045	X	0.602	15	0.005
		H-PVY135	Y	0.525		
		H-PVY-UP	Z	0.369		

续表

编号	地震波名称	分量	输入方向	峰值加速度(g)	有效持时(s)	记录点时间间隔(s)
4	RSN1816_HECTOR	NPF270	X	0.060	31	0.005
		NPF180	Y	0.063		
		NPF-UP	Z	0.057		
5	RSN2609_CHICHI.03	TCU053N	X	0.038	15	0.005
		TCU053E	Y	0.030		
		TCU053V	Z	0.022		
6	RSN3468_CHICHI.06	TCU067E	X	0.062	15	0.005
		TCU067N	Y	0.048		
		TCU067V	Z	0.029		
7	RSN3469_CHICHI.06	TCU068N	X	0.046	15	0.005
		TCU068E	Y	0.038		
		TCU068V	Z	0.016		
8	RSN3478_CHICHI.06	TCU083N	X	0.013	15	0.005
		TCU083E	Y	0.012		
		TCU083V	Z	0.005		
9	RSN4055_BAM	NOS-L	X	0.020	17	0.005
		NOS-T	Y	0.024		
		NOS-V	Z	0.013		
10	RSN4489_L-AQUILA	BY048XTE	X	0.044	15	0.005
		BY048YLN	Y	0.063		
		BY048ZUP	Z	0.023		

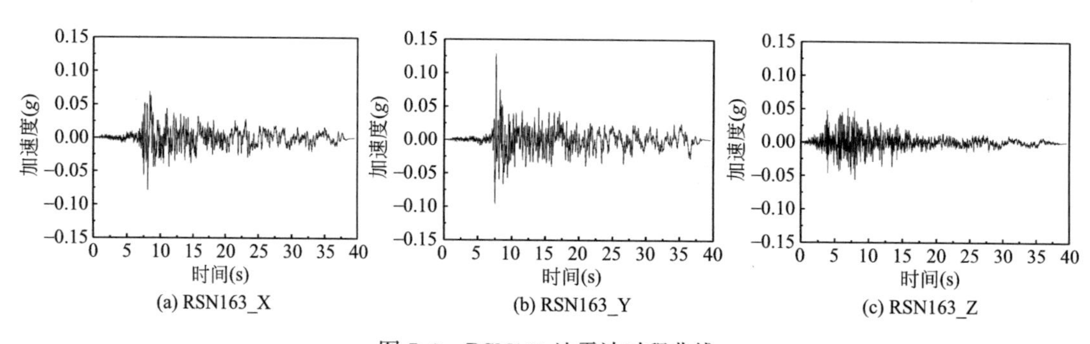

(a) RSN163_X (b) RSN163_Y (c) RSN163_Z

图 7.9 RSN163 地震波时程曲线

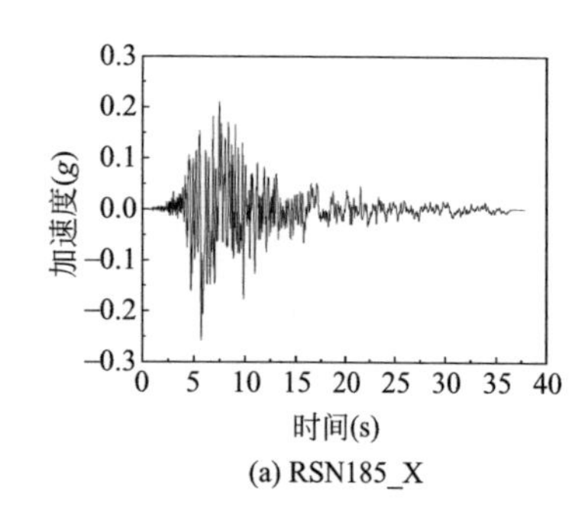

(a) RSN185_X

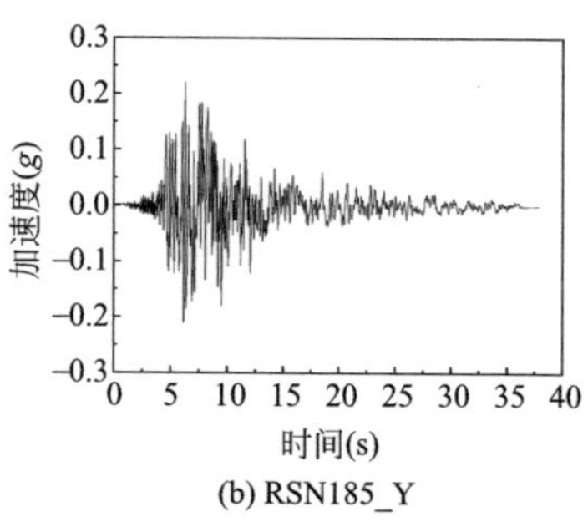

(b) RSN185_Y

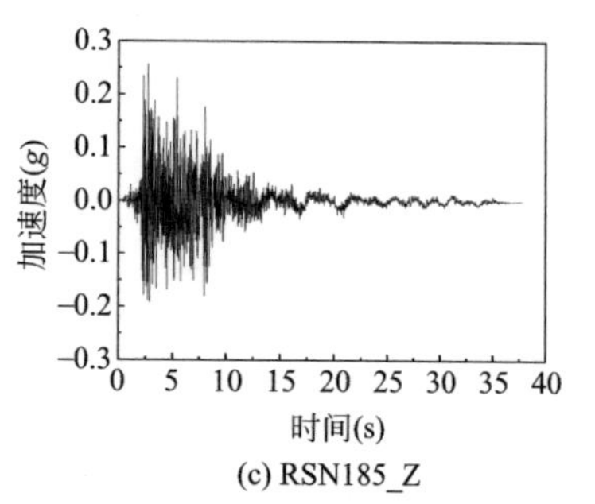

(c) RSN185_Z

图 7.10 RSN185 地震波时程曲线

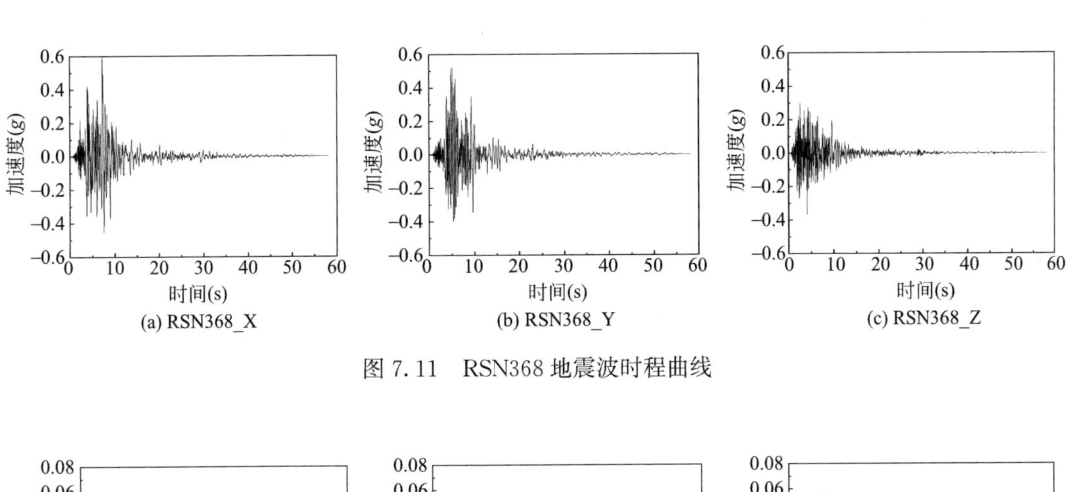

(a) RSN368_X　(b) RSN368_Y　(c) RSN368_Z

图 7.11　RSN368 地震波时程曲线

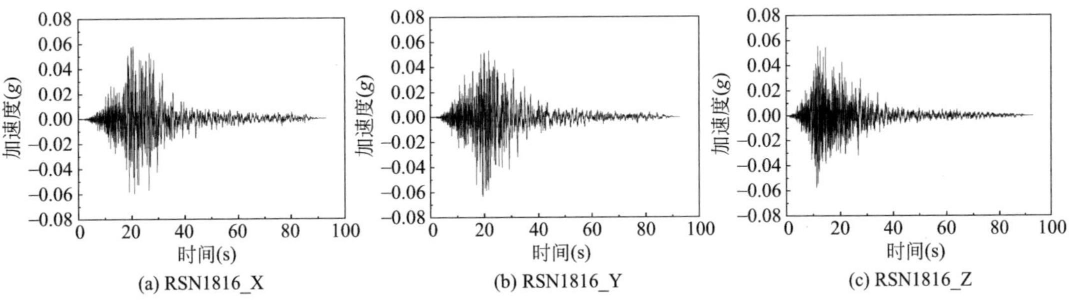

(a) RSN1816_X　(b) RSN1816_Y　(c) RSN1816_Z

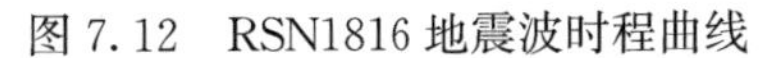

图 7.12　RSN1816 地震波时程曲线

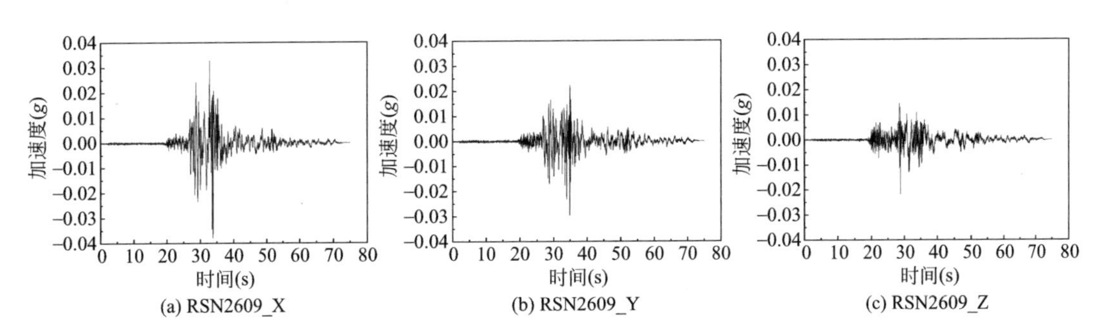

(a) RSN2609_X　(b) RSN2609_Y　(c) RSN2609_Z

图 7.13　RSN2609 地震波时程曲线

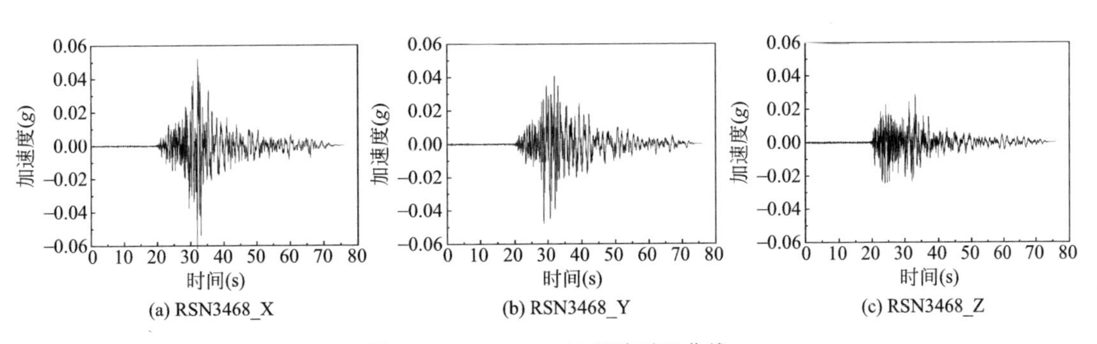

(a) RSN3468_X　(b) RSN3468_Y　(c) RSN3468_Z

图 7.14　RSN3468 地震波时程曲线

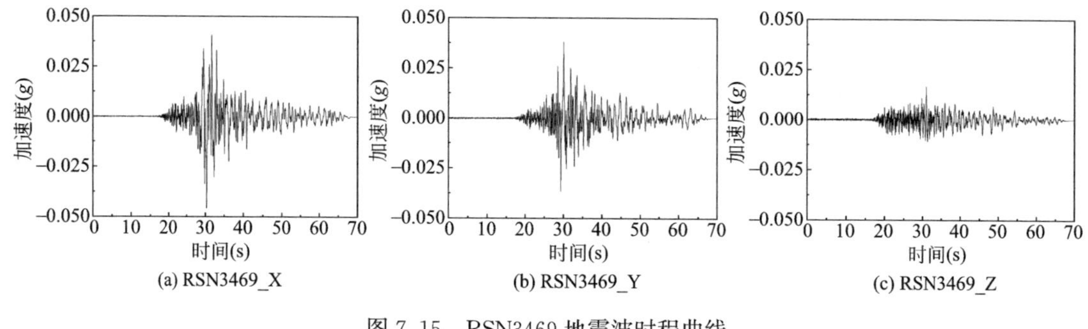

图 7.15　RSN3469 地震波时程曲线

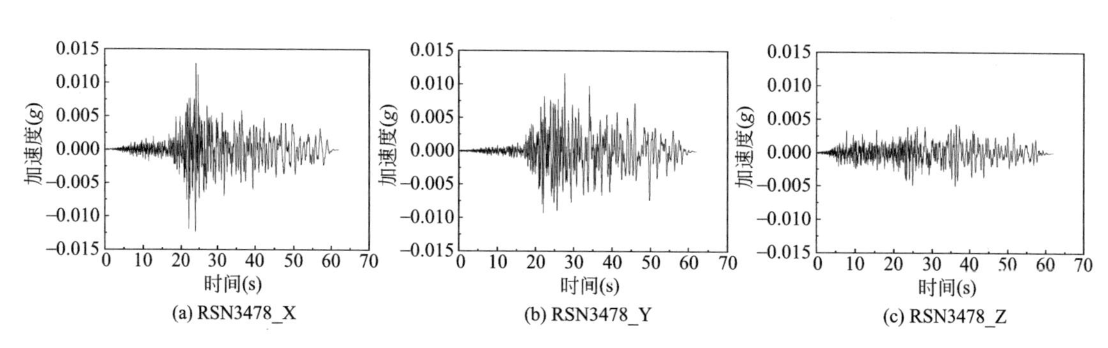

图 7.16　RSN3478 地震波时程曲线

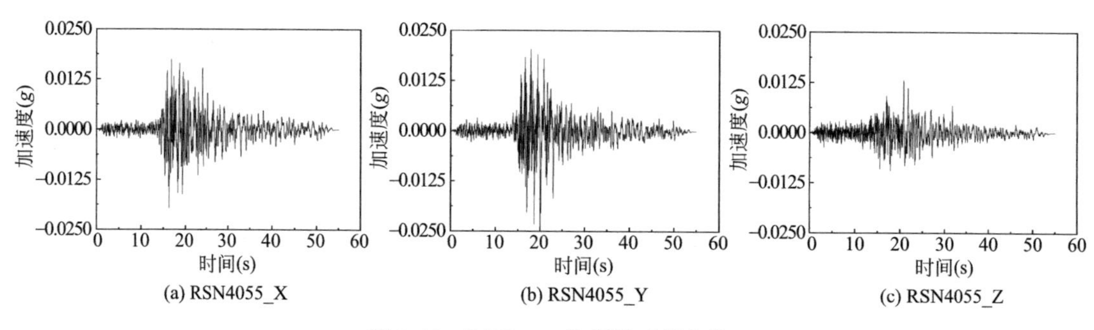

图 7.17　RSN4055 地震波时程曲线

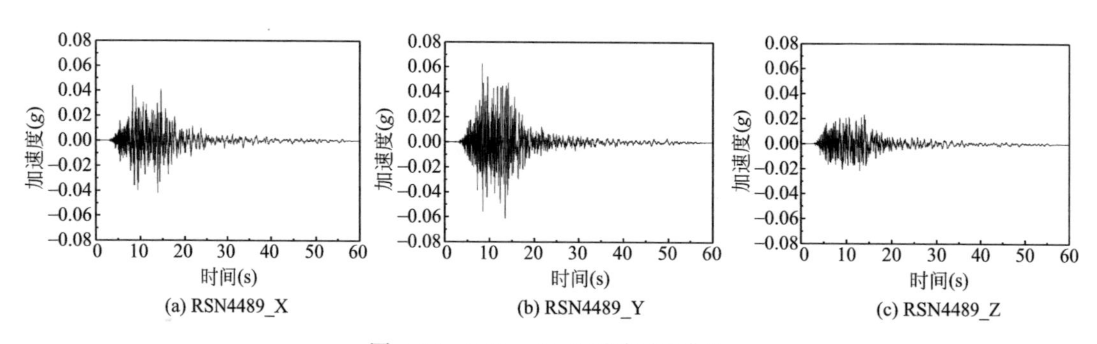

图 7.18　RSN4489 地震波时程曲线

地震波反应谱与规范谱的对比如图 7.19 所示。由图可知，平台段的所选波形平均反应谱与规范反应谱吻合程度较高，并且在结构的基本自振周期 T_1 处，平均反应谱与规范反应谱的差值为 1.54%，小于双频段选波法的容许偏差百分比，验证了所选地震动的可靠性。

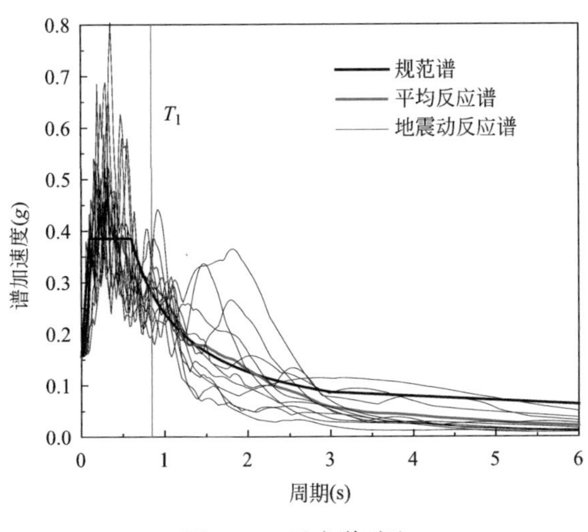

图 7.19　反应谱对比

优化前后结构第一阶自振周期相差不大，仅为 5.98%。根据双频段选波法，结构优化前所选的 10 组地震波依然满足优化后的结构，因此结构优化前后进行增量动力分析可采用相同的地震波，这保证了结构在优化前后承受相同特性的地震动作用，避免了因地震动改变引起结构响应的改变。

7.4.1.2　地震波强度指标和结构损伤指标

增量动力分析的结果通过 IDA 曲线表现，而 IDA 曲线是根据结构损伤指标（Damage Measure，DM）与地震动强度指标（Intensity Measure，IM）绘制。

（1）地震动强度指标

地震动强度指标 IM 是表征地震动强度的物理指标，在 IDA 方法中，通过 IM 指标来调整地震动的幅度。地震动强度指标的有效性和充分性是选取地震动强度指标时需考虑的两个方面。有效性主要是为了减小不同地震波作用下结构所产生的动力响应之间的差异性，避免不同地震波对 IDA 分析计算结果产生影响。充分性是为了尽量消除或降低结构对除 IM 之外的地震记录特征的依赖性，避免其他的地震记录特征对 IDA 分析计算结果产生影响。常用的地震动强度指标 IM 包括峰值速度 PGV、响应谱加速度 S_a（T_1，ξ）、峰值加速度 PGA 等。采用 PGV 对周期较长的高层结构进行分析，其结果有较高的稳定性；对短周期结构，采用 S_a（T_1，ξ）进行分析的计算结果稳定性不如 PGA。本结构的第一周期为 0.881352s，属于短周期，因此本章选择 PGA 作为地震动强度指标。

（2）结构损伤指标

结构损伤指标 DM 是表征结构非线性变形响应的物理指标，用来描述结构在受到外界荷载或其他影响时所发生的损伤程度。常用的 DM 参数有结构顶点位移、层间位移、最大层间位移角等。杭州奥体中心体育场由上部钢结构和下部混凝土结构组成。针对钢结构结构，从结构构件重要性分析中可以了解到，内环桁架的重要性程度较高，应关注钢结构悬挑端的竖向位移，所以将挠跨比 l_{max}（悬挑端竖向位移与悬挑跨度的比值）作为钢结构的损伤指标。针对混凝土结构，最大层间位移角 θ_{max} 具有敏感性高、计算简单、实用性强等优势，能够反映梁、柱等构件的破坏程度以及结构层间或整体的变形，因此采用最大层间位移角 θ_{max} 作为混凝土结构的损伤指标。

综上，选择峰值加速度 PGA 作为地震动强度指标 IM，分别选择挠跨比 l_{max} 和最大层间位移角 θ_{max} 作为钢结构和混凝土结构的损伤指标 DM。

7.4.1.3 优化前后增量动力分析对比

因优化后结构的地震响应增大，抗震能力下降，当 PGA 增大到 8000mm/s^2 后，Marc 分析模型在地震动 RSN1816 和 RSN3469 作用下，出现数值分析不收敛的情况。因此，针对优化后结构的 IDA 分析，PGA 系列取值仅取到 8000mm/s^2。

(1) 钢结构

针对上部钢结构，根据优化前后结构的 IDA 计算结果，以挠跨比 l_{max} 为横坐标，地震动强度 PGA 为纵坐标，绘制出优化前后结构的 IDA 曲线簇，如图 7.20 所示。由图 7.20 (a) 可知，钢结构在地震动 RSN163 和 RSN185 作用下的响应相对较小，在地震动 RSN1816 作用下的响应相对较大。优化前钢结构 10 条 IDA 曲线的离散性不大，结构在不同地震动作用下的响应均为软化型（随着地震动强度的提高，IDA 曲线的斜率不断下降），可以推出结构从弹性状态进入弹塑性状态。在初始阶段（PGA 为 1000～4000mm/s^2），IDA 曲线呈线性增长，说明结构处于弹性阶段，没有出现明显的塑性损伤。当 PGA 增大到 4000mm/s^2 后，除地震动 RSN4055 外，结构在其余地震动作用下均出现显著的刚度退化。其中，结构在地震动 RSN1816 作用下，其刚度退化最为显著。结构在地震动 RSN4055 作用下，其刚度明显退化则出现在 PGA 达到 8000mm/s^2 后。

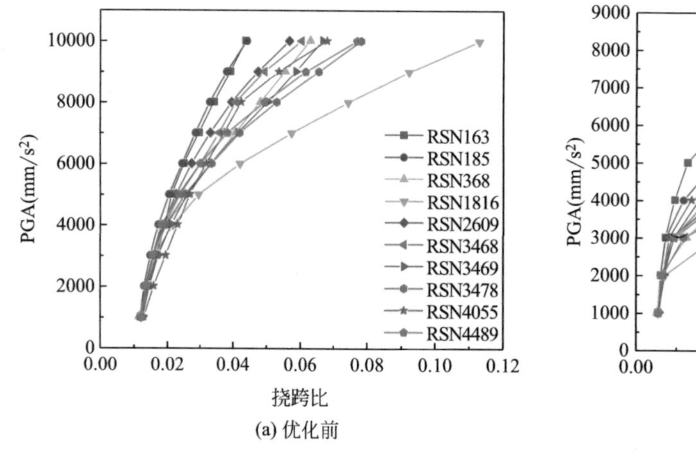

(a) 优化前

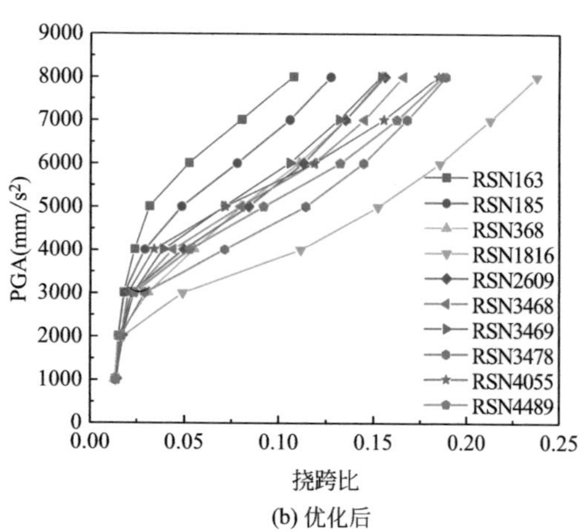

(b) 优化后

图 7.20 优化前后钢结构 IDA 曲线簇

由图 7.20 (b) 可知，优化后结构在地震动 RSN163 作用下的响应相对较小，在地震动 RSN1816 作用下的响应相对较大。在初始阶段（PGA 为 1000～2000mm/s^2），IDA 曲线的离散性不大，呈线性增长趋势，说明结构处于弹性阶段，没有出现明显的塑性损伤。当 PGA 增大到 2000mm/s^2 后，结构在地震动 RSN1816 作用下出现较显著刚度退化。当 PGA 增大到 3000mm/s^2 后，结构在所有地震动作用下均出现显著的刚度退化。当 PGA

增大到 $6000mm/s^2$ 后，结构在所有地震动作用下的响应均表现为硬化型（随着地震动强度的提高，IDA 曲线的斜率不断增加）。

对比优化前后钢结构 IDA 曲线簇，可以看出，优化后结构在地震动作用下的 IDA 曲线簇的离散性比优化前结构大。在同一地震动 PGA 下，相较于优化前结构，优化后结构的挠跨比均增大，并且优化后结构的挠跨比增大幅度随着地震动强度 PGA 的增大而不断加大。优化前结构的 IDA 曲线普遍在 PGA 增大到 $4000mm/s^2$ 后出现显著的刚度退化，而优化后结构的 IDA 曲线普遍在 PGA 增大到 $3000mm/s^2$ 后出现显著的刚度退化，可见优化后结构在相同地震动作用下出现显著的刚度退化要早于优化前结构，说明优化后结构在同一地震动 PGA 下塑性损伤增加，抗震性能降低。与优化前结构不同的是，当 PGA 增大到 $6000mm/s^2$ 后，随着地震动强度的提高，优化后结构 IDA 曲线的斜率不断增加，表现出明显的硬化现象，说明在高 PGA 下，优化后结构的塑性损伤积累位置发生转移，结构内力进行重分布，结构的塑性耗能能力提高，抗震性能提高。

优化前后钢结构挠跨比 l_{max} 的分位数曲线如图 7.21 所示。由图 7.21（a）可知，优化前结构的三条分位数曲线的变化趋势基本一致，说明结构在地震作用下的响应相对稳定、具有相似性的，表现为低 PGA 下，IDA 曲线簇较为集中，地震强度增大到 $4000mm/s^2$ 后，地震动频谱特性导致曲线离散性增大，分位值差异逐渐明显。并且三条分位数曲线较为平滑，斜率下降较为均匀，可见结构刚度均匀退化。

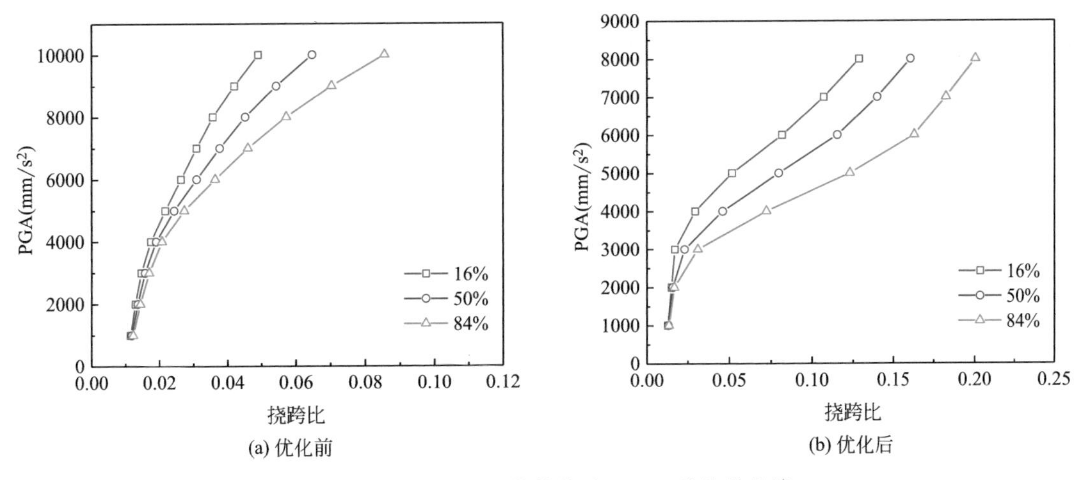

图 7.21　优化前后钢结构挠跨比 l_{max} 分位数曲线

由图 7.21（b）可知，优化后结构的三条分位数曲线的变化趋势基本一致，说明结构在地震作用下的响应相对稳定、具有相似性的，表现为低 PGA 下，IDA 曲线簇较为集中，地震强度增大到 $2000mm/s^2$ 后，地震动频谱特性导致曲线离散性增大，分位值差异逐渐明显。三条分位数曲线有两个明显的拐点，分别为 PGA＝$3000mm/s^2$ 和 PGA＝$6000mm/s^2$ 时，分别对应结构响应出现软化和硬化，即刚度退化和硬化现象。

对比优化前后钢结构挠跨比 l_{max} 分位数曲线，可以看出，初始阶段（PGA 为 1000～$2000mm/s^2$），优化前后三条分位数曲线在同一 PGA 下相差不大，当 PGA 增大到 $2000mm/s^2$ 后，优化后结构的挠跨比在数值上均呈增大趋势，且差值随 16%、50%、84%分位数依次增大。优化前结构的分位数曲线仅表现为软化型，而优化后结构的分位数曲线的末端斜率有所提高，从软化型曲线转变为硬化型曲线。可见，优化后结构耗能能力提高，结构具有多重抗震能力，具有一定的冗余度。

（2）混凝土结构

针对下部混凝土结构，根据优化前后结构的 IDA 计算结果，以层间位移角 θ_{max} 为横坐标，地震动强度 PGA 为纵坐标，绘制出优化前后结构的 IDA 曲线簇，如图 7.22 所示。由图 7.22（a）可知，优化前混凝土结构 10 条 IDA 曲线的离散性不大，同一 PGA 下，混凝土结构在不同地震动作用下的响应相差不大。其中，在地震动 RSN163、RSN2609、RSN3468、RSN4055、RSN4489 的作用下，混凝土结构 IDA 曲线斜率没有发生变化，保持弹性状态，说明没有出现刚度退化。在地震动 RSN185、RSN368、RSN1816、RSN3469、RSN3478 的作用下，在初始阶段（PGA 为 1000～4000mm/s^2），IDA 曲线呈线性增长，说明结构处于弹性阶段，没有出现明显的塑性损伤，当 PGA 增大到 4000mm/s^2 后，曲线的斜率增大，出现了一段硬化型曲线，而随着 PGA 继续增大，曲线斜率降低并保持稳定，即 IDA 曲线整体表现为先硬化型后软化型。

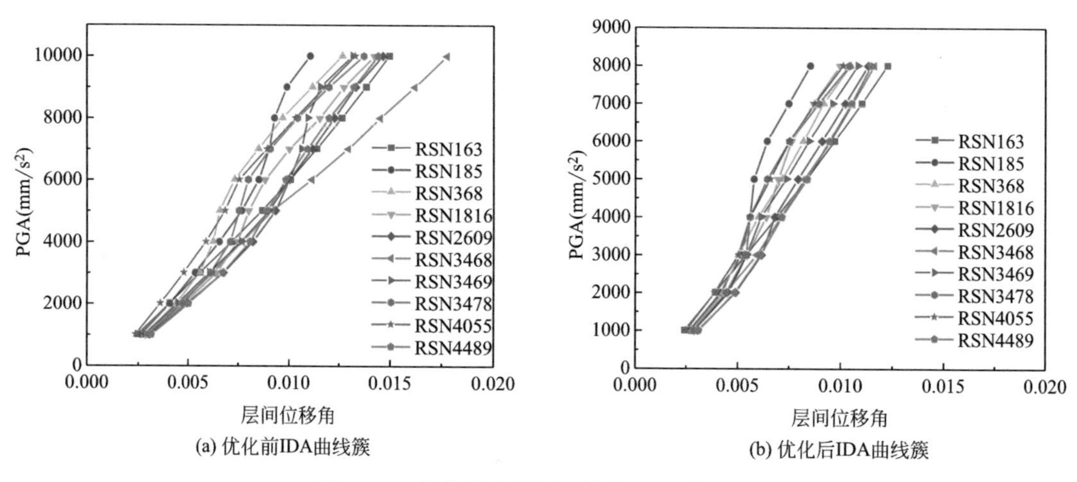

图 7.22 优化前后混凝土结构 IDA 曲线簇

由图 7.22（b）可知，优化后混凝土结构 10 条 IDA 曲线的离散性不大，同一 PGA 下，混凝土结构在不同地震动作用下的响应相差不大。其中，在地震动 RSN185、RSN3478 的作用下，在初始阶段，IDA 曲线呈线性增长，说明结构处于弹性阶段，没有出现明显的塑性损伤，当 PGA 增大到 2000mm/s^2 后，曲线的斜率增大，出现了一段硬化型曲线，而随着 PGA 继续增大，曲线斜率降低并保持稳定，即 IDA 曲线整体表现为先硬化型后软化型。在其他地震动作用下，混凝土结构 IDA 曲线斜率变化很小，近乎保持弹性状态，说明混凝土结构没有出现刚度退化。

对比优化前后混凝土结构 IDA 曲线簇，可以看出，在同一地震动 PGA 下，相较于优化前结构，优化后结构的层间位移角有所下降。主要原因是混凝土结构是和钢结构作为整体结构进行弹塑性时程分析，而上部钢结构经优化后其质量有所下降，从而导致混凝土结构所承担的荷载有所降低，地震下的响应也相应降低。优化后结构在地震动作用下的 IDA 曲线簇的离散性与优化前结构相差不大，变化趋势均存在两类情况。在大多数地震动作用下，优化前后结构的 IDA 曲线斜率没有发生明显变化，说明结构保持弹性状态，没有出现刚度退化。在部分地震动作用下，优化前后结构的 IDA 曲线整体表现为先硬化型后软化型。主要原因是结构在地震作用下出现更多的塑性铰，提高了结构的耗能能力，使得层间位移角增幅减小。

优化前后混凝土结构层间位移角 θ_{max} 分位数曲线如图 7.23 所示。对比看出，优化前后结构的三条分位数曲线的变化趋势基本一致，说明结构在地震作用下的响应相对稳定、具有相似性的，表现为各分位数曲线整体表现为先硬化型后软化型。随着地震强度的增大，地震动频谱特性导致曲线离散性增大，分位值差异逐渐明显。由于上部钢结构经优化后其质量下降，导致混凝土结构所承担的荷载降低，地震下的响应也相应降低。表现为同一 PGA 下，相较于优化前，优化后层间位移角 θ_{max} 分位数曲线在数值上均呈减小趋势。

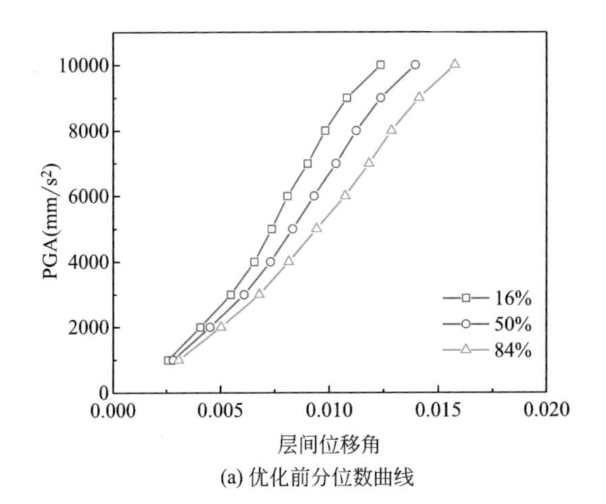

(a) 优化前分位数曲线

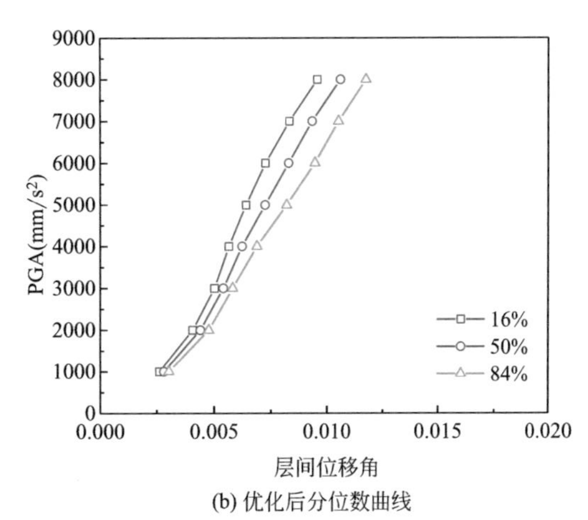

(b) 优化后分位数曲线

图 7.23 优化前后混凝土结构层间位移角 θ_{max} 分位数曲线

7.4.2 地震易损性分析

7.4.2.1 结构抗震性能水准

结构性能水准是指结构在地震作用下的性能表现，通常用于评估结构的抗震能力和安全性能。

(1) 钢结构

根据相关文献、FEMA350 以及 FEMA356，定义网架结构的 3 个结构性态点：立即使用（IO）、生命安全（LS）和防止倒塌（CP），并对以上三个极限状态做出定义，如表 7.12 所示。

网架结构性能水准 表 7.12

性能水准	破坏状态描述与最低极限状态
立即使用(IO)	结构破坏轻微，基本保持结构震前设计强度和刚度，功能基本不受扰或轻度受扰，影响居住安全的结构破坏较轻，不需要加固便能继续使用
生命安全(LS)	建筑功能受扰，结构破坏但不会威胁到生命安全，杆件屈服较严重，但没有构件发生断裂，结构基本保持原有刚度，采取加固安全措施后可适当使用
防止倒塌(CP)	建筑物已经达到了无法修复的严重状况，处于局部或整体倒塌边缘

针对上部钢结构，根据《空间网格结构技术规程》JGJ 7—2010 和《建筑抗震设计规

范》GB 50011—2010（2016年版），选择挠跨比为1/125时IDA曲线所对应的点作为立即使用性态点。对于生命安全和防止倒塌性能状态，取IDA曲线上切线斜率下降到弹性斜率80%的点作为生命安全性态点，IDA曲线上切线斜率为弹性斜率20%的点作为防止倒塌性态点。

（2）混凝土结构

框架-核心筒混合结构的性能水准一般划分为五个等级，分别为基本完好、轻微破坏、中等破坏、严重破坏和倒塌破坏。针对下部混凝土结构，结合相关规范要求，在不同性能水准下所对应的层间位移角值见表7.13。

本工程结构的性能水准及层间位移角　　表7.13

性能水准	基本完好	轻微破坏	中等破坏	严重破坏	倒塌破坏
θ_{max}	1/800	1/400	1/200	1/100	1/50

7.4.2.2 优化前后地震易损性分析对比

（1）钢结构

按照线性回归方法，对地震动强度指标IM（PGA）和结构损伤指标DM（挠跨比l_{max}）取对数进行线性回归，得出优化前后结构的地震需求概率模型，如图7.24所示。根据回归结果可得出优化前后结构的地震需求概率模型的数学表达式，其中优化前结构的地震需求概率模型的数学表达式为式（7.1），优化后结构的地震需求概率模型的数学表达式为式（7.2）。

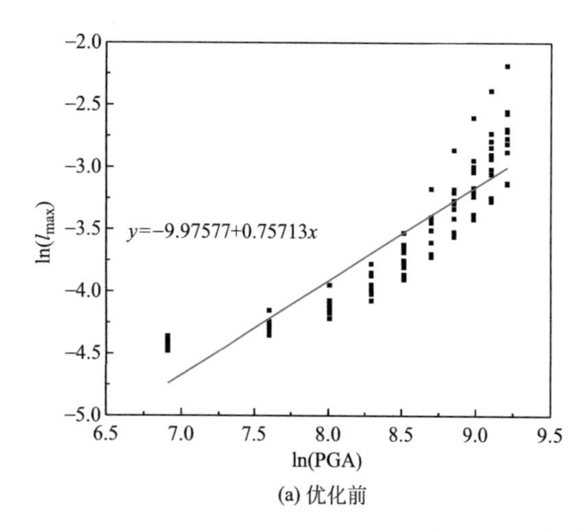

(a) 优化前

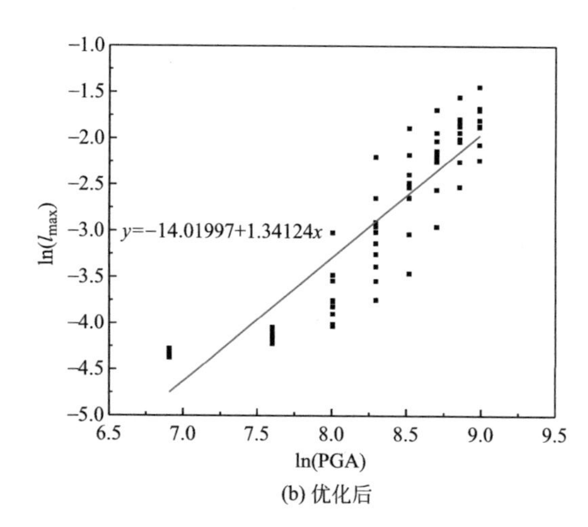

(b) 优化后

图7.24　挠跨比线性回归对比

$$P_f=\phi\left[\frac{-9.97577+0.75713\times\ln(\mathrm{PGA})-\ln(l_{max})}{0.5}\right] \tag{7.1}$$

$$P_f=\phi\left[\frac{-14.01997+1.34124\times\ln(\mathrm{PGA})-\ln(l_{max})}{0.5}\right] \tag{7.2}$$

根据5.3.2节对于上部钢结构性能水准的划分，将上部钢结构立即使用、生命安全、防止倒塌3个性能水准对应结构损伤指标设为挠跨比$l_{max}=1/125$、切线斜率下降到弹性斜率80%、切线斜率为弹性斜率20%。在数值上，根据结构增量动力分析结果，分别将立即使用、生命安全、防止倒塌 3 个性能水准的结构需求参数 l_{max} 设置为 0.008、0.016、0.052。优化前后结构在 3 个不同的极限状态下的失效概率公式见表 7.14。以地面峰值加速度 PGA 为横轴、性能水准的超越概率 P_f 为纵轴，绘制出结构在 3 个性能水准下的地震易损性曲线，如图 7.25 所示。

优化前后钢结构在不同的破坏极限下的失效概率公式　　表 7.14

极限状态	挠跨比限值	易损性曲线函数 P_f	
立即使用	0.008	$\phi\left[\frac{\ln(e^{-9.97577}(PGA)^{0.75713}/0.008)}{0.5}\right]$	$\phi\left[\frac{\ln(e^{-14.01997}(PGA)^{1.34124}/0.008)}{0.5}\right]$
生命安全	0.016	$\phi\left[\frac{\ln(e^{-9.97577}(PGA)^{0.75713}/0.016)}{0.5}\right]$	$\phi\left[\frac{\ln(e^{-14.01997}(PGA)^{1.34124}/0.016)}{0.5}\right]$
防止倒塌	0.052	$\phi\left[\frac{\ln(e^{-9.97577}(PGA)^{0.75713}/0.052)}{0.5}\right]$	$\phi\left[\frac{\ln(e^{-14.01997}(PGA)^{1.34124}/0.052)}{0.5}\right]$

由图 7.25 可知，优化前后易损性曲线变化趋势基本一致，各地震易损性曲线的斜率随 PGA 的增加均为先增大后减小，最后趋于水平直线，即随着地震动强度的增加，优化前后结构在各性能水准下的超越概率均为先迅速提高，后逐渐趋于稳定，最终结构在各性能水准下的超越概率均达到 1。结构在立即使用性能水准下，易损性曲线的斜率最大，曲线最为陡峭，说明随着 PGA 的提高，结构很快达到或超越该性能水准点对应的极限状态，结构难以保证一直处于弹性工作状态。结构在防止倒塌性能水准下，易损性曲线的斜率最小，曲线最为平缓，说明结构达到或超越该性能水准点对应的极限状态所需的 PGA 需要处于相对较高的水平，延性性能在抗震方面发挥了较好的作用。并且同一 PGA 下，结构

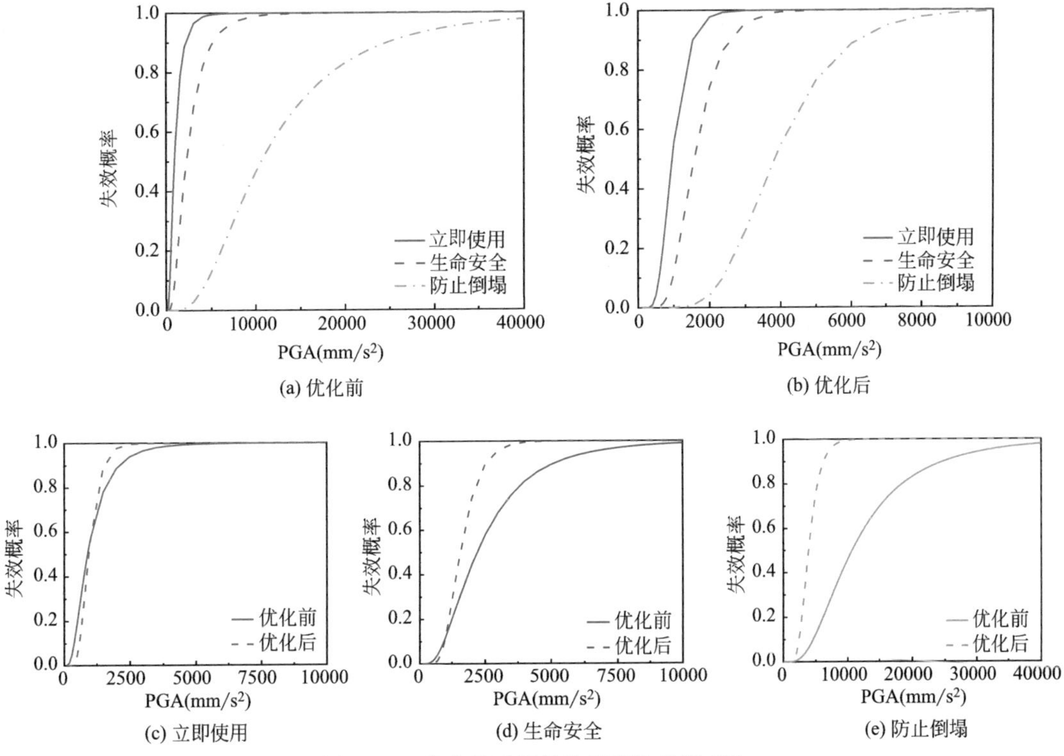

图 7.25　优化前后钢结构易损性曲线对比

在防止倒塌性能水准下对应的失效概率远小于立即使用和生命安全性能水准，可见结构具备良好的抗地震倒塌能力。

对比优化前后易损性曲线可知，在初始阶段（PGA 为 0～1000mm/s^2），优化后结构在各性能水准下的失效概率比优化前小，但差距较小，说明在此阶段，优化后结构的抗震性能稍优于优化前结构。当 PGA≥1000mm/s^2 后，优化后结构在各性能水准下的失效概率大于优化前，其中立即使用性能水准下差距较小，防止倒塌性能水准下差距较大，说明在此阶段，优化后结构的抗震性能降低。

根据结构地震易损性曲线结果，可计算抗震设防烈度为 6 度时本结构在多遇地震（PGA＝0.022g）、设防地震（PGA＝0.078g）和罕遇地震（PGA＝0.153g）三个地震动强度等级下各性能水准对应的超越概率，得出结构优化前后的易损性矩阵见表 7.15。

优化前后钢结构超越各性能水准的概率 **表 7.15**

性能水准	立即使用		生命安全		防止倒塌	
	优化前	优化后	优化前	优化后	优化前	优化后
多遇地震	1.669%	0.005%	0.025%	0.000%	0.000%	0.000%
设防地震	41.644%	30.157%	5.850%	3.030%	0.004%	0.001%
罕遇地震	79.080%	90.102%	29.209%	47.246%	0.168%	0.705%

针对优化前结构，在 6 度多遇地震作用下，结构达到立即使用性能水准的概率仅为 1.669%，并且生命安全和防止倒塌性能水准的超越概率基本为 0，说明结构在小震下完好无损，该结构满足“小震不坏”的抗震设计要求。在 6 度设防地震作用下，结构达到立即使用、生命安全和防止倒塌性能水准的概率分别为 41.644%、5.850%和 0.004%，说明结构在中震下会出现部分塑性损伤，但修复后可继续使用，此时防止倒塌性能水准的超越概率基本为 0，说明该结构满足“中震可修”的抗震设计要求。在 6 度罕遇地震作用下，结构达到立即使用、生命安全和防止倒塌性能水准的概率分别为 79.080%、29.209%和 0.168%，结构在大震下发生倒塌的概率极低，远低于 ATC-63 指南建议的 10%，说明该结构满足“大震不倒”的抗震设计要求。

对比优化前后钢结构超越各性能水准的概率，可以看出，优化后结构，在 6 度多遇、设防和罕遇地震作用下，各性能水准的概率依然表面结构满足“小震不坏”“中震可修”和“大震不倒”的抗震设计要求。不同的是，结构经优化后，在 6 度多遇和设防地震作用下，结构达到立即使用、生命安全和防止倒塌性能水准的概率降低，在 6 度罕遇地震作用下，结构达到立即使用、生命安全和防止倒塌性能水准的概率升高。可见在 6 度多遇和设防地震作用下，优化后结构的抗震性能提高，在 6 度罕遇地震作用下，优化后结构的抗震性能有所下降。

（2）下部混凝土结构

按照线性回归方法，对地震动强度指标 IM（PGA）和结构损伤指标 DM（层间位移角 θ_{max}）取对数进行线性回归，得出优化前后结构的地震需求概率模型，如图 7.26 所示。根据回归结果可得出优化前后结构的地震需求概率模型的数学表达式，其中优化前结构的地震需求概率模型的数学表达式为式（7.3），优化后结构的地震需求概率模型的数学表达式为式（7.4）。

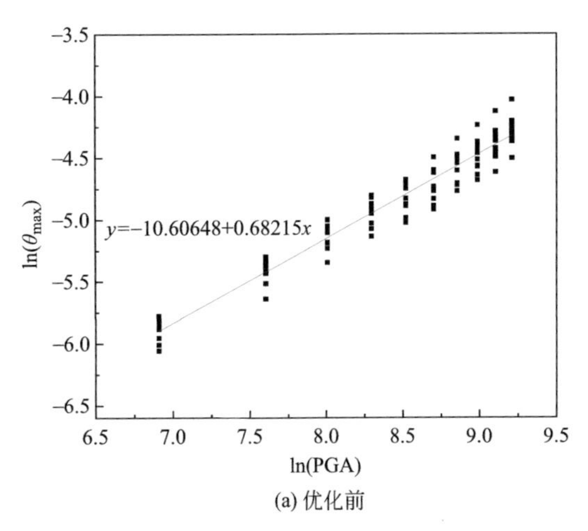

(a) 优化前

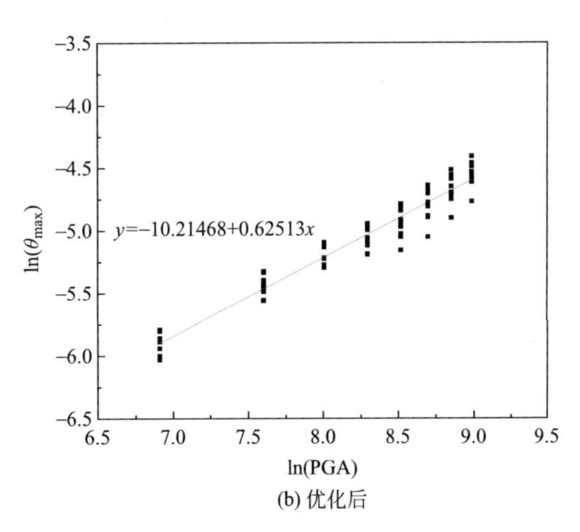

(b) 优化后

图 7.26 层间位移角线性回归对比

$$P_{\mathrm{f}} \mid (\mathrm{DM} \geqslant dm_i \mid \mathrm{IM}=im) = \phi\left[\frac{-10.60648 + 0.68215 \times \ln(\mathrm{PGA}) - \ln(\theta_{dm_i})}{0.5}\right] \tag{7.3}$$

$$P_{\mathrm{f}} \mid (\mathrm{DM} \geqslant dm_i \mid \mathrm{IM}=im) = \phi\left[\frac{-10.21468 + 0.62513 \times \ln(\mathrm{PGA}) - \ln(\theta_{dm_i})}{0.5}\right] \tag{7.4}$$

根据 5.3.2 节对于下部混凝土结构性能水准的划分，将上部钢结构立即使用、基本可用、修复可用、生命安全、防止倒塌 5 个性能水准对应结构损伤指标层间位移角分别设为 1/800、1/400、1/200、1/100、1/50。优化前后结构在 5 个不同的极限状态下的失效概率公式见表 7.16 和表 7.17。以地面峰值加速度 PGA 为横轴、性能水准的超越概率 P_{f} 为纵轴，绘制出结构在 5 个性能水准下的地震易损性曲线，如图 7.27 所示。

优化前混凝土结构在不同的破坏极限下的失效概率公式 **表 7.16**

极限状态	层间位移角限值	易损性曲线函数
立即使用	0.00125	$P_{\mathrm{f立即使用}} = \phi\left[\frac{\ln(e^{-10.60648}(\mathrm{PGA})^{0.68215}/0.00125)}{0.5}\right]$
基本可用	0.0025	$P_{\mathrm{f基本可用}} = \phi\left[\frac{\ln(e^{-10.60648}(\mathrm{PGA})^{0.68215}/0.0025)}{0.5}\right]$
修复可用	0.005	$P_{\mathrm{f修复可用}} = \phi\left[\frac{\ln(e^{-10.60648}(\mathrm{PGA})^{0.68215}/0.005)}{0.5}\right]$
生命安全	0.01	$P_{\mathrm{f生命安全}} = \phi\left[\frac{\ln(e^{-10.60648}(\mathrm{PGA})^{0.68215}/0.01)}{0.5}\right]$
防止倒塌	0.02	$P_{\mathrm{f防止倒塌}} = \phi\left[\frac{\ln(e^{-10.60648}(\mathrm{PGA})^{0.68215}/0.02)}{0.5}\right]$

优化后混凝土结构在不同的破坏极限下的失效概率公式　　表 7.17

极限状态	层间位移角限值	易损性曲线函数
立即使用	0.00125	$P_{f立即使用}=\phi\left[\frac{\ln(e^{-10.21468}(PGA)^{0.62513}/0.00125)}{0.5}\right]$
基本可用	0.0025	$P_{f基本可用}=\phi\left[\frac{\ln(e^{-10.21468}(PGA)^{0.62513}/0.0025)}{0.5}\right]$
修复可用	0.005	$P_{f修复可用}=\phi\left[\frac{\ln(e^{-10.21468}(PGA)^{0.62513}/0.005)}{0.5}\right]$
生命安全	0.01	$P_{f生命安全}=\phi\left[\frac{\ln(e^{-10.21468}(PGA)^{0.62513}/0.01)}{0.5}\right]$
防止倒塌	0.02	$P_{f防止倒塌}=\phi\left[\frac{\ln(e^{-10.21468}(PGA)^{0.62513}/0.02)}{0.5}\right]$

由图 7.27 可知，优化前后易损性曲线变化趋势基本一致，各地震易损性曲线的斜率随 PGA 的增加均为先增大后减小，最后趋于水平直线，即随着地震动强度的增加，优化前后结构在各性能水准下的超越概率均为先迅速提高，后逐渐趋于稳定，最终结构在各性能水准下的超越概率均达到 1。各地震易损性曲线的斜率存在较大差异，结构从立即使用性能水准到防止倒塌性能水准，易损性曲线的斜率逐渐平缓，说明结构逐渐从弹性阶段进入塑性阶段，构件出现塑性损伤，即结构开始发挥抗震作用。结构在立即使用性能水准下，易损性曲线的斜率最大，曲线最为陡峭，说明随着 PGA 的提高，结构很快达到或超越该性能水准点对应的极限状态，结构难以保证一直处于弹性工作状态。结构在防止倒塌性能水准下的易损性曲线最为平缓，同一 PGA 下，结构在防止倒塌性能水准下对应的失效概率远小于立即使用和生命安全性能水准，说明该结构具备良好的抗地震倒塌能力。

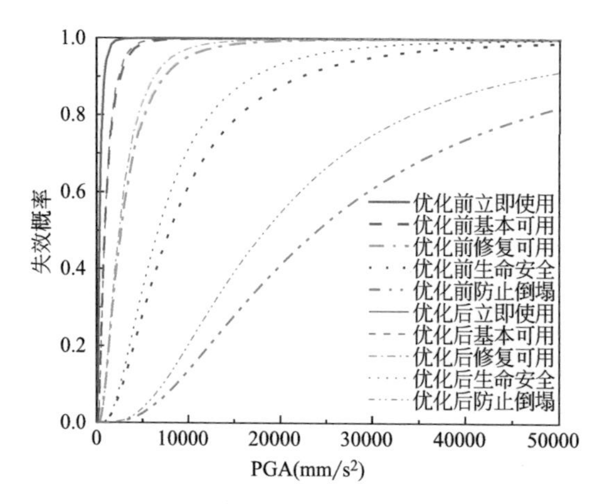

图 7.27　优化前后混凝土结构易损性曲线对比

对比优化前后易损性曲线可知，结构优化前后立即使用和基本可用性能水准下的易损性曲线几乎重合，可见优化对于立即使用和基本可用性能水准下的失效概率影响不大。而在相同 PGA 下，优化后结构在修复可用、生命安全和防止倒塌性能水准下的失效概率普遍大于优化前结构，其中修复可用性能水准下差距较小，防止倒塌性能水准下差距较大，可见优化后结构的抗震性能有所下降降低。

根据结构地震易损性曲线结果，可计算抗震设防烈度为 6 度时本结构在多遇地震（PGA＝0.022g）、设防地震（PGA＝0.078g）和罕遇地震（PGA＝0.153g）三个地震动强度等级下各性能水准对应的超越概率，得出结构优化前后的易损性矩阵见表 7.18 和表 7.19。

优化前混凝土结构超越各性能水准的概率 **表 7.18**

性能水准	立即使用	基本可用	修复可用	生命安全	防止倒塌
多遇地震	31.376%	3.064%	0.056%	0.000%	0.000%
设防地震	89.280%	44.245%	6.288%	0.177%	0.001%
罕遇地震	98.464%	78.066%	27.031%	2.285%	0.036%

优化后混凝土结构超越各性能水准的概率 **表 7.19**

性能水准	立即使用	基本可用	修复可用	生命安全	防止倒塌
多遇地震	37.574%	4.428%	0.100%	0.000%	0.000%
设防地震	89.719%	45.201%	6.592%	0.191%	0.001%
罕遇地震	98.249%	76.478%	25.317%	2.014%	0.029%

针对优化前结构，在 6 度多遇地震作用下，结构达到立即使用和基本可用性能水准的概率为 31.376%和 3.064%，而其他性能水准的超越概率基本为 0，说明该结构基本满足“小震不坏”的抗震设计要求。在 6 度设防地震作用下，结构达到立即使用、基本可用、修复可用、生命安全、防止倒塌性能水准的概率分别为 89.280%、44.245%、6.288%、0.177%、0.001%，说明结构在中震下会出现部分塑性损伤，但修复后可继续使用，此时生命安全和防止倒塌性能水准的超越概率基本为 0，说明该结构满足“中震可修”的抗震设计要求。在 6 度罕遇地震作用下，达到立即使用、基本可用、修复可用、生命安全、防止倒塌性能水准的概率分别为 98.464%、78.066%、27.031%、2.285%、0.036%，结构在大震下发生倒塌的概率极低，远低于 ATC-63 指南建议的 10%，说明该结构满足“大震不倒”的抗震设计要求。

对比优化前后混凝土结构超越各性能水准的概率，可以看出，优化后结构，在 6 度多遇、设防和罕遇地震作用下，各性能水准的概率依然表面结构满足“小震不坏、中震可修、大震不倒”的抗震设计要求。不同的是，结构经优化后，在 6 度多遇和设防地震作用下，结构达到立即使用、基本可用、修复可用、生命安全、防止倒塌性能水准的概率升高，在 6 度罕遇地震作用下，结构达到立即使用、基本可用、修复可用、生命安全、防止倒塌性能水准的概率降低。但升高和降低的幅度都较小，可见上部钢结构优化对于下部混凝土结构的抗震性能影响较小。

7.4.2.3 结构抗倒塌安全储备

对结构进行抗倒塌安全储备分析是为了确保结构在极端地震作用下，仍能够保持一定的稳定性和安全性，避免或减少人员伤亡和财产损失，明确结构在极端情况下的抗倒塌能力。IDA 曲线簇是为了反映在不同地震波作用下随 IM 增大结构 DM 的变化规律；结构地震易损性曲线分析更注重随着地震动强度等级的增大，结构倒塌概率的变化规律。IDA 曲线簇和地震易损性曲线都不能直观地衡量结构抗地震倒塌的安全储备能力。因此，本研究采用结构抗倒塌储备系数（CMR）来直观地全面评价结构的抗倒塌能力，该系数是由 FEMA695 提出并进行了详细规定，其表达式见式（7.5）。另外，根据高层混合结构的一致抗倒塌风险的抗震设计方法，以结构大震倒塌概率不超过 10%作为结构的一致倒塌风险验算标准并定义结构最小安全储备系数（$CMR_{10\%}$），其表达式见式（7.6）。

$$CMR = \frac{PGA_{P_f=50\%}}{PGA_{罕遇}} \tag{7.5}$$

$$CMR_{10\%} = \frac{PGA_{P_f=10\%}}{PGA_{罕遇}} \tag{7.6}$$

式中，$PGA_{P_f=50\%}$和 $PGA_{P_f=10\%}$分别为结构倒塌概率为 50%和 10%时所对应的地震动强度；$PGA_{罕遇}$为我国抗震规范规定的罕遇地震所对应的地震动强度。

在增量动力分析中，上部钢结构已达到防止倒塌性能水准点，即 IDA 曲线上切线斜率已退化到弹性斜率 20%以下，而混凝土结构 IDA 曲线均未达到防止倒塌性能水准点，即层间位移角 θ_{max} 始终小于 1/50，因此整体结构倒塌指标由上部钢结构控制，因此本节仅对优化前后上部钢结构的抗倒塌安全储备进行分析。

该结构的两种抗倒塌储备系数见表 7.20。由表可知，优化后结构的抗倒塌储备系数 CMR 从 6.9373 下降到 2.4974，降幅达 64%；优化后结构的抗倒塌储备系数 $CMR_{10\%}$从 2.9758 下降到 1.5490，降幅达 48%。可见优化后结构的抗倒塌储备能力下降，削弱了结构的抗倒塌性能。而通常结构的 CMR 位于 2.0 与 5.0 之间，根据基于一致倒塌风险的抗震设计和结构最小安全储备系数 $CMR_{10\%}$定义其不得小于 1.0，本结构的抗倒塌储备系数 CMR 和 $CMR_{10\%}$均满足要求，说明优化前后结构均具备足够的抗倒塌安全储备。

优化前后抗倒塌储备系数 **表 7.20**

P_f	PGA_{P_f} (mm/s^2)		$PGA_{罕遇}$ (mm/s^2)	CMR_{P_f}	
	优化前	优化后		优化前	优化后
50%	10614	3821	1530	6.9373	2.4974
10%	4553	2370		2.9758	1.5490

7.5 构件重要性量化分析

7.5.1 重要性分析参数

7.5.1.1 构件集合

由于体育场钢结构为大跨度空间结构（图 7.28），结构体量大，构件数量较多，对结构中单个构件进行重要性分析工作量巨大，且实际参考意义有限。因此本研究以结构构件所属的结构类型和空间位置划分多个构件集合，计算各构件集合的重要性系数，探究其在整体结构中的重要性程度。

体育场钢结构构件按照结构类型分为内环桁架、径向主桁架、弦支组合结构、弦支单层网壳、屋面单层网壳和墙面单层网壳六种类型，构件集合划分如图 7.29 所示，集合信息见表 7.21。内环桁架位于钢结构悬挑端，为 1 个构件集合，命名为 IT；径向主桁架自北端沿顺时针方向划分为 28 个集合，依次命名为 RT1，RT2，…RT28；弦支组合结构自北端沿顺时针方向划分为 14 个集合，依次命名为 CA1，CA2，…CA14；弦支单层网壳自北端沿顺时针方向划分为 28 个集合，依次命名为 CB1，CB2，…CB28；屋面单层网壳自北端沿顺时针方向划分为 14 个集合，依次命名为 RS1，RS2，…RS14；墙面单层网壳自北端沿顺时针方向划分为 13 个集合，依次命名为 WS1，WS2，…WS13。

钢结构集合信息 **表 7.21**

类型	集合名称	集合个数
内环桁架	IT	1
径向主桁架	RT1,RT2,…RT28	28
弦支组合结构	CA1,CA2,…CA14	14
弦支单层网壳	CB1,CB2,…CB28	28
屋面单层网壳	RS1,RS2,…RS14	14
墙面单层网壳	WS1,WS2,…WS13	13

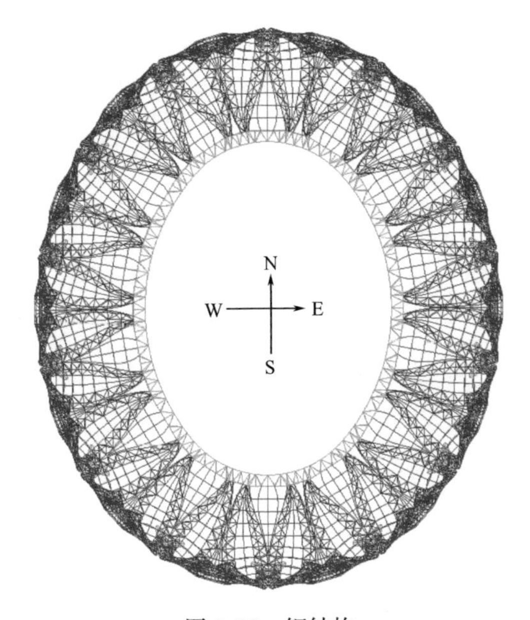

图 7.28　钢结构

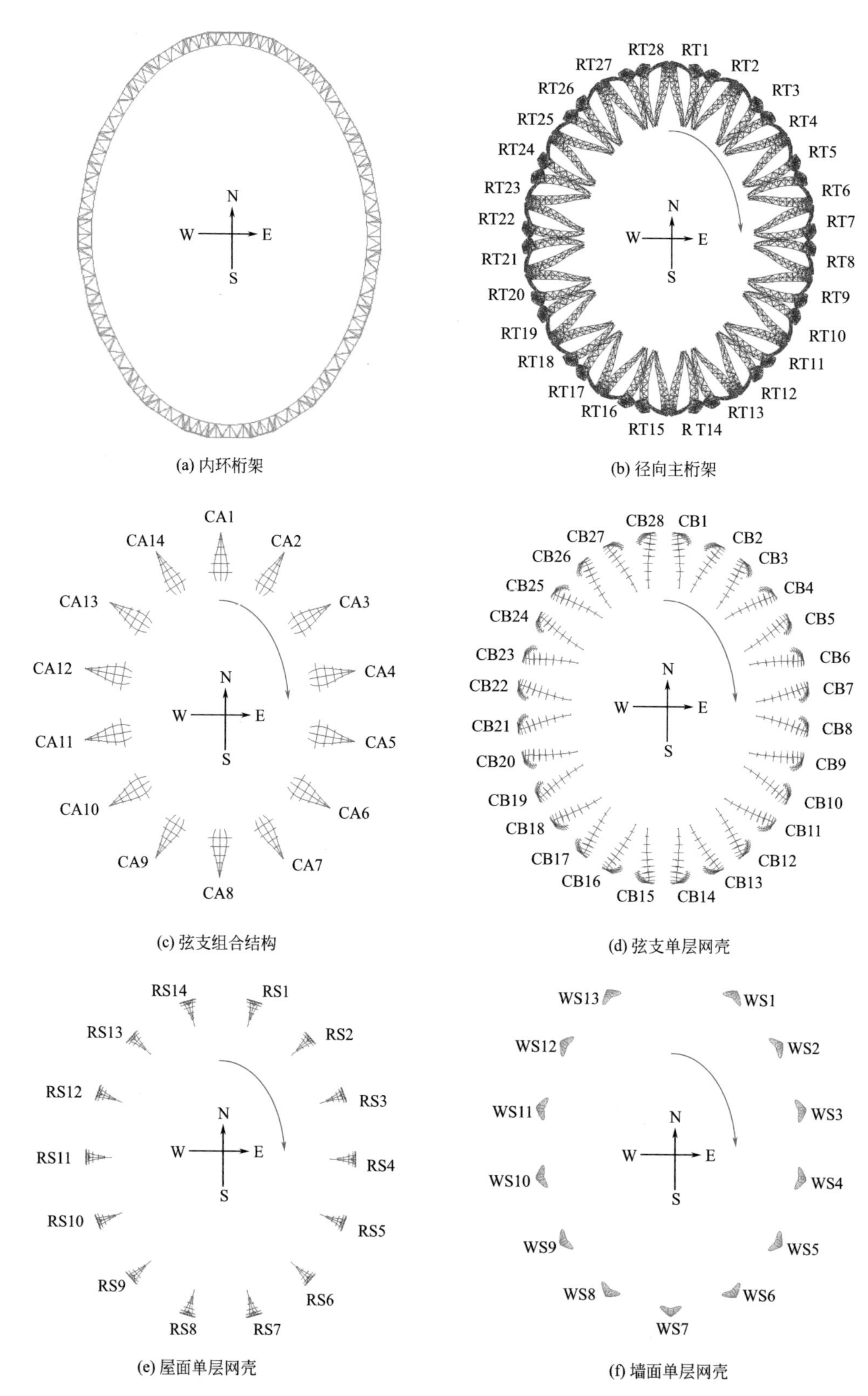
N
W
E
S
(a) 内环桁架
RT1
RT2
RT3
RT4
RT5
RT6
RT7
RT8
RT9
RT10
RT11
RT12
RT13
RT14
RT15
RT16
RT17
RT18
RT19
RT20
RT21
RT22
RT23
RT24
RT25
RT26
RT27
RT28
(b) 径向主桁架
CA1
CA2
CA3
CA4
CA5
CA6
CA7
CA8
CA9
CA10
CA11
CA12
CA13
CA14
(c) 弦支组合结构
CB1
CB2
CB3
CB4
CB5
CB6
CB7
CB8
CB9
CB10
CB11
CB12
CB13
CB14
CB15
CB16
CB17
CB18
CB19
CB20
CB21
CB22
CB23
CB24
CB25
CB26
CB27
CB28
(d) 弦支单层网壳
RS1
RS2
RS3
RS4
RS5
RS6
RS7
RS8
RS9
RS10
RS11
RS12
RS13
RS14
(e) 屋面单层网壳
WS1
WS2
WS3
WS4
WS5
WS6
WS7
WS8
WS9
WS10
WS11
WS12
WS13
(f) 墙面单层网壳

图 7.29 构件集合划分

7.5.1.2 削弱系数

本研究以构件集合中各构件的截面面积降低比例作为构件损伤程度，取 25%、50%、75%和 99%四种截面面积降低比例（即削弱系数）进行构件重要性分析。其中，削弱系数设置为 25%、50%、75%是为了研究构件在不同损伤程度下对结构传力体系的影响程度，削弱系数设置为 99%是为了研究构件拆除时在整体结构的重要性程度，及优化算法对构件传力贡献程度的影响规律。

为了保证结构总体质量不变，削弱或拆除的构件集合的质量均分给其周边的其他构件集合。以削弱径向主桁架 RT2 为例，进行重要性分析时，将其削弱的质量均分给周边的径向主桁架 RT1 和径向主桁架 RT3。

7.5.1.3 工况信息

对结构施加重力荷载和水平 X 向荷载、水平 Y 向荷载、XYZ 三向荷载以研究结构在四种工况下的重要性规律，重要性分析工况见表 7.22。重力工况下仅对结构施加竖向重力荷载；X、Y、XYZ 向工况除施加重力荷载外，分别沿结构的 X 向、Y 向和 XYZ 三向施加均布荷载，数值大小取场地小震 PGA 大小（22gal）。

重要性分析工况 表 7.22

工况	荷载组合
重力工况	重力荷载
X 向工况	重力荷载+水平 X 向荷载
Y 向工况	重力荷载+水平 Y 向荷载
XYZ 向工况	重力荷载+XYZ 三向荷载

7.5.2 优化前构件重要性分析

7.5.2.1 构件集合重要性比较

25%削弱系数下构件重要性系数最大值 表 7.23

构件集合	重力工况	X 向工况	Y 向工况	XYZ 向工况	均值
内环桁架 IT	0.008235	0.008235	0.008206	0.008204	0.008220
径向主桁架 RT	0.010906	0.010951	0.010851	0.010894	0.010901
弦支组合结构 CA	0.000456	0.000460	0.000458	0.000461	0.000459
弦支单层网壳 CB	0.001125	0.001140	0.001098	0.001112	0.001119
屋面单层网壳 RS	0.000501	0.000508	0.00048	0.000486	0.000494
墙面单层网壳 WS	0.000160	0.000161	0.00016	0.000161	0.000161

50%削弱系数下构件重要性系数最大值 表 7.24

构件集合	重力工况	X 向工况	Y 向工况	XYZ 向工况	均值
内环桁架 IT	0.019623	0.019621	0.019566	0.019563	0.019593
径向主桁架 RT	0.026122	0.026229	0.025962	0.026065	0.026095
弦支组合结构 CA	0.001284	0.001294	0.001288	0.001298	0.001291
弦支单层网壳 CB	0.002933	0.002969	0.002855	0.002889	0.002912
屋面单层网壳 RS	0.001347	0.001366	0.001291	0.001308	0.001328
墙面单层网壳 WS	0.000420	0.000421	0.000425	0.000427	0.000423

75%削弱系数下构件重要性系数最大值 **表 7.25**

构件集合	重力工况	X向工况	Y向工况	XYZ向工况	均值
内环桁架 IT	0.040701	0.040697	0.040626	0.040621	0.040661
径向主桁架 RT	0.052059	0.052270	0.051636	0.051838	0.051951
弦支组合结构 CA	0.003463	0.003485	0.003474	0.003496	0.003480
弦支单层网壳 CB	0.006913	0.006990	0.006703	0.006776	0.006846
屋面单层网壳 RS	0.003273	0.003317	0.003135	0.003176	0.003225
墙面单层网壳 WS	0.001040	0.001067	0.001072	0.001093	0.001068

99%削弱系数下构件重要性系数最大值 **表 7.26**

构件集合	重力工况	X向工况	Y向工况	XYZ向工况	均值
内环桁架 IT	0.281905	0.281863	0.281825	0.281778	0.281843
径向主桁架 RT	0.219454	0.220162	0.218589	0.219300	0.219376
弦支组合结构 CA	0.068670	0.068759	0.068687	0.068778	0.068724
弦支单层网壳 CB	0.055972	0.056425	0.054278	0.054699	0.055344
屋面单层网壳 RS	0.025887	0.026139	0.025406	0.025646	0.025770
墙面单层网壳 WS	0.021110	0.022835	0.022260	0.023855	0.022515

六种构件集合在不同削弱系数、不同工况下的重要性系数最大值见表 7.23～表 7.26。由表可知，构件集合重要性程度按照重要性系数大小进行排序，在 25%和 50%重要性系数下，重要性系数大小排序为径向主桁架＞内环桁架＞弦支单层网壳＞屋面单层网壳＞弦支组合结构＞墙面单层网壳；在 75%重要性系数下，重要性系数大小排序为径向主桁架＞内环桁架＞弦支单层网壳＞弦支组合结构＞屋面单层网壳＞墙面单层网壳；在 99%重要性系数下，重要性系数大小排序为内环桁架＞径向主桁架＞弦支组合结构＞弦支单层网壳＞屋面单层网壳＞墙面单层网壳。

由此可见，构件削弱系数，即构件削弱程度对构件在整体结构中的重要性程度有一定影响，在本结构中体现在随着削弱系数的增大，弦支组合结构重要性程度逐渐超过屋面单层网壳和弦支单层网壳。并且，构件削弱时（削弱系数为 25%、50%和 75%），径向主桁架的重要性程度最高，其次是内环桁架；而构件拆除时（削弱系数为 99%），内环桁架的重要性程度最高，其次是径向主桁架。可见，构件拆除时构件的重要性程度与构件削弱时有所差异。

削弱系数 25%、50%、75%和 99%下，径向主桁架和内环桁架的重要性系数均远大于其他四类构件，因此下文仅对径向主桁架和内环桁架进行重要性分析。

7.5.2.2 径向主桁架

（1）削弱系数为 25%、50%、75%

在 25%、50%、75%削弱系数下，径向主桁架在不同工况下的重要性系数最大值见表 7.27。由表可知，在相同削弱系数、不同工况下，径向主桁架重要性系数的最大值相差不大，即工况对于径向主桁架重要性系数的最大值影响不大。削弱系数相同时，径向主桁架的重要性系数在 X 向工况下最大，其次是重力工况，Y 向工况最小。削弱系数为 25%、50%和 75%时，径向主桁架重要性系数的最大值在 X 向工况下分别比 Y 向工况下高了 0.91%、1.02%、1.21%，说明随着削弱系数增大，在 X 向和 Y 向工况下的径向主桁架重要性系数的最大值差异越大。在相同的工况下，径向主桁架的重要性系数随削弱系数的增大而不断增加。当削弱系数从25%增大到75%时，对应重力、X向、Y向和XYZ向四种工况，径向主桁架重要性系数的最大值分别增大了377.34%、377.31%、375.86%、375.84%，其中在重力工况下增幅最大，XYZ向工况下增幅最小，说明在重力工况下，径向主桁架受削弱系数的影响最大，在XYZ向工况下，径向主桁架受削弱系数的影响最小。

径向主桁架重要性系数最大值 表7.27

削弱系数	重力工况	X向工况	Y向工况	XYZ向工况
25%	0.010906	0.010951	0.010851	0.010894
50%	0.026122	0.026229	0.025962	0.026065
75%	0.052059	0.052270	0.051636	0.051838

径向主桁架不同集合在四种工况下的重要性系数分布如图7.30所示。由图可知，各工况下不同径向主桁架集合的重要性系数沿结构NS方向对称。不同削弱系数、不同工况下，径向主桁架不同集合的重要性系数呈类似分布规律，均在RT1和RT28处最大（北

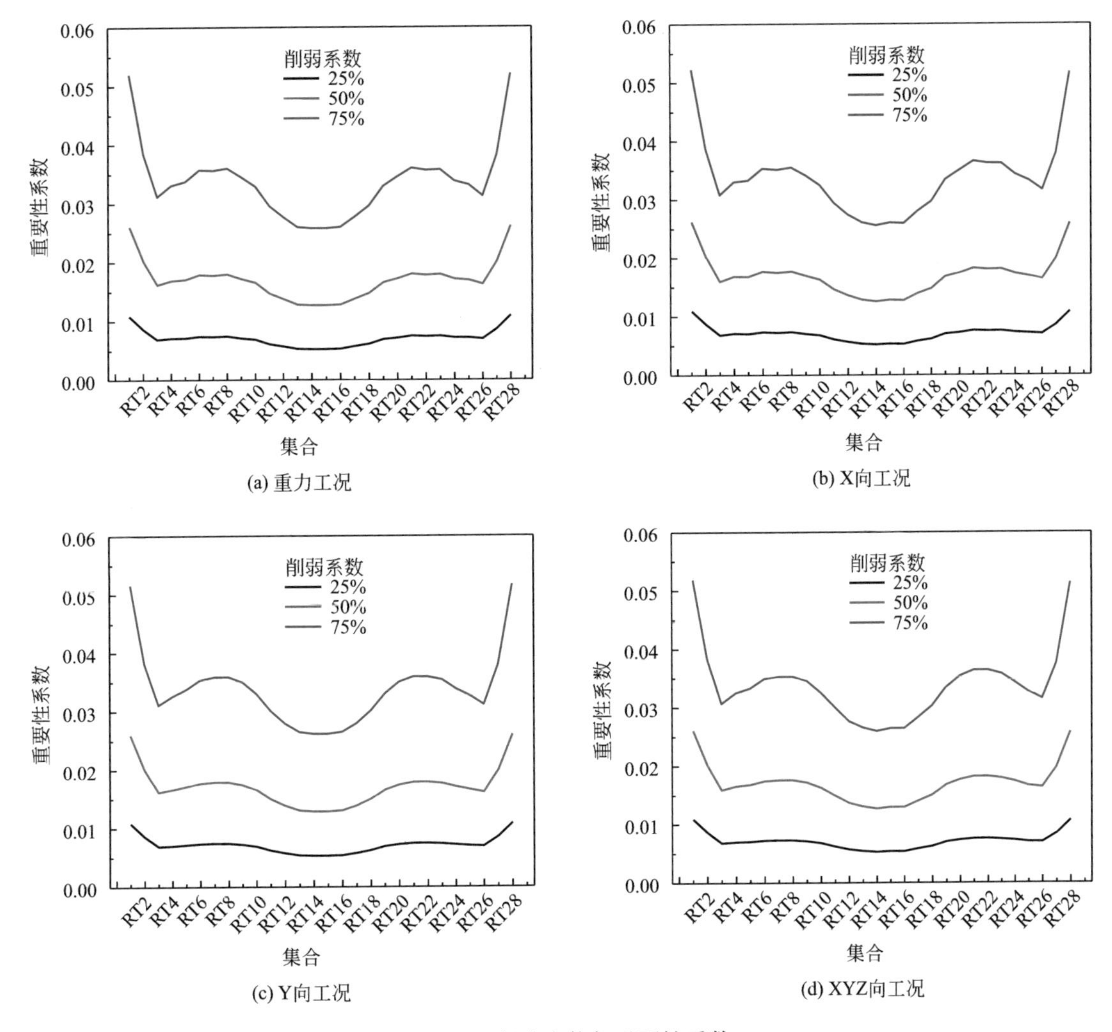

(a) 重力工况
(b) X向工况
(c) Y向工况
(d) XYZ向工况

图7.30 径向主桁架重要性系数

侧开口处)，在RT14和RT15处最小（南侧，即长轴方向)，并且重要性系数极大值点出现在RT7、RT8、RT21和RT22处（东西方向，即短轴方向)。可见工况和削弱系数大小对径向主桁架的重要性系数分布影响不大。并且，结构开口会使结构存在薄弱部位，开口处的结构重要性会增加。其次，长轴方向径向主桁架的重要性小于短轴方向。

以X向工况为例，当削弱系数分别为25%、50%和75%时，径向主桁架重要性系数最大值比最小值大110.58%、109.17%、104.50%，说明径向主桁架重要性系数最大值与最小值的相差幅度随着削弱系数的增大而减小，但总体相差不大。

(2) 削弱系数为99%

削弱系数为99%时，在四种工况下，径向主桁架重要性系数最大值见表7.28，重要性系数分布情况如图7.31所示。由表和图可知，削弱系数为99%时（构件拆除)，径向主桁架重要性系数陡增，在四种工况下重要性系数最大值的均值0.219376相较于削弱系数为25%、50%、75%的0.010901、0.026095和0.051951分别增大了1912.53%、740.70%、322.28%，与其不在同一个量级。并且在99%削弱系数下，径向主桁架的重要性系数最大值在X向工况、重力工况、XYZ向工况和Y向工况下呈现阶梯状下降，与25%、50%和75%削弱系数结果一致。

径向主桁架重要性系数最大值（削弱系数为99%) **表7.28**

削弱系数	重力工况	X向工况	Y向工况	XYZ向工况
99%	0.219454	0.220162	0.218589	0.219300

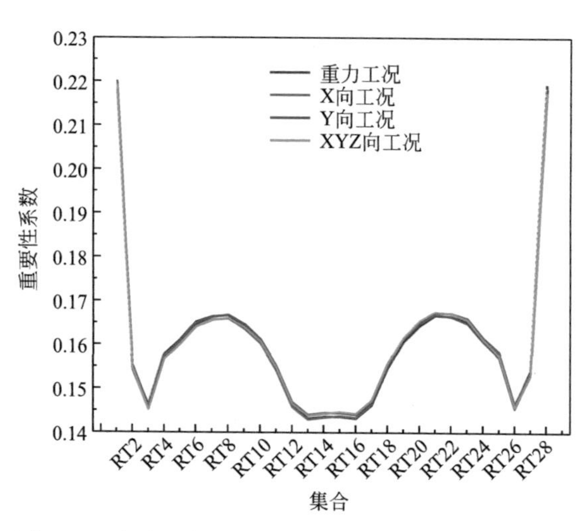

图7.31 径向主桁架重要性系数（削弱系数为99%)

削弱系数为99%时，径向主桁架在四种工况下的重要性系数分布趋势相近，各个集合的重要性系数差值很小。并且分布规律与削弱系数为25%、50%、75%一致，均在RT1和RT28处最大（北侧开口两侧)，在RT14和RT15处最小（南侧，即长轴方向)，重要性系数极大值点出现在RT7、RT8、RT21和RT22处（东西方向，即短轴方向)。当削弱系数分别为99%时，以X向工况为例，径向主桁架重要性系数最大值比最小值大53.99%，显著低于削弱系数为25%、50%和75%时的110.58%、109.17%、104.50%。

7.5.2.3 内环桁架

(1) 削弱系数为25%、50%、75%

在25%、50%、75%削弱系数下，内环桁架在不同工况下的重要性系数见表7.29。由表可知，在相同削弱系数、不同工况下，内环桁架重要性系数相差不大，即工况对于内环桁架重要性系数影响不大。削弱系数相同时，内环桁架的重要性系数在重力工况下最大，其次是X向工况，XYZ向工况下最小。削弱系数为25%、50%和75%时，内环桁架重要性系数在重力工况下分别比XYZ向工况下高了0.38%、0.31%、0.20%，说明随着削弱系数增大，在重力和XYZ向工况下的内环桁架重要性系数差异越小。在相同的工况下，内环桁架的重要性系数随削弱系数的增大而不断增加。当削弱系数从25%增大到75%时，对应重力、X向、Y向和XYZ向四种工况，内环桁架重要性系数分别增大了394.24%、394.20%、395.08%、395.14%，其中在XYZ向工况下增幅最大，Y向工况下增幅最小，说明在XYZ向工况下，内环桁架受削弱系数的影响最大，在Y向工况下，内环桁架受削弱系数的影响最小。

内环桁架重要性系数 **表7.29**

削弱系数	重力工况	X向工况	Y向工况	XYZ向工况
25%	0.008235	0.008235	0.008206	0.008204
50%	0.019623	0.019621	0.019566	0.019563
75%	0.040701	0.040697	0.040626	0.040621

(2) 削弱系数为99%

削弱系数为99%时，在四种工况下，内环桁架重要性系数最大值见表7.30。由表可知，削弱系数为99%时（构件拆除），内环桁架重要性系数陡增，在四种工况下重要性系数最大值的均值0.281843相较于削弱系数为25%、50%、75%的0.00822、0.019593和0.040661分别增大了3328.74%、1338.47%、593.15%，与其不在同一个量级。并且在99%削弱系数下，内环桁架的重要性系数在重力工况、X向工况、Y向工况和XYZ三向工况下呈现阶梯状下降，与25%、50%和75%削弱系数结果一致。

内环桁架重要性系数（削弱系数为99%） **表7.30**

削弱系数	重力工况	X向工况	Y向工况	XYZ向工况
99%	0.281905	0.281863	0.281825	0.281778

7.5.3 优化前后构件重要性对比

根据7.3节结构智能优化对钢结构构件的优化结果，将优化后的构件截面尺寸导入MSC. Marc软件建立优化后的结构模型，进行优化后结构的构件重要性分析。

由7.5.2节可知，在相同工况下，构件削弱时（削弱系数为25%、50%、75%）重要性系数规律类似，但与构件拆除时（削弱系数为99%）不同，因此本节削弱系数仅选取50%和99%来研究构件削弱和拆除对优化前后结构构件的重要性影响。

7.5.3.1 结构应变能

优化前后结构应变能见表7.31。由表可知，优化后模型在四个工况下的总体应变能降低，降低幅度均为0.58%左右。原因为杆件自重在模型优化后减小，在四个工况下所承受荷载减少，从而导致总体应变能降低。

优化前后结构应变能　　表7.31

工况	应变能(N·mm)		应变能变化幅度(%)
	优化前	优化后	
重力工况	3218476544	3199776000	0.58
X向工况	12878189568	12803659776	0.58
Y向工况	12872734720	12797771776	0.58
XYZ向工况	12305620992	12234257408	0.58

7.5.3.2　径向主桁架

(1) 削弱系数为50%

削弱系数为50%时，优化前后径向主桁架的重要性系数最大值见表7.32。由表可知，不同工况下，优化前后径向主桁架重要性系数的最大值相差不大，即工况对于优化前后径向主桁架重要性系数的最大值影响不大。优化前后径向主桁架的重要性系数最大值均为X向工况下最大，重力工况次之，Y向工况最小。对应重力、X、Y和XY向四种工况，径向主桁架的重要性系数最大值分别增大了3.64%、3.66%、3.60%和3.62%，X向工况下增幅最大，Y向工况下增幅最小，说明在X向工况下，结构优化对于径向主桁架重要性的影响最大，Y向工况下，结构优化对于径向主桁架重要性的影响最小。

优化前后径向主桁架重要性系数最大值（削弱系数为50%）　　表7.32

	重力工况	X向工况	Y向工况	XYZ向工况
优化前	0.026122	0.026229	0.025962	0.026065
优化后	0.027072	0.027190	0.026896	0.027009
增幅(%)	3.64	3.66	3.60	3.62

优化前后径向主桁架在四种工况下的重要性系数分布情况如图7.32所示。由图可知，削弱系数为50%时，各工况下优化前后径向主桁架的重要性系数大小分布趋势相近，均在RT1和RT28处（北侧开口两侧）最大，在RT14和RT15处（南侧，即长轴方向）最小，并且重要性系数极大值点出现在RT7、RT8、RT21和RT22处（东西方向，即短轴方向），可见优化对径向主桁架的重要性系数分布影响不大。优化后结构径向主桁架的重要性系数在四种工况下略有升高，以X向工况为例，径向主桁架重要性系数升高的平均值为0.000384（涨幅为2.26%）。并且在RT1和RT28处（北侧开口处），以及RT27、RT8、RT21、RT22处（东西方向，即短轴方向）涨幅大于平均值，其重要性程度相对提高。

(2) 削弱系数为99%

削弱系数为99%时，优化前后径向主桁架的重要性系数最大值见表7.33。由表可知，不同工况下，优化前后径向主桁架重要性系数的最大值相差不大，即工况对于优化前后径向主桁架重要性系数的最大值影响不大。优化前后径向主桁架的重要性系数最大值均为X

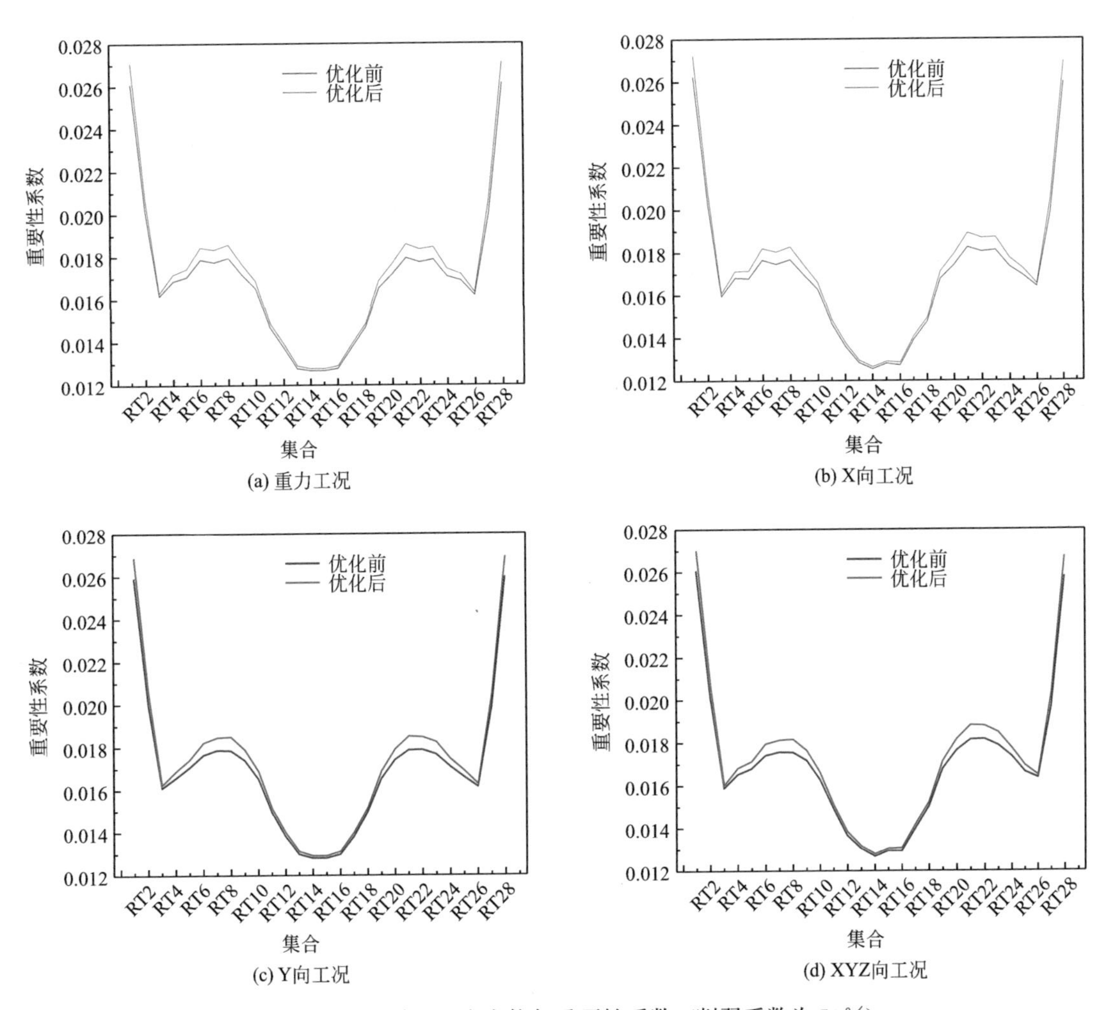

(a) 重力工况

(b) X向工况

(c) Y向工况

(d) XYZ向工况

图 7.32 优化前后径向主桁架重要性系数（削弱系数为 50%）

向工况下最大，重力工况次之，Y 向工况最小。对应重力、X、Y 和 XY 向四种工况，径向主桁架的重要性系数最大值分别增大了 3.34%、3.32%、3.37% 和 3.36%，均小于 50%削弱系数下的增幅。Y 向工况下增幅最大，X 向工况下增幅最小，说明在 Y 向工况下，结构优化对于径向主桁架重要性的影响最大，X 向工况下，结构优化对于径向主桁架重要性的影响最小，与 50%削弱系数下的结果相反。

优化前后径向主桁架重要性系数最大值（削弱系数为 99%） **表 7.33**

	重力工况	X 向工况	Y 向工况	XYZ 向工况
优化前	0.219454	0.220162	0.218589	0.219300
优化后	0.226775	0.227468	0.225961	0.226659
增幅(%)	3.34	3.32	3.37	3.36

优化前后径向主桁架在四种工况下的重要性系数分布情况如图 7.33 所示。由图可知，削弱系数为 99%时，各工况下优化前后径向主桁架的重要性系数大小分布趋势相近，均在 RT1 和 RT28 处（北侧开口两侧）最大，在 RT14 和 RT15 处（南侧，即长轴

方向）最小，并且重要性系数极大值点出现在 RT7、RT8、RT21 和 RT22 处（东西方向，即短轴方向），可见优化对径向主桁架的重要性系数分布影响不大。优化后结构径向主桁架的重要性系数在四种工况下略有升高，以 X 向工况为例，径向主桁架各集合重要性系数升高幅度较均匀，升高的平均值为 0.007111，涨幅为 4.42%，高于 50%削弱系数下的结果。

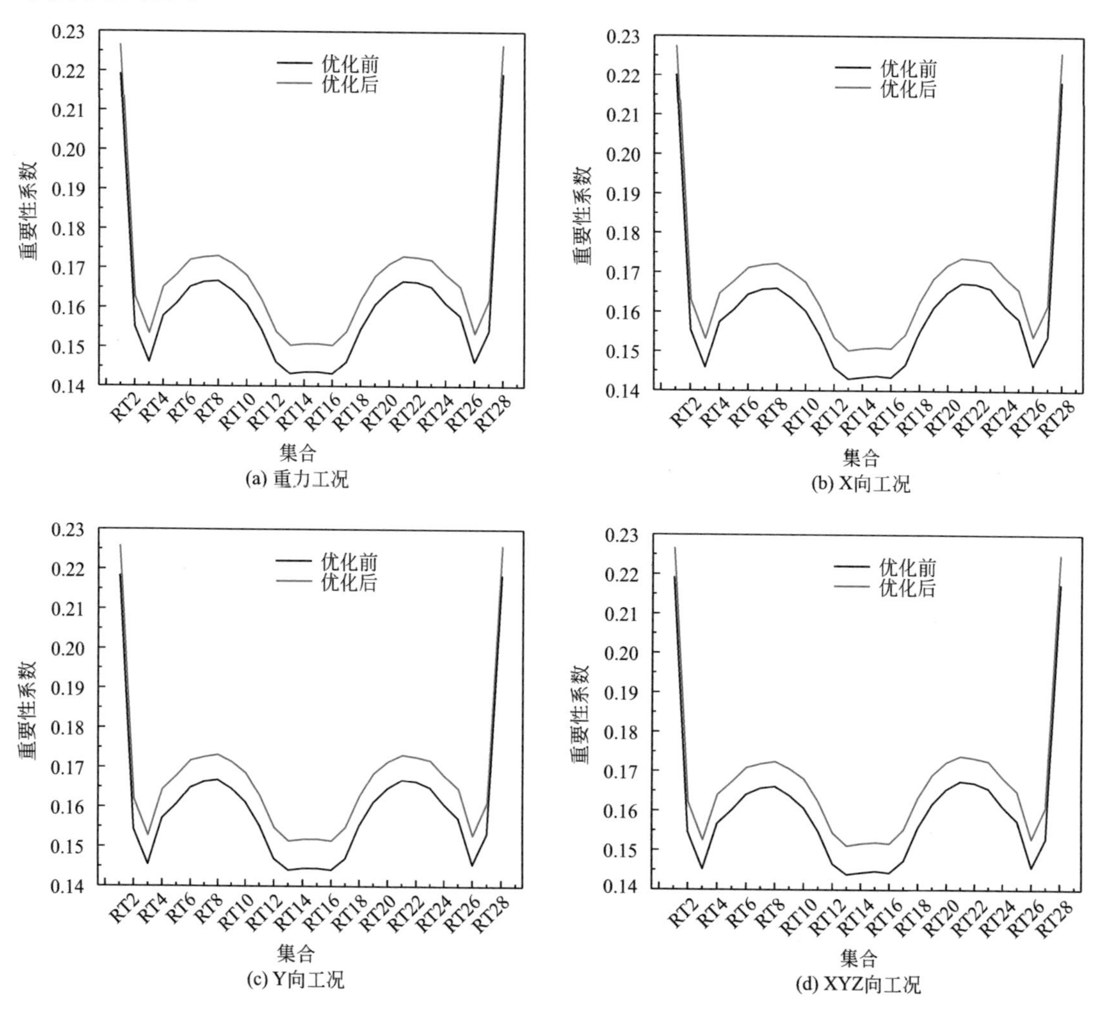

图 7.33　优化前后径向主桁架重要性系数（削弱系数为 99%）

7.5.3.3　内环桁架

（1）削弱系数为 50%

在 50%削弱系数下，优化前后内环桁架在不同工况下的重要性系数见表 7.34。由表可知，不同工况下，优化前后内环桁架重要性系数均相差不大，即工况对于内环桁架重要性系数影响不大。优化前后内环桁架的重要性系数均在重力工况下最大，其次是 X 向工况，XYZ 向工况下最小。对应重力、X、Y 和 XY 向四种工况，优化后内环桁架的重要性系数分别增大了 10.78%、10.78%、10.73%和 10.73%，重力和 X 向工况下增幅大于 Y 向和 XYZ 向工况下增幅，说明在重力和 X 向工况下，结构优化对于内环桁架重要性的影响大于 Y 向和 XYZ 向工况下。

优化前后内环桁架重要性系数（削弱系数为50%） 表7.34

	重力工况	X向工况	Y向工况	XYZ向工况
优化前	0.019623	0.019621	0.019566	0.019563
优化后	0.021739	0.021736	0.021666	0.021662
增幅(%)	10.78	10.78	10.73	10.73

（2）削弱系数为99%

削弱系数为99%时，优化前后内环桁架的重要性系数见表7.35。由表可知，不同工况下，优化前后内环桁架重要性系数相差不大，即工况对于优化前后内环桁架重要性系数影响不大。优化前后内环桁架的重要性系数均为重力工况下最大，X向工况次之，XYZ向工况最小。对应重力、X、Y和XYZ向四种工况，内环桁架的重要性系数均分别增大了6.47%，均小于50%削弱系数下的增幅。并且四种工况下增幅相近，可见在99%削弱系数下，结构优化对于内环桁架重要性系数大小不会受到工况影响。

优化前后内环桁架重要性系数（削弱系数为99%） 表7.35

	重力工况	X向工况	Y向工况	XYZ向工况
优化前	0.281905	0.281863	0.281825	0.281778
优化后	0.300151	0.300103	0.300054	0.300000
增幅(%)	6.47	6.47	6.47	6.47

7.6 优化总结

本章以杭州奥体中心体育场为研究对象，首先使用基于内力状态的自动优化技术对结构进行了优化，然后以重要性系数分析了优化算法对结构受力特征的影响，最后，采用基于IDA的结构易损性分析方法对结构的大震安全性能进行了量化评估，确定了其大震倒塌概率和安全储备系数。主要结论如下：

（1）以钢结构的构件截面尺寸为优化变量，以构件应力比和钢结构最大竖向位移为约束条件，以结构材料成本造价为目标函数，在整体结构的基础上对钢结构进行结构优化。优化后大部分构件的截面尺寸减小、应力比增大，结构材料成本降低21.8%，最大竖向挠度增加10.88%，均符合相关限值要求，优化效果良好。

（2）重要性结果表明径向主桁架和内环桁架的重要性远超其他构件，结构开口会使结构存在薄弱部位，开口处的构件集合重要性会增加。结构优化后，总体应变能因结构自重降低有所下降，各工况下径向主桁架削弱和拆除时重要性系数增幅相差不大。与优化前结构设计方案相比较，建议加强径向主桁架和内环桁架，建议加强，加强幅度为3.21%和6%～9%。

（3）优化前后钢结构在大震下的倒塌概率分别为0.168%和0.705%，均未超过美国ATC-63规定“大震不倒”的性能要求对应的倒塌概率（<10%），满足“大震不倒”抗震设防目标。因此，该自动优化技术可以在保证结构安全的前提下提高经济性，进而验证了智能优化算法在超高层结构优化中的可行性。